景观设计理论

Landscape Theory in Design

[加] 苏珊·赫林顿（Susan Herrington） 著
戴代新 译

同濟大學出版社
TONGJI UNIVERSITY PRESS
·上海·

Landscape Theory in Design, 1st Edition / by Susan Herrington / ISBN: 9780415705950

中文版序

《景观设计理论》的主要目标之一是用清晰的语言向风景园林专业的学生介绍理论观点，使其不再对专业术语感到困惑，并且在设计课程中能学以致用。为了实现这一目标，我选择了在设计过程中易于应用实践的理论主题。很高兴本书的中文版能让中国的风景园林专业学生接触到这些理论，这本书非常适合中国——封面图片正是杭州西溪国家湿地公园西湖国际雕塑邀请展的花园。

西方背景下的景观设计理论的历史可以追溯到20世纪的1938年，克里斯托弗·滕纳德（1910—1979年）出版了著作《现代景观中的花园》。这本书对英语国家的风景园林和建筑界产生了巨大影响，其中包括曾就读于哈佛大学设计学院的风景园林专业的学生：加勒特·埃克博（1910—2000年）、理查德·哈格（1923—2018年）、科尔内利娅·哈恩·奥伯兰德（1921—2021年）、丹·凯利（1912—2004年）和詹姆斯·罗斯（1913—1991年）。滕纳德的书在景观和花园的设计、诠释和鉴赏中引入了形式美学。正如滕纳德在《现代景观中的花园》中指出的：花园和景观在历史上一直是审美兴趣关注的主要对象，特别是在18世纪初的英国。然而，20世纪的美学几乎只关注绘画、雕塑、音乐、诗歌和建筑等部分美术门类。根据艾伦·卡尔森的说法，这些作品“与文化产品在情感和认知上深度融合，由设计智慧有意识地创造，通晓艺术历史传统和艺术批评实践，并深深嵌入一个复杂多面的艺术世界”。[1] 可惜的是，20世纪的风景园林在很大程度上被排除在这种美学和理论话语之外。滕纳德指出：“艺术之间的关系变得紧密相连，正如饱含艺术倾注的所有以往的伟大时期一样。然而，花园艺术至今仍然远离这种联合活动，显然它需要注入充满活力的现代精神。”[2] 滕纳德认为景观和花园设计是一种艺术，但悲叹景观设计师的孤立是“可悲的倒退”，景观设计师“必须很快接受公共意识，否则就无法作为现代生活的一个重要组成部分去发挥作用”。[3] 滕纳德试图通过将景观和花园重新引入这一话语中来纠正这种情况，这标志着现代风景园林的出现。滕纳德表示，一旦花园艺术家加入了这个行列，我们就“摆脱了艺术中的个人主义，获得了艺术和生活的认同”。[4]

《现代景观中的花园》的内容具有辩论性，因为滕纳德试图颠覆 20 世纪 30 年代传统的设计实践模式。他嘲笑了将历史设计类型应用到场地上而不考虑其自然特征的布扎学院派设计师。在他的现代风景园林概念中，有许多是从现代艺术家和建筑师那里寻找到的理论观点，特别是关于材料的观点。对滕纳德来说，“正如雕塑家从他使用的材料的形式和质量中获得灵感一样，园林设计师可以将场地及其特征视为规划的决定因素。当前的规则是改变场地，以使其适合设计师的技巧，而不是如应该的那样，通过设计技巧来适应场地”。[5] 滕纳德还提出了一个观点，即自然不是一个静态的图像，而是我们应该观察到的一个动态的、不断变化的过程。与此同时，他也坚持认为设计的景观不应该模仿自然，这是他在如画景观的传统中发现的问题。滕纳德认为现代园林设计师，“不再必须受如画表现形式的传统性束缚，应将模仿自然视为一种长期存在的欺诈行为”。[6]

然而，滕纳德离开了风景园林，他的许多理论观点也被遗忘了。[7] 二战后的风景园林教育和实践越来越倾向于解决问题，对审美问题漠不关心。随着 1969 年伊恩·麦克哈格的《设计结合自然》出版，麦克哈格特有的风景园林设计和风景园林规划在北美业内和教育环境中流行起来。麦克哈格谴责艺术是以人为本的，倡导将设计过程视为科学，并且他一贯将自然过程和人类设计混为一谈。几乎不考虑设计的表现维度或风景可能在代表自然画面之外扮演的文化角色，景观设计师和风景园林专业的学生没有参与他们时代的艺术历史传统或艺术批评实践。

到了 20 世纪 80 年代，许多风景园林教育家和实践者对实践感到失望，特别是场地设计，它已经将专注于适应场地功能作为形式和空间布局的正本——设计结果是功能图示。滕纳德在 1938 年时对只模仿自然的风景园林设计的批评被重新提及，因为许多景观设计师寻求放弃传统的将风景园林描绘为图画化自然（pictorialized nature）的观点，而将重新塑造我们的审美体验作为主要关注点。仿佛与艺术家构思作品的方式产生了共鸣，无论是在专业机构还是学术机构，景观设计师都开始转向关注艺术、历史和主要来自人文学科以及哲学的理论。大地艺术和土地工程在上述重新与艺术联合的趋向上表现尤为明显。像迈克尔・黑泽尔、罗伯特・史密斯森和玛丽・密斯这样的艺术家们纷纷开始探索博物馆墙外的领域。他们构思的作品与特定场地紧密联系，使用的材料与景观设计师使用的材料相似，但他们经常通过表达土地所蕴含的文化历史和自然历史来增强作品的意义。

1988 年，劳里・奥林的开创性文章《景观设计中的形式、意义和表现》推进了风景园林设计的理论维度。奥林批判说："学生、教师和实践者都表现出对作者 / 艺术家 / 设计师与表达媒介之间的关系以及其限制范围和潜力的理解不足；同时，他们对领域内的形式问题一无所知，对美学问题及其历史持有反文化立场。"[8] 他试图重新点燃艺术历史实践和批评实践的火种，并把隐喻的使用作为所有艺术领域的关键。奥林鼓励设计探索，因为通过设计探索可以传达场地的考古学、文化历史、批判，探索秩序理念，或者表达材料。他总结道："将复制自然——无论是片段还是全部——作为一种设计方法或目标毫无意义。"[9]

20 世纪 90 年代是许多风景园林教学开始提供理论课程的时代。学生和实践者对于景观如何传达思想和情感的思考解放了景观的表现内容，因为重点被放在了作品的形式质量和它所带来的自然体验上。花园作为一个被长期遗忘但却富饶的场所，可以用来检验新思想，通过景观的物质世界来表达思想，以及与当代社会产生的材料联系起来。在世纪之交，首届国际花园节在魁北克加斯佩地区的梅蒂斯 / 雷福德花园开幕，这里成为景观设计师、建筑师和艺术家探索花园艺术及考虑"什么是花园？"等基本问题的关键场所之一。由于这些临时花园是作为节日活动中心建造的，设计师可以观察成千上万的人对花园设计作出的反应和与之的互动。2024 年，国际花园节庆祝了其运营的二十五周年。正如你将读到的，本书收录了许多在梅蒂斯花园建造的项目案例。

我非常感谢同济大学建筑与城市规划学院的戴代新博士，他翻译了本书的内容，并坚持不懈地寻求书中图片的使用许可。这是一项艰巨的任务，因为书中有 151 幅图。我也非常感谢同济大学出版社与 Routledge | Taylor & Francis 合作，使《景观设计理论》的中文版顺利出版。

苏珊・赫林顿（Susan Herrington）

加拿大温哥华

1. Allen Carlson, "Environmental Aesthetics," In *The Routledge Companion to Aesthetics*, edited by Berys Gaut and Dominic McIver Lopes (Abingdon; New York: Routledge, 2002), 425.
2. Christopher Tunnard, Gardens in the Modern Landscape (London: The Architectural Press, 1938), 75.
3. Ibid, 93.
4. Ibid.
5. Ibid, 96.
6. Ibid, 81.
7. Christopher Tunnard is the subject of my forthcoming book.
8. Laurie Olin, "Form, Meaning, and Expression in Landscape Architecture," in *Landscape Journal* 7, no. 2, (Fall 1988) 149-168, 149-150.
9. Ibid, 167.

目 录

引言

什么是理论？谁关心这一话题？

什么是理论？理论是关于如何描述世界上的现象、理解经验、发现模式，并产生意义的有争议的解释。注意我写了“有争议的”。在科学领域，“理论”只是科学方法中的一个阶段，而在人文学科中，大多数理论仍处于有争议的领域。这意味着本书介绍的大多数理论都是经过优选但仍具争议的内容。本书的目标是介绍在设计过程中非常有用的理论思想。当然，并不是所有的理论都对设计有用。一般来说，抵抗性、规范性和解释性这三种类型的理论与设计密切相关，可以作为景观设计的强大动力。[1]

抵抗性理论挑战现状。哲学家约翰・杜威（John Dewey）认为，抵抗对我们的艺术体验至关重要，因为它挑战了我们的信仰。杜威认为，如果你的信仰从未接受过考验，你对艺术的鉴赏力将“短暂而过于多愁善感”和“缺乏重要意义”。[2] 第 1 章《形式》中的干预行为理论和第 2 章《空间实践》中的竞争性空间理论都是抵抗性理论。干预行为理论试图通过在特定的环境中进行干预来改变人们的思维和行为方式。因此，它们帮助设计师通过挑战人们对景观的感知来进行批判性的设计。竞争性空间理论认为，设计的空间是文化、意识形态和资本持续协商的关键场所。理解空间的竞争性有助于理解设计是协商的一部分。简而言之，竞争性空间理论挑战了空间是仅由景观设计师塑造的中立区域的简单概念。抵抗性理论挑战现状，因而往往会在专业人士中引起热烈的讨论。在第 4 章《语言》中，你会读到关于景观设计师玛莎・施瓦茨（Martha Schwartz）的段落，她的百吉饼花园（Bagel Garden）质疑了植物材料作为景观设计主要内容的地位。这一挑战在《景观建筑》（*Landscape Architecture*）杂志的读者中引起了深刻的共鸣，该杂志甚至以百吉饼花园作为封面，在杂志出版后，关于花园优点的辩论持续了一年时间。有时抵抗可能直接来自客户。金美京（Mikyoung Kim）是一名景观设计师，他受雇于美国马萨诸塞州林肯镇的一对夫妇。林肯镇是新英格兰地区的一个小镇，以其庄严的历史建筑和起伏的草坪而闻名。这对夫妇不想要与其他房子一样的草坪，而且他们一点也不喜欢历史风格。请看 Farrar Pond 住宅景观，金美京设计了一幅用“五彩纸屑”铺装和景天属地被构成的织锦，而不是草坪（图 0.1）。

图 0.1
Farrar Pond 住宅景观（2007 年），金美京，图片由 Mikyoung Kim Design 提供，美国马萨诸塞州林肯镇

规范性理论是建立在“应该是什么”基础上的，有很多与景观设计过程相关的规范性理论。例如第 3 章《材料》讨论的后果主义理论认为，“行动者行动的对与错完全取决于，与行动者可以采取的任何其他行动后果的价值相比较，当下行动后果的价值”。[3] 因此，结果主义认为你应该考虑在设计过程中所做决策的生态成本。这种思想对材料的选择、提取、运输、装配和生产产生了巨大的影响。与促使设计师批判性行为的抵抗性理论不同，规范性理论倾向于规定应该如何做某事。回到百吉饼花园，施瓦茨并不是建议每个景观设计师都使用百吉饼作为材料来源。相反，百吉饼引发了对景观设计中使用的传统材料的质疑。后果主义等规范性理论认为，所有的景观设计师都应该考虑材料的生态成本。从这个意义上说，规范性理论往往会变成有自己信条的思想范式或学派，当整个思想学派遭到争议，就会导致分裂或形成不同阵营。在第 5 章《系统逻辑》中，你会读到关于景观都市主义（Landscape Urbanism）的内容，它的追随者们挑战了新城市主义的原则——一场至今仍在继续的辩论。

解释性理论描述了事物为什么是现在的样子，虽然它们经常被用来解释场地，但它们也在设计过程中发挥着重要作用。《语言》一章中讨论的类型学理论和《系统逻辑》一章中涉及的系统理论都是解释性理论的例子。景观类型学有助于对具有共同特征的景观类型进行分类，从而创建一种可以在设计过程中使用和转换的语言。系统理论为生命的解释提供了另一种选择，它可以描述自然系统如何不断地相互作用。景观作为有机系统的解释促进了设计过程中自然过程的整合和再生。在这三种类型的理论中，解释性理论最难引发争议，因为这些理论经常进行描述而不是提出主张。

但谁在乎设计理论呢？我遇到过一些风景园林专业的学生，他们觉得不需要为理论而烦恼。我告诉他们，理论就像大脑的锻炼。理论，至少在这本书中提出的理论，有助于提升你看到和解释风景园林作品的能力。对于学生、设计师、景观设计师和知识渊博的设计团体而言，这是一项宝贵的技能。在康沃尔举办的设计历史协会（Design History Society）会议上，科学哲学家、社会学家布鲁诺·拉图尔（Bruno Latour）倡导使用“设计”这个术语，因为它能够激发诠释事物的想法，并在日常生活中发挥重要作用。对拉图尔来说，“设计本身就是一种诠释……无论你在何处想到某种事物的设计，你都会调用所有的诠释工具、技能和技巧去分析。我们的日常环境、最常见的人工制品都是经过设计的，有这样的深度认识非常重要。”[4] 拉图尔还评论说，设计“从来都不是从零开始的过程：设计总是再设计”。[5] 这是对景观设计师工作的完美描述，而理论在这一努力过程中很有帮助，它通过设计过程可以提供有关场地现象、景观体验、模式和交流的可争辩的解释。

可争辩的解释或理论在风景园林学中有悠久的传统。风景园林学教授雅基·鲍林（Jacky Bowring）提醒我们：“风景园林学诞生于激烈争论的时期。在 18 世纪，如画（picturesque）派理论家之间有时会有激烈的争论，提出了许多争论点，并为风景园林学科发展奠定了基础。”[6] 可以肯定的是，过去几十年最著名的理论之一——“如画的联想”（picturesque association），可以追溯到这个时期。对于托马斯·惠特利（Thomas Whately，1726—1772 年）和理查德·佩恩·奈特（Richard Payne Knight，1750—1824 年）这样的学者来说，景观花园中的废墟引发的联想可能会激起记忆，带来一系列感觉和联想。由于这些联想发生在头脑中，而不完全在被感知的对象中，因此以前被认为没有吸引力的景观属性现在可以被视为如画派。奇特、粗陋和阴郁被认为是风景的重要组成部分。随后，黑暗的洞穴、衰败的罗马风格桥梁和被苔藓覆盖的寺庙等被故意设计成景观的一部分，引发人们沉思过去文明的辉煌。破旧的磨坊和隐居的小屋也表达了对衰落的农业社会的致敬。事实上，废墟，无论是古典的还是**乡土的**，都成了针对过去的体验空间。

正如我在《论景观》（*On Landscapes*）一书中所指出的，这种“如画的联想”**审美**模式在最近的风景园林作品中得到了复兴，这些作品将过去工业时代不断退化的遗迹组织起来。被遗弃的工业构筑物，在上一代人看来很可能是眼中钉，现在却因为它们与消逝和衰败的联系而受到珍视。就像 18 世纪的景观，哀叹古典的辉煌和农业生活的奇特的消逝，后工业园区从 21 世纪服务导向的视角回忆工业时代的消逝。这些后工业园区的早期范例是德国拉茨事务所（Latz + Partner）设计的杜伊斯堡北公园（Duisburg North Park）。该场地以前是蒂森（Thyssen）工厂，后来被重新设计为一个公园。拉茨事务所有意保留了一些景观特色，如废弃的铁路脚手架、高炉和铸造厂墙，这样它们就可以像 18 世纪景观花园中的废墟一样发挥作用。的确，“如画的联想”证明了长期以来理论在景观设计中发挥着作用。

本书的格式

本书分为 5 章：《形式》《空间实践》《材料》《语言》和《系统逻辑》。一旦你为事物分类时就会发现有重叠的地方，我注意到不同章节的理论有交集，但你很可能也会发现一些。这些章节是“松散地”按时间顺序排列的，例如，形式是 20 世纪初理论话题的重要内容，而计算机使用和数字工具的兴起使系统成为最近讨论的理论话题之一。

每章都包含 4~5 个理论立场：“理论基础”，描述了理论的背景；“理论的重要性”，详细说明了为什么我认为了解这个理论对风景园林专业的学生很重要；理论的“实际应用”，说明了理论如何在特定的设计中运作；理论的“讨论”，给出了不同的理论观点；“主要阅读材料”提供了一份原始资料阅读清单，这些阅读材料可以与本书结合使用，或者学生可以在自己的研究中参考这些作品。

我特意选择可以转化为设计过程的理论主题。我给风景园林专业的学生教授理论已经很多年了，虽然理论很多，但是我发现只有一部分理论能够影响设计过程。在这本书中，我借鉴了哲学、艺术理论、建筑、文化研究等方面的理论。有些人可能会失望，这本书的理论借鉴了其他学科，而不是风景园林。但我却认为这是一种优势，因为它将你在设计课程中所做的事情与超出学科领域的理念和运动联系起来。当然，并不是所有的理论都是一样的。你会遇到重量级理论，比如《空间实践》章节中的现象学，它与哲学有着深刻的联系。你还会读到一些从设计专业中涌现出来的轻量级理论，这些理论并不依赖于深刻的哲学传统。这些理论也是我能理解和解释清楚的理论。有些人认为，如果一篇文章令人困惑，将很多动词用作名词，那就是理论。这实际上只是一位作家试图表现得理论化。理论必须是可理解的，因为如果你不能理解它，你就不能讨论它。

理论的“实际应用”部分包括来自 20 个不同国家的 111 个项目。感谢我的学生找到了这么多案例。我在 2012—2014 年向风景园林和建筑专业的学生讲授了本书的不同版本，课程的要求之一是在最近的风景园林作品中找到能够解释理论的案例。选择的标准是项目必须已建成（只有少数例子没有建成），通过一张图像就可以被理解，学生应该能够在图像中将理论可视化。我想要已建成的案例是因为建成一个项目是景观设计师的最终工作，这是实践中最具挑战性的方面。出于实用目的，我想要的景观案例应该通过一张图像就可以被理解。此外，这是一本关于理论和设计的入门书，学生通常从处理人的尺度开始进行设计训练，这也是他们通过直接经验得知的尺度。我也让学生选择那些能展示理论的视角，因为我想让他们和读者更仔细地观察图片。我们每天都被虚拟图像轰炸，学生们可能会对在互联网上看到的景观设计作品图像表现出极大热情，我也一样，这是当今研究景观设计最普遍的方法。一百年前，风景园林专业的学生显然没有互联网作为资源，他们通过观看幻灯片和细致的**现场**研究，比如测量图纸，来学习已建成的景观项目。我希望本书能帮助读者更有鉴别力地通过图片欣赏景观设计作品，如果有机会，读者还可以去现场参观。

本书后附的术语表中不仅给出了术语的含义，而且还写明了它们出现的章节。如果正文中解释了一个术语的含义，那么这个术语就不会再列入术语表。此外，我强烈建议读者去查那些不了解的术语词汇，因为陌生的术语会妨碍你对理论的理解。

“实际应用”部分提到的设计师使用了你描述的理论吗？

我必须承认，在大多数情况下——我不知道。景观设计师金特・福格特（Günther Vogt）说他的办公室受到了克洛德・列维－施特劳斯（Claude Lévi-Strauss）的影响，后者的“生与熟”理论（Raw and the Cooked）是在《语言》一章中讨论过的结构主义理论基础的一部分，也是我讨论福格特思想的地方之一。然而，本书所涉及的大多数景观设计师、设计师、艺术家和建筑师并没有指明运用了我所写的理论。不过我很高兴碰巧在瑞典听了景观设计师阿努・马图尔（Anu Mathur）的讲座。她在演讲开始时引用了加亚特里・查克拉沃蒂・斯皮瓦克（Gayatri Chakravorty Spivak）的话。斯皮瓦克是一位后殖民主义女权主义者，她的理论为《语言》一章中的后结构主义提供了理论基础，在那一章中我将马图尔和迪利普・达・库尼亚（Dilip da Cunha）的作品放在了一起。

此外，设计师是否采用了我在阐述他们作品时所引用的理论也并不重要。理论是指那些在理论出现之前就已经存在的解释。我在《空间实践》一章的“现象学”部分讨论了让－保罗・萨特（Jean-Paul Sartre）的群体实践理论。

萨特的理论关注的是人们在群体中因为他人而表现的行为，这不仅使个体获得自主权，同时也强调了群体。他的理论指出，因为群体实践，你必须遵守一些习惯和行为。你的理论课可以被描述为群体实践的一个例子。你参与的课堂强化了你在实践中作为学生的这一角色，以及这门课是一个群体行为的想法，你表现的很多习惯和行为都是受强化作用的影响。例如，你希望在一个特定的时间和地点上这门课，举手提问，观看老师和同学的演讲，等等。想想如果没有遵守这些准则会发生什么。因此，群体实践是萨特观察到并为其命名的一种现象。换句话说，他发现了一些很有趣的东西，而且可能已经在人类中存在了很长时间。

我将艺术家比尔·佩希特（Bill Pechet）和戴利景观建筑事务所（Daly Landscape Architecture）的小精灵花园（Little Spirit Garden）作为萨特群体实践在本书“实际应用”部分的案例。这个花园是为了纪念温哥华地区死去的婴儿。佩希特设计了 3000 座微型混凝土房子，让婴儿的父母、家人和朋友可以在房子里放置物品来纪念他们。我认识比尔，我认为他并不熟悉萨特的理论，但是他和戴利景观建筑事务所并不需要萨特的理论来设计这个美丽的纪念馆，他们只需要利用在其他纪念馆中准确观察到的一种行为实践——人们放置物品来纪念逝者，例如在华盛顿特区的越战老兵纪念碑。然而，即使他们不需要萨特的理论来设计这个景观，了解萨特的理论却可以帮助你更深刻地理解小精灵花园。更重要的是，这可能会促使作为学生的你更深入地思考你的设计作品。

书中普遍性的理论

在本书的撰写过程中，我发现了风景园林中许多相互竞争的立场，以及这些立场与设计的关系。景观设计师并没有经历过建筑师所经历的现代主义和后现代主义之间的分裂。然而，现代设计师和后现代设计师确实对书中的主要主题保持着不同的方法或态度。我不知道风景园林是什么时候变成后现代的，对此建筑界仍有激烈的争论。本书所考虑的景观涵盖了广阔的地理和时间范围，但一般来说，在 20 世纪 10—30 年代的欧洲以及二战后北美和欧洲创作的景观通常才被认为是现代的——尽管霍勒斯·沃波尔（Horace Walpole）在 1780 年出版了《现代造园品味史》（*History of the Modern Taste in Gardening*）。另外，后现代景观设计通常与 20 世纪 60 年代末之后的作品联系在一起，尽管如今仍有景观设计师，如科尔内利娅·哈恩·奥伯兰德（Cornelia Hahn Oberlander），认为自己保持了一种现代主义的景观设计实践。对此，区分现代和后现代景观设计师提出的一些主要观点可能更有帮助（图 0.2）。

有趣的是，在创建图 0.2 的过程中，我使用了本书中反复讨论的具有争议的思维过程——二元思维。这种将两个在意义上相互对立的概念组合在一起的做法，已经统领了哲学家和理论家几十年。正如你从现代景观与后现代景观设计的对比图中所看到的，二元区分有助于厘清差异。在西方哲学传统中，这种被称为**辩证法**过程的实践被认为可以揭示真理。然而，有人发现这种思维过程是压制性的，因为一个类别总是凌驾于另一个类别之上。另外，把世界放在对立的范畴里限制了事物的个性。想想简单的二元论：男性和女性。女权主义者肯定曾批评男性掌控着女性，而变性人运动也质疑了这对简单分类的基础。

图 0.2
现代景观与后现代景观

观点和影响	现代	后现代
对形式的看法	自主的	意指文化
对形式的影响	功能 + 场地	记忆 + 场地
形式对人的影响	产生普遍的情感	隐含多种想法
对空间的看法	要塑造的区域	权力的竞争性空间
对空间的影响	心理学	文化批判
空间对人的影响	产生普遍的情感	隐含多种想法
对材料的看法	真实的	可以是人造的，但不能是仿造的
对材料的影响	二战后可获得的新材料	生态后果
材料对人的影响	被认为是现代的	被认为是可持续的
对语言的看法	二元术语决定思维结构	二元思维过于限制、压抑
对语言的影响	现代、建筑设计词汇	地景、大地艺术、生态
语言对人的影响	跨文化和时间来统一人们	语言控制身份
对系统的看法	应被设计者控制	设计者是系统的一部分
对系统的影响	科学理解	艺术实践
系统对人的影响	将带来和谐与稳定	将带来机会

我在写这本书时发现的另一个争议来源是景观设计师詹姆斯·罗斯（James Rose）所说的“可感知形式”（perceptible form），这意味着人们可以在设计的景观中感知人类设计的形式。景观设计师的独特之处在于，他们的工作有时会与自然过程相混淆，或者根本没有被注意到是经过设计的。建筑师不需要担心他们为客户的房子设计的加建部分是否会被认为是自然发生的。人们不会说：“嘿，看那间房子旁长出了阳光房。”景观与时间有一种特殊的联系。它们通常包含并受制于非人为的因素，这些因素随着时间的推移显著地塑造了它们的特征。自然过程，如植物生长和土壤侵蚀，可以显著地塑造景观。其他艺术和设计实践也受到自然力量的影响，但都是偶然的（除非泥石流摧毁了建筑）。自然力量在景观中不是偶然的，相反，它们通常是设计意图的一部分。

虽然一些景观设计师更喜欢他们的作品看起来就像没有被设计过，但也有人认为有必要创造设计被关注的景观作品。事实上，我第一次开始进行景观理论写作的起因是我的哥哥韦恩打电话给我，问我是否知道乔治亚州亚特兰大一家购物中心有金色青蛙和大型植物圆顶的景观。这是玛莎·施瓦茨设计的里约热内卢购物中心（Rio Shopping Center）。我的哥哥在企业界工作，他一直在看这处房产，以前从来没有见过这样的东西。他对这里的景观既感到震惊又深感好奇。他怀疑地问：“这真的是景观设计师的设计吗？这种设计的含义是什么？”这次和哥哥的交流让我开始思考设计的景观在人们的日常生活中如何发挥重要的作用，以及如何诠释一些设计作品。

几年后，我在英属哥伦比亚大学（University of British Columbia）教授景观理论课程时，当时，哲学家兼访问学者德里克·麦特拉弗斯（Derek Matravers）问我是否能加入这门课程。他能参加这门课是我的荣幸，我认为他会成为一名伟大的景观理论家，但“可感知形式”的问题一直困扰着他。在这门课的最后一周，他向全班同学做了汇报，表达了他的困惑。我不便透露他的全部主张，但他对景观设计师因为生态过程放弃形式的想法感到非常困惑。他回忆说，他最珍爱的一些伦敦景观有着强烈的形式，这使它们相当令人难忘。麦特拉弗斯的困惑让我想起了景观设计师劳里·奥林（Laurie Olin）的观点：

> 正是致力于美学将我们与社会和自然科学家、工程师和政策规划者、政治家和文物保护管理人员区分开来。我们努力创造更复杂、更刺激、更有用、更美丽的环境。[7]

但**美学**是什么，或者更确切地说，它和景观理论有什么关系？正如我在《论景观》中所写的，约翰・杜威的**美学**观点与景观设计尤为相关。

发现杜威的美学

美学是一种艺术哲学，根据哲学家詹姆斯・雪莱（James Shelley）的说法，自18世纪以来，美学研究了“判断、态度、经验、品质、对象和价值”。[8] 最初的美学概念集中在作出理性判断的行为上，例如判断一幅风景是否美丽。这些美学理论最终被体验理论所取代。约翰・杜威（1859—1952年）是美国早期的实用主义哲学家，除他以外还有查尔斯・桑德斯・皮尔斯（Charles Sanders Peirce）和威廉・詹姆斯（William James）。杜威把体验作为美学理论的核心。[9] 杜威在《作为体验的艺术》（*Art as Experience*，1934年）中表示：“艺术的产物——庙宇、绘画、雕像、诗歌——本不是艺术作品。只有当人类与这些产物相互协作时，它们才会成为艺术作品，因此艺术作品是一种体验。”[10] 换句话说，杜威认为博物馆中被隔离保护起来的物品并不能算是艺术，只有附加了体验才能使之成为艺术。他认为博物馆类似于文明的“美容院”，人们应该在日常生活中寻找审美体验。通过发现博物馆墙外的审美体验，杜威认为艺术将接触到更多的人，并产生对他们日常生活有用的兴趣。这种美学理论的作用是，揭示审美体验可能发生的时间和地点，例如在景观中。

除了杜威关于艺术产生于日常生活中的论点，以及他对抵抗的坚持（如前所述），他的实用主义的另外两个方面与设计中的景观理论高度相关，即审美体验和预期的社会性。与其他美学理论不同，杜威认为美学经验促进对话、社会化和意义共享。例如，杜威在芝加哥大学（University of Chicago）建立了实验室学校（Laboratory School），在那里他提倡“在实践中学习”。孩子们分组工作，通过花园、石膏城市和其他作品来建造一个社区，反衬城市中受管制和疏离的力量。[11] 杜威认为造花园是一种能在孩子和他们的老师之间产生强烈社会凝聚力的活动，突出了景观的社会能力。[12] 由于景观设计师通常承担为所有类型的人设计公共空间的任务，景观代表了一个可以共享体验的关键空间。

最后，杜威的“预期”概念是他美学的“时间”维度，它暗示了许多景观所提供的另一种体验。他指出，对某些变化的期望，在体验开始之前就开始了，并通过体验完成。对于杜威来说，“在每个阶段都有对即将到来的事物的预期。这种预期是连接下一个行为和它的意义结果的纽带。因此，完成的事和正在进行的事是相互的、累积的、不断相互促进的”。[13] 由于景观会随着时间而变化，因此否认它不如接受它，它们提供了独特的审美体验。

杜威的目标是恢复“审美体验在生活的正常过程中的连续性”[14]，这在很大程度上被倾向于在博物馆中展出艺术品的哲学家和艺术评论家所忽视。哲学家理查德·舒斯特曼（Richard Shusterman）认为，忽视日常生活中的审美体验意味着“一种令人沮丧的假设，即日常生活必然是一种没有乐趣、缺乏想象力的胁迫”，并“为构建我们日常生活的权利和机构提供了最好的借口，以解释它们对人类天生需要美的乐趣和想象的自由日益残酷的冷漠”。[15] 本书的目标正是帮助你挑战这些假设和冷漠。

注释

1. Susan Herrington, “An Ontology of Landscape Design,” *The Routledge Companion to Landscape Studies,* eds. Peter Howard, Ian Thompson, and Emma Waterton (Abingdon: Routledge, 2013), 355–365.
2. John Dewey, *Art as Experience* (New York: Putnam Capricorn, 1958), 60.
3. Avram Hiller and Leonard Kahn, “Introduction: Consequentialism and Environmental Ethics,” *Consequentialism and Environmental Ethics*, eds. Avram Hiller, Ramona Ilea, Leonard Kahn (Abingdon: Routledge, 2014), 1–16 (3).
4. Bruno Latour, “A Cautious Prometheus? A Few Steps Toward a Philosophy of Design (with Special Attention to Peter Sloterdijk),” keynote lecture for the Networks of Design meeting of the Design History Society, Falmouth, Cornwall, 3 September 2008, 4, www.bruno-latour.fr/sites/default/files/112-DESIGN-CORNWALL-GB.pdf.
5. Ibid., 5.
6. Jacky Bowring, “Meaning in Landscape Architecture and Gardens,” *Landscape Review* 13, no. 2 (2011): 40–43 (40).
7. Laurie Olin, “Most Important Questions,” *Landscape Journal* 11, no. 2 (1992): 171–172 (171).
8. James Shelley, “The Aesthetic,” *The Routledge Companion to Aesthetics,* third edition, eds. Berys Gaut and Dominic McIver Lopes (Abingdon: Routledge, 2013), 246–256 (246).
9. See Michel Conan, ed. *Contemporary Garden Aesthetics, Creations and Interpretations* (Washington, DC: Dumbarton Oaks, 2007). This book is based on papers delivered at a Dumbarton Oaks Colloquium dedicated to Dewey’s aesthetics and gardens.
10. Dewey, *Art as Experience*, 214.
11. William Harms and Ida DePencier, *Experiencing Education: 100 Years of Learning*

at the University of Chicago Laboratory Schools (Chicago: University of Chicago, 1998), 4.

12. John Dewey, *School and Society* (Chicago: University of Chicago Press, 1942), 99.
13. John Dewey, *Art as Experience*, 52.
14. Ibid., 10.
15. Richard Shusterman, “Pragmatism: Dewey,” *The Routledge Companion to Aesthetics*, third edition, eds. Berys Gaut and Dominic McIver Lopes (New York: Routledge, 2005), 121–131 (126).

第 1 章　形式

本章涵盖了设计中最具挑战性的方面——形式的产生。形式从何而来？它们可以从场地、自然或文化过程、方案和许多其他不同的来源中提取。从历史上看，景观设计过程中形式的产生与艺术相关方面有关。亨利·文森特·哈伯德（Henry Vincent Hubbard）和西奥多拉·金博尔（Theodora Kimball）为景观设计学生编写的最早的教科书之一《景观设计研究导论》（*An Introduction to the Study of Landscape Design*，1917 年）中写道：景观设计与纯艺术（美术）是一致的。[1] 按照布扎（École des Beaux-Arts）传统，如果你是 1917 年的风景园林专业的学生，你可能会忙于研究历史上的形式，以便在工作室的设计项目中进行复制。然而，20 世纪的艺术正在迅速改变，因为它不再被牢牢地束缚在通过仿效来表现三维世界中发现的属性上。立体主义和其他 20 世纪初的艺术运动在画布上，在雕塑、摄影、电影和戏剧中抽象化了现实。例如，一幅关于城市的画作不需要看起来像一个人可能亲身经历的城市。这些艺术形式上的变化最终影响了景观设计的想法，以及它们被构思和理论化的方式。

形式主义的理论基础

比较唐奈尔游泳池（Donnell pool）与布洛德尔保护区（Bloedel Reserve）静水池的图像（图 1.1、图 1.2）。

一个池子是用来游泳的，另一个池子是用来观赏的，但它们的形式属性——就其颜色、线条和形状而言——有什么不同？

水池边缘的颜色和线条是如何暗示停滞或运动的？

图 1.1　唐奈尔游泳池（1984 年），托马斯 · 丘奇（Thomas Church），图片由马克 · 特雷布（Marc Treib）提供，美国加利福尼亚州索诺玛

图 1.2　布洛德尔保护区静水池（1984 年），理查德 · 哈格（Richard Haag），图片由马克 · 特雷布（Marc Treib）提供，美国华盛顿州班布里奇岛

通过回答这些问题，你开始了对两个风景园林作品的形式分析。艺术和美学中的形式主义处理的是一个设计或艺术作品的形式质量：纹理、形式、形状和线条。一般来说，形式主义优先考虑形式的质量，而不是它的表达能力。例如，形式主义的分析不会关注唐奈尔花园游泳池的弯曲边缘模仿了远处背景中的盐沼的边缘这一想法。相反，重点在于分析花园游泳池的形式属性。哲学家尼克・赞格威尔（Nick Zangwill）认为“形式属性是那些完全由感官或物理属性决定的美学属性——只要我们讨论的物理属性与其他事物和其他时间无关”。[2] 因此，盐沼的特征并不属于唐奈尔游泳池的形式属性。在形式主义的分析中，关注点是设计的物理和感官属性。

形式主义可以追溯到艺术评论家克莱夫・贝尔（Clive Bell，1881—1964 年）在其《艺术》（*Art*，1913 年）一书中的论述。[3] 虽然贝尔从未精确地定义过形式主义，但他对艺术的形式品质而不是艺术品所代表内容的强调，成为一种主导的文化态度，塑造了讨论、构思和评价艺术与设计的方式。[4] 哲学家诺埃尔・卡罗尔（Noël Carroll）强调了贝尔的形式主义的深远影响，他认为，即使是学童在阅读故事时，“也被教导不要让他们的注意力离开文本：让他们关注故事与现实生活的关系，而不是去品味它的形式组织和特征（例如它的统一性、复杂性和强度）”。[5]

事实上，在景观设计师詹姆斯・罗斯（James Rose，1913—1991 年）的早期著作中，可以看到观众对形式的认可超过了其他事物。在他 1938 年为《铅笔尖》（*Pencil Points*）杂志撰写的《花园中的自由》一文中，罗斯主张花园设计的形式主义，而不依赖于复制历史形式的布扎传统。罗斯认为重要的是花园的基本形式和对形式的感知，而不是它们所代表的东西。当形式可以被感知时，“事物就获得了形式和意义。事物的布置可能是令人愉快的或丑陋的，松散的或僵硬的，对称的或不对称的，但如果布置是可感知的，它就拥有了形式品质，是具有‘形式感’的。”[6]

在 20 世纪，形式主义不仅提供了一种评价艺术的方法，而且还在定义“什么是艺术”上发挥了本体论的作用。例如艺术评论家克莱门特・格林伯格（Clement Greenberg，1909—1994 年）提出了一种形式主义支持抽象表现主义绘画，而不是那些试图表现三维场景或事件（特别是历史场景或事件）的绘画。[7] 景观设计的形式主义途径在定义现代景观时也发挥了本体论的作用。这在二战后尤为普遍，当时设计行业在寻求“不受宗教约束，不受主题限定，不受国家或语言界线局限”的词汇。[8]

形式主义一词正是在作为一种基本形式的语言的意义上反映了 20 世纪中期许多景观设计师的形式主义设计理论。这些设计师认为使用基本的设计词汇比学院派的布扎设计更让人觉得平等。景观设计师加勒特·埃克博（Garrett Eckbo，1910—2000 年）认为，“如果我们的设计概念超越了我们对使用人群的了解，我们的工作就会产生矛盾……那些体验我们公园设计的大多数人怎么办？他们在享受这些设计之前是否需要一个培训课程？”[9] 景观设计中的叙事和故事被认为是精英主义的，因为历史解释对其欣赏至关重要。相比之下，采用基本形式的设计被认为是平等的，因为它们不需要艺术史方面的教育背景或专业知识，人们可以单纯地感受它们。

关于形式主义的反例，请看意大利巴格纳亚兰特别墅的珀加索斯喷泉（Fountain of Pegasus at the Villa Lante，Bagnaia，Italy）（图 1.3）。喷泉中心位置设计了一座带有双翼的飞马雕塑——珀加索斯，它的前蹄在空中，后蹄栖息在一个岩石般的底座上。珀加索斯是古希腊神话中的角色，它用蹄子敲击地面的地方就会有泉水流出。喷泉的设计非常恰当地表达了这一神话故事，因为兰特别墅所在地水源丰富。

图 1.3
兰特别墅的珀加索斯喷泉，图片由多米尼克·麦基弗·洛佩斯提供，意大利巴格纳亚

将此与之前的唐奈尔花园游泳池或布洛德尔保护区静水池的例子相比较，它们有什么不同？

如果你不知道珀加索斯的神话，你还会喜欢这个喷泉吗？

如果你知道这个神话，你会不会对花园的设计有更深的体会？

形式主义的重要性

形式主义改变了景观设计可能的样子，并开辟了一系列可以从其他领域借鉴的形式。然而，对形式主义的一个主要批评是，由于人们对形式的反应（在景观或绘画中）具有文化偏见，并由社会经济地位或其他因素决定，因此不可能形成一种通用的形式语言。然而，形式主义之所以重要也正是因为这些反应上的差异。

形式、线条和颜色可以在不同的人群（包括工作室的评论家和同行）中引起极其不同的反应。在景观设计中，有机形式和几何形式的运用经常引起激烈的争论，因为人们确实与这些形式产生了联系。有些人支持有机形式，因为它们通常与自然过程有关。有些人倾向于几何形式，因为它们与文化有关。然而，自然界中确实存在着几何图形（想想花瓣的精确分布或雪花的结晶形状）。同样地，并不是所有的文化过程都是几何形状的（想想数字化制造产生的疯狂的有机形式）。

然而，形式主义的价值就体现为它对设计中的形式属性的关注，以及对那些评论或体验这些属性的人的反应的关注。景观设计师无法控制他人对其作品的接受程度，但通过审慎关注其设计的形式属性，他们可以促使人们感知这些属性，正如罗斯所说，无论是令人愉悦还是感到丑陋，是松散还是僵硬。形式主义对设计的视觉质量和人们对设计的反应的专注是朝着景观的表达或沟通能力迈出的第一步。“因为，如果是人与人之间的独立关系产生并维持了交流和对意义的解释，那么形式主义可以被看作是对这种关系最令人信服的解释。”[10]

形式主义的实际应用

简单性和复杂性

关于设计中的简单性和复杂性的辩论通常归因于建筑师罗伯特·文丘里（Robert Venturi）和丹尼斯·斯科特·布朗（Denise Scott Brown）。[11] 自 20 世纪 60 年代末以来，他们反对形式主义的抽象性，倾向于欧洲古老广场和拉斯维加斯大道(Las Vegas Strip)的复杂性和矛盾性。然而，在风景园林中，关于简单性与复杂性的争论可以追溯到 18 世纪的英国。“如画美景之争”正是对这个问题的探讨。理查德·佩恩·奈特（Richard Payne Knight，1750—1824 年）和尤维达尔·普赖斯（Uvedale Price，1747—1829 年）批评万能布朗（Capability Brown，1716—1783 年）的景观光滑的纹理和简单的形状。奈特对景观园林(landscape gardening)这一新的行业持怀疑态度，认为布朗“对绘画一无所知，无法判断风景画的效果”。[12] 为了表达他的不满，奈特在 1795 年发表了《景观：一首说教诗》（*The Landscape: A Didactic Poem*），嘲笑布朗的景观是经过修剪的和缺乏复杂性的。

汉弗莱·雷普顿（Humphry Repton，1752—1818 年）反驳奈特，认为景观园林师需要考虑主人如何进入景观，以及更多实际用途，而非它看起来是否像一幅画。奈特反击说，在众多名字中，雷普顿应该称自己为“步行制造者”（walk maker）。[13]1810 年，尤维达尔·普赖斯也加入了反对布朗和雷普顿的辩论，他告诫说，重要的是“要将简单的与光秃秃的、平凡的区分开来；将多样的和复杂的与只是杂乱的区分开来”。[14] 光滑度是一个关键的批评焦点，甚至延伸到普赖斯对动物的评价：“我们发现博美犬和粗犷的水犬比光滑的西班牙猎犬或灰狗更有如画之美；蓬乱的山羊比绵羊更有如画之美，尤其当它们的毛发参差不齐、凌乱不堪时，比毛发厚度相同或刚剪过毛时更有如画之美。”[15]

奈特的诗附有两幅版画，一幅看起来是由万能布朗设计的，另一幅是类似的场景，但进行了如画派处理（图 1.4、图 1.5）。

这两个场景之间的主要区别是什么？
图 1.5 中的场景看起来更自然吗？

图 1.4
托马斯·赫恩(Thomas Hearne)的如画派景观，见于理查德·佩恩·奈特的《景观：一首说教诗》(1795 年)，公有领域版权

图 1.5
托马斯·赫恩的相同风景的现代布朗景观（modern Brownian），见于理查德·佩恩·奈特的《景观：一首说教诗》(1795 年)，公有领域版权

有人认为，在奈特时代建造的花园中，有意将风景作为自然的一部分，是将其富有主人的权力“自然化”的一种手段。建筑历史学家罗宾·埃文斯（Robin Evans）等评论家认为，这些景观不仅证明其所有者拥有只有非常富有的人才能负担得起的非规则性，而且这种财富是自然秩序的一部分，是一种既定的社会等级制度，即富人拥有景观，穷人在其中劳动。

你认为奈特和普赖斯用这些图片还表达了什么？

时间上隔开几代人之后，我们再比较两个公共景观的简单性和复杂性，内涵已经不尽相同。比较一下巴黎的绿荫步道（Promenade Plantée）和纽约市的高线公园（High Line）的图像（图 1.6、图 1.7）。

绿荫步道是一条废弃的铁路高架桥，曾经连接巴士底广场（Place de la Bastille）和瓦伦 - 圣莫尔（Varenne-Saint-Maur），全长 4.5 公里。它在 20 世纪 90 年代初被改造成一个高架线性花园，种植了玫瑰和修剪过的装饰性灌木，以及爬满植物和带有雕塑的格构拱廊。这个做法后来启发了高线公园，但二者有一些明显的区别。花园设计师皮特·奥多夫（Piet Oudolf）完成的高线公园种植设计使用了 300 多种多年生植物，有草、灌木和树木。其灵感受到废弃铁轨上出现的自播景观（self-seeded landscape）的启发。

这两个项目都位于废弃的高架铁路上，但它们的形式特征有什么不同？
简单性和复杂性在这两种设计中是如何体现的？
你认为不同的设计会给参观者带来不同的想法和感受吗？

不透明性和透明性

20 世纪 70 年代，艺术史学家菲利普·朱诺（Philippe Junod）试图通过不透明性（opacity）和透明性（transparency）的系统理论来识别艺术中重复出现的模式。为此，他试图将艺术的形式质量划分为不透明或透明。不透明性消除了任何模仿行为的痕迹，拒绝“艺术作品是一面镜子，人们在其中看到了其他东西”。[16] 为避免模仿，不透明的设计通常基于抽象化的方法。用哲学家纳尔逊·古德曼（Nelson Goodman）的话说，抽象是“图像制作的过程，其中只提取一些通常被归于‘自然世界’的视觉元素（即‘抽

图 1.6　绿荫步道（1993 年），雅克 · 韦尔格利和菲利普 · 马蒂厄，法国巴黎

图 1.7　高线公园（2014 年），詹姆斯 · 科纳事务所，Diller Scofidio + Renfro 事务所和皮特 · 奥多夫，美国纽约

象化’）”。[17] 换句话说，抽象作品不使用仿效（mimesis）手法。另外，透明性揭示了艺术过程中的仿效行为，因此它经常涉及模仿（imitation）。

请看欧洲被害犹太人纪念碑（Memorial to the Murdered Jews of Europe）的图片（图 1.8）。纪念碑由位于柏林市中心的一片斜坡上的 2711 块巨大的长方体石碑组成（面积大约相当于两个足球场）。对艾森曼的石碑的阐释各不相同。

你认为它们是什么的抽象?

请看多瑙河上的鞋子（Shoes on the Danube）的图片（图 1.9）。1944—1945 年，匈牙利的纳粹党（民族社会主义，National Socialist）党员、箭十字（Arrow Cross）民兵，把犹太人引到多瑙河边。犹太人站在河边被迫脱下鞋子，被枪杀后落入河中。[18]2005 年，坎·托盖（Can Togay）和久拉·保尔（Gyula Pauer）试图通过在河边放置 60 双铜鞋来纪念这些大屠杀的受害者。

图 1.8
欧洲被害犹太人纪念碑（2005 年），彼得·艾森曼（Peter Eisenman），图片由约扬（JoJan）提供，https://creativecommons.org/licenses/by/3.0/deed.en，德国柏林

图 1.9
多瑙河上的鞋子（2005 年），坎·托盖和久拉·保尔，图片由朱莉·罗伊斯（Julie Royce）提供，匈牙利布达佩斯

你明白这个纪念物是如何具有透明性的吗？
这些鞋子看起来像是 20 世纪 40 年代的吗？
你能看到模仿的透明性吗？

景观设计师凯瑟琳·迪依（Catherine Dee）认为：

> 抽象的能力是创新的基础。人类抽象的能力——为新的情况应用或改变现有图式的能力——创造了新知识和新形式的可能性。设计中的抽象化防止了风格主义和对旧形式的处理。抽象过程中孕育了崭新的景观。[19]

如果青铜铸件是鞋子的抽象形式，纪念物会有什么不同？
这两个例子都是为了纪念大屠杀而做的尝试。它们在形式上有什么不同？
你认为抽象的设计比透明的设计更有力量，还是相反？

序列性

序列性涉及在空间中重复的形式或物体。艺术评论家罗莎琳德·克劳斯（Rosalind Krauss）使用序列性一词来描述唐纳德·贾德（Donald Judd）等极简主义艺术家所创造的物体或形式的重复。对于克劳斯来说，“极简主义雕塑家所采取的方法的特点是，他们探索出一种被发现的对象作为重复性结构元素的可能性”。[20] 虽然克莱门特·格林伯格的学生克劳斯最终拒绝了形式主义，但序列性被证明对景观设计师彼得·沃克（Peter Walker）的工作具有重要意义，他开始在其设计工作中引入这种形式主义策略。沃克反对将形式作为围合空间的方式的传统概念。他向极简主义学习，利用序列性来模糊物理对象和空间之间的区别，并关注将形式的模式作为设计的景观。[21] 请看唐纳喷泉（Tanner Fountain）的图像（图 1.10）。

项目中的序列性是如何体现的？

唐纳喷泉中的所有岩石都是一样的吗？如果不是的话，是什么原因导致了这种设计的统一？

你是否认为沃克的设计模糊了物体和空间之间的关系，而不是阐明了一个封闭的空间？

颜色和形式

传统上，设计中的色彩被分析为色调（暖色或冷色）、明度（明度）和纯度（饱和度）。艺术评论家约翰·罗斯金（John Ruskin，1819—1900 年）将色彩作为他提出的“建筑的七盏明灯”理论的一部分，其预示了形式主义的产生①。罗斯金对色彩与形式的关系也有具体的建议，他说：“让它明显独立于形式。不要用垂直的线条来给柱子上颜色，而是要横着涂画。”[22] 他从观察自然元素的色彩模式中获得了这一洞察力。“注意大自然是如何做到的。在一朵色彩斑斓的花中，不是一片叶子是红色的，另一片是白色的，而是一个红色的点和白色的区域。”[23] 虽然有些花的每片叶子颜色都不同，

① 译者注：“建筑的七盏明灯”包括献祭 Sacrifice、真实 Truth、力量 Power、美感 Beauty、生命 Life、记忆 Memory 以及遵从 Obedience。

图 1.10
唐纳喷泉（1984 年），彼得 · 沃克，图片来自彼得 · 沃克及其合伙人景观建筑事务所（Peter Walker and Partners Landscape Architecture），美国马萨诸塞州剑桥

但颜色并不和形式完全一致。

到了 20 世纪，画家阿梅代·奥尚方（Amédée Ozenfant，1886—1966 年）和费尔南 · 莱热（Fernand Léger，1881—1955 年）研究了空间如何在彩色的形式感知中前进或后退。特别是莱热，他探索了表现和抽象之间的关系，以及平面感和深度感，因为他认为这些对比是现代生活的标志。[24] 莱热的学生伯纳德 · 拉叙斯（Bernard Lassus）将这种探索带到了他自己的园林艺术中，探索感官知觉、自然、文化和色彩。[25] 对于拉叙斯来说，正是对形式和色彩关系的探索占据着他近半个世纪的职业生涯。

在设计巴黎科拉斯花园（Colas Garden）时，客户要求伯纳德 · 拉叙斯将花园与相邻的公园空间分开。拉叙斯没有采用普通的栅栏或墙壁，而是创造了一个由植物和穿孔金属树这样的虚构植物组成的分层幕布。由于它们的颜色不同，这些金属剪影给人一种视觉深度，因为深色会退隐，浅色会凸显。

在最后的背景中，附近公园的真实树木与拉叙斯想象中的抽象景象形成对比（图 1.11）。根据社会学家米歇尔·科南（Michel Conan）的说法，虚构的植物材料“带有剪裁的痕迹，是一种艺术性的标记。这使高大、抽象的凉亭看起来更加真实，它们构成市政公园树林前绿篱的最后界限。”[26]

你认为拉叙斯为什么给这一视图赋予深度？
你认为虚构的植物材料和真实的植物材料之间有什么关系？

图 1.11
科拉斯花园（Les Jardins suspendus de Colas，2007 年），伯纳德·拉叙斯，图片由伯纳德·拉叙斯提供，艺术家、景观设计师，法国巴黎

形式主义的讨论

形式主义通常将视觉置于其他感官之上。建筑学家马克・特雷布（Marc Treib）在他广为流传的文章《景观形式的内容“形式主义的局限性”》（“The Content of Landscape Form ‘The Limits of Formalism’”）中写道：

> 我们不应该为摄影图像而设计，而应该为景观的体验而设计……照片被迫代表了整体片段，就像文学作品中的提喻法。但景观不是一个片段，它是一个整体，有时这些设计只能保持我们在小范围内短时间的兴趣……它很少考虑人体、神秘和吸引力，或视觉以外的感官。[27]

你能想到在景观设计中，如何将其他感官感受作为形式生成的一部分？

正如你将在《系统逻辑》一章中读到的，试图创造静态形式的形式主义方法受到了来自将景观视为过程而不是形式构成的理论的挑战。事实上，具有生态性能的景观往往看起来凌乱不堪，因而无人问津。景观设计师琼・艾弗森・纳绍尔（Joan Iverson Nassauer）认为，“具有生态价值的景观和野生动物栖息地的视觉质量可能会被非景观设计师误解为这是其主人不在乎它的迹象。”[28] 她建议如果设计者加上“关心的提示”，如“大胆的图案——这些图案通过其清晰的边缘和景观尺度表明人类的意图”，这些景观就可以被非专业人士所欣赏。[29]

你能想到一些景观设计师或设计者使用“关心的提示”来表明景观是有意为之和被关心的例子吗？在高线项目中，是否有关心的提示？

形式主义的主要阅读材料

Clive Bell, *Art*. 克莱夫・贝尔，《艺术》

David Carrier, *Rosalind Krauss and American Philosophical Art Criticism:*

From Formalism to Beyond Postmodernism. 大卫·开利，《罗莎琳德·克劳斯和美国哲学艺术批评：从形式主义到超越后现代主义》

Mitchell B. Frank and Daniel Adler, *German Art History and Scientific Thought: Beyond Formalism*. 米切尔·B. 弗兰克和丹尼尔·阿德勒，《德国艺术史与科学思想：超越形式主义》

表现理论的理论基础

> 物理形式具有特性只是因为我们自己拥有身体。如果我们是纯粹的视觉存在（visual beings），我们就不能对物质世界进行审美判断。但是作为人类，身体教会了我们从重力、肌肉收缩、力量等自然本性中收集经验，使我们能够认同其他形式的条件。为什么没有人对一块石头落向地面感到惊讶？为什么这在我们看来是非常自然的？我们无法理性地解释：解释来自我们的个人经验。[30]
>
> (Heinrich Wölfflin, “Prolegomena to a Psychology of Architecture,” 1886)

这是艺术史学家海因里希·沃尔夫林（Heinrich Wölfflin，1864—1945 年）在描述建筑如何向你表达内部感受的外化。在这个例子中，对重力的理解是从你身体感受到重力的拉拽中学习到的。沃尔夫林将建筑史学家从传统历史分析的约束中解放出来，试图在设计的形式质量中分离出表现性内容。在这个意义上，历史学家关注的是表现，以及表现如何超越单纯的描述给艺术家、观众或观赏者带来或重演某些精神状态。沃尔夫林认为，“身体作为一种敏感的心理学工具，提供了将人类主体的具体感受投射到艺术和文化对象上的手段，从而使它们具有意义。”[31]

表现理论与形式主义密切相关，沃尔夫林后来在其极具影响力的《艺术史原理》（*The Principles of Art History*）一书中发展了一种形式主义的方法。然而，表现理论主要解决的是情绪的识别和他们对感受的塑造。情绪是对你的视觉、听觉、味觉、嗅觉、热力条件、疼痛、快乐、平衡和运动等刺激的反应。它们往往是即时的，不经意间发生的，而且我们往往对它们没有什么控制。回忆一下你无法停止哭泣或脸红的时候——那是你的情绪在起作用。

相比之下，“感觉是在我们的大脑意识到这种物理变化之后发生的；只有在那时我们才会体验到这种哭泣时的悲伤或脸红时的尴尬”。[32] 因此，表现理论主要关注艺术中产生的外部世界的情绪影响，如电影、文学、绘画或风景；当一个人表达某种东西时，他会意识到这种情绪。

根据哲学家德里克・麦特拉弗斯的说法，“表现被认为是作品本身的一种品质……这种品质可以独立于其创造者的心理状态进行分析”。[33] 换句话说，一个景观设计师可能是快乐的，但却创作了一个庄严的景观设计。通过景观设计来表达某种东西，例如庄严，并不一定要求你在从事设计时有这种情绪。麦特拉弗斯分析了几种当代的表现理论。第一个理论涉及相似性的经验。相似性理论论及人们可以意识到某物所表达的情绪，但它不一定让你感受到这种情绪。对麦特拉弗斯来说，一只圣伯纳犬的脸看起来很悲伤。我认为它的脸是悲伤的事实并不意味着狗是悲伤的，它的脸也不会让我悲伤。圣伯纳犬的脸与悲伤的状态“相似”。谈到景观的例子，请回到“形式主义的理论基础”小节的游泳池案例。体验唐奈尔花园的游泳池可能会让我感受到欢乐的情绪，因为明亮的色彩和流动的形式与欢乐相似，而布洛德尔静水池可能会让我感到忧郁，因为黑色水池的色彩和静止形态对我来说与庄严相似。

麦特拉弗斯是“唤醒理论”（Arousal Theory）的倡导者，该理论认为作品的表现力会唤起观众的感受。[34] 这种情感不需要与艺术家或设计师所经历或计划的情感相匹配；但是，它确实能促使人们产生情感反应。例如，如果你不会游泳，阳光明媚的加州唐奈尔花园的游泳池可能会让你感到害怕。正如你将在“表现理论的实际应用”中看到的那样，唤醒理论经常在当代纪念物设计中发挥作用，唤醒情绪是一个核心目标。

另一个表现理论被称为“表情”（expression-looks）。哲学家多米尼克・麦基弗・洛佩斯（Dominic McIver Lopes）在提到二维作品时解释说，我们阐释表现“是因为它们被描述为具有物理构图，而这些物理构图就是表情。不仅是图片中可以看到的那些构型（configuration），而且当它们具有指示的功能时，我们把它们看作一种表现。”[35] 这些构型通常是通过它们与某个想法或者情绪的相似性来识别的，人类可以创造它们，也可以是自然发生的——例如在暴风雨中听到第一声雷响时的惊奇感。对于景观设计来说，设计的物理结构成为表达某种东西的载体—— 一种想法、一种情感等。在《花园的意义》（“Gardens Can Mean”）一文中[36]，我认为，当景观被人类设计成一种交流的媒介时就会表现一些东西。从表现一系列思想的京都龙安寺花园（Ryoan-ji temple）开始，我用 *Photoshop* 软件移动了岩石，并将它们排成一排，而不是按特定的群组放置。请看龙安寺两幅不同的图片（图 1.12、图 1.13）。

这两个园子有什么不同？
你对它们有什么不同的解读？

如果我真的对龙安寺的岩石和苔藓做了图 1.13 中这些改变，我将大大改变这个花园表现的方式和内容。这意味着龙安寺的岩石，尤其是它们的构型，一定在向参观花园的人们传达着什么。

图 1.12
枯山水花园，日本京都，龙安寺

图 1.13
经 *Photoshop* 处理过的花园照片，日本，京都，龙安寺

表现理论的重要性

与形式主义一样，表现理论可以通过你的设计促进与他人的交流。一些理论家认为，将情绪投射到外部世界，可以在观众、艺术家或设计师之间创造一个共享空间。[37] 它使读者能够通过对作品的体验来理解另一个人的情绪，刻画出一个人类共享的现实。集体或共同的情绪与设计的景观尤为相关，因为作为学生的你进行的许多设计项目都是公众可以接触的项目。

景观设计师劳里・奥林是在设计中运用表现性内容的最早倡导者之一。在他的文章《景观设计中的形式、意义和表现》（“Form, Meaning, and Expression in Landscape Architecture”）中，他认为景观设计师可用的形式和材料提供了丰富的表现机会，只是专业惯例和文化规范（认为景观只应该看起来像由自然过程创造的）限制了它们的使用。他指出：

> 景观是由许多不同的现象组成的——视觉的、听觉的、触觉的、嗅觉的——这些现象可能会引发我们对个人环境历史的回忆，而这些回忆

> 又与我们的教育和经验的信息世界相结合。因此，在我看来，毫无疑问，景观设计的艺术——如果它是一门艺术的话——可能是我们拥有的最复杂和最精妙的艺术。[38]

奥林的结论是隐喻等文学手段可以为设计注入意义。他的文章在过去几十年里引发了辩论。景观必须有意义吗？景观可以被赋予意义吗？景观应该表达意义吗？谁来确定这种意义？第 4 章《语言》将回顾这些问题。

表现理论的实际应用

相似性

自 2000 年以来，加拿大魁北克的梅蒂斯花园（Les Jardins de Métis）国际花园节设置了一系列的临时花园，旨在扩大花园在当代文化中的意义。我设计的花园“嘻哈”（Hip Hop）由一黑一白两个在视觉和体验上非常不同的花园组成。在白色的花园，啤酒花的茎缠绕在高高的杆子上，踏步石邀请游客在精致的草丛中跳跃。相比之下，黑色的花园是鲜明的、富有戏剧性的，像舞台布景。花园中布置了黑色的地面，以及一些身穿正式长礼服、头戴黑色亚麻纤维的能动的缪斯女神像，仿佛在邀请观众移动她们（脚轮被固定在她们的底座上）。然而，人们对缪斯女神像感到害怕（不是“唤醒理论”描述的那种感觉，而是真的有点害怕），因为人们认为缪斯女神像很像女巫，但实际上这并非我故意为之。当我再次受到设计邀请时，我设计了蓝色和白色的花园，人们因这些雕像好似翩翩起舞的少女而感到高兴。请看前后两年不同的嘻哈花园（图 1.14、图 1.15）。

两个不同版本的缪斯女神像为什么看起来像不同的实体？

除了颜色之外，是否还有植物材料等其他方面，使这两种缪斯女神像具有不同的相似性？

图 1.14
国际花园节，梅蒂斯/雷福德花园，嘻哈花园缪斯像（2004 年），苏珊·赫林顿，图片由罗伯特·巴罗内特（Robert Baronet）提供，加拿大魁北克，格兰梅蒂斯，梅蒂斯/雷福德花园

图 1.15
国际花园节，梅蒂斯/雷福德花园，嘻哈花园缪斯像（2005 年），苏珊·赫林顿，图片由路易丝·坦圭（Louise Tanguay）提供，加拿大魁北克，格兰梅蒂斯，梅蒂斯/雷福德花园

唤醒

一些景观项目设计的目的是唤起观众强烈的情感。纪念碑的设计经常将悲痛和纪念的情绪作为设计的一部分。请看波兰 Bełzec 死亡营纪念碑景观的图片（图 1.16）。1942—1943 年，成千上万的犹太人在这个臭名昭著的死亡营被处死。艺术家安杰伊・索维加（Andrzej Sołyga）、兹齐斯瓦夫・皮德克（Zdzisław Pidek）和马尔钦・罗什奇克（Marcin Roszczyk）使用景观中的残存物作为设计的表现原料，他们创造了一条裂缝，使之穿过一片瓦砾和扭曲的金属棍，划分了死亡营区的界线。对艺术家们来说，对土地的切割揭示了地形的隐藏高度以及罪行的严重性。这条裂缝引导参观者走过长 10 米的下坡来到一面纪念墙前。生锈的铸铁制成的铭文满布墙面：墙上有在死亡营死去的所有犹太人的名字，一条环绕的步行道则列出了犹太人被转移来的城镇名称，而圣经中的《约伯记》的引文则凸显了入口。艺术家们还保留了他们在现场发现的树木，并指出："见证了这些事件的树木将被保留在这片土地上。"[39]

纪念馆的哪些特征类似于艺术家们希望唤起的感觉？

图 1.16
Bełzec 死亡营纪念碑景观（2004 年），安杰伊·索维加、马尔钦·罗什奇克、兹齐斯瓦夫·皮德克和 DDJM 建筑事务所，图片由赖西（Lysy）提供，https://creativecommons.org/licenses/by-sa/3.0/deed.en，波兰卢布林区

表情

如前所述，根据洛佩斯的观点，表情指将形式的组合视为“具有某种暗示的功能”。表情理论是对相似性理论的改进。表情超越了色彩或基本形式，包括特定形式、图形或组合中元素的共同表现。请看西班牙毕尔巴鄂的戴安娜·巴尔莫里（Diana Balmori）设计的爬上楼梯的花园（The Garden that Climbs the Stairs）（图 1.17）。在这里，种满波浪起伏的植物的耐候钢板花槽在两座塔楼之间的台阶上上升（或下降）。[40] 巴尔莫里为花槽设计了蜿蜒的形式，并选择了飘逸的植物肌理来表现运动和上升的感觉。

图 1.17
爬上楼梯的花园（2009 年），戴安娜·巴尔莫里，图片由巴尔莫里协会（Balmori Associates）提供，西班牙毕尔巴鄂

你能看出花槽的线条构成与直线形的楼梯如何形成鲜明的对比，从而表现出运动感吗？

如果种植的植物被安排成符合台阶的直线形式，爬上楼梯的花园是否仍有相同的效果，甚至是否还具有表情？

表现理论的讨论

20 世纪时，表现在景观设计中发挥的作用是不同的。虽然今天的神经学科学家已经证明了情感是理性思维的一部分，但在战时和战后的大部分时间里，建筑师们都在寻求使设计方法合理化的途径，而景观设计师，如勒贝雷希特·米格（Leberecht Migge，1881—1935 年），则通过景观设计将城市土地策略性地用于生产食物和满足人的需求。正如建筑学讲师大卫·哈尼（David Haney）所解释的，“合理化的花园是对合理化建筑的必要和合乎逻辑的补充。”[41] 米格对景观的合理分配、使用和管理的兴趣也延伸到了市政用地和公园。

由于情感被认为是理性思维、规划和设计的对立面，景观设计的表现维度在很大程度上被忽略了。同样，下一节讨论的功能主义的兴起，也没有给设计师留下什么空间来考虑作品如何表达情感状态。这在二战后的年代中尤其明显，当时对大规模的建筑项目的需求很普遍，而且建造速度很快。索尔比约恩·安德森（Thorbjörn Andersson）在公园设计的斯德哥尔摩学派（Stockholm School）中见证了这一点。斯德哥尔摩学派最初是受到景观设计师埃里克·格莱默（Erik Glemme，1905—1959 年）的启发，他“对风景园林的迷恋来自于灵魂和感官的体验”。[42] 格莱默在斯德哥尔摩设计了许多公园和广场，通过强调自然区域的表现力以及对创新的街具和儿童游戏雕塑的体验，为这个学派的设计定下了基调。20 世纪 60 年代实施的更新规划试图在 10 年内建造 100 万套公寓，为此，斯德哥尔摩的景观设计师们试图发展理性的、更加实用的规划和设计方法。根据安德森的说法，由格莱默发展的设计方法已经衰落了。

> 风景园林也受到这些所谓合理生产方法的影响。例如，原有的景观特征被消除，以便为起重机提供方便的路径。新的景观包括被合理布置的游戏场地，以及大片的草地沙漠（deserts of grass）——虽利于维护，但对人来说体验感很差。[43]

表现理论的主要阅读材料

Dominic McIver Lopes, *Sight and Sensibility: Evaluating Pictures*. 多米尼克・麦基弗・洛佩斯，《视觉与情感：评估图片》

Harry Francis Mallgrave and Eleftherios Ikonomou, *Empathy, Form, and Space: Problems in German Aesthetics, 1873－1893*. 哈里・弗朗西斯・马尔格雷夫和埃莱夫塞里奥斯・伊科诺穆，《同理心、形式和空间：在德国美学中的问题，1873—1893》

Derek Matravers, *Art and Emotion*. 德里克・麦特拉弗斯，《艺术与情感》

功能主义的理论基础

> "功能"是德语 sachlich，zweckmässig，funktionell 的中文翻译。英语有一个词 functional，而德语在 1900 年时有三个。虽然德国人经常交替使用这三个词，但它们的含义有细微的不同，使这个概念具有一个英语单词无法表达的深度。[44]
>
> (Adrian Forty, "Function," in Words and Buildings, 2000)

在英语中，建筑师路易斯・沙利文（Louis Sullivan，1856—1924 年）的一句话"形式永远追随功能。"[45] 通常被认为是形式开始跟随功能的起点。然而，正如历史学家阿德里安・福蒂（Adrian Forty）提醒我们的那样，"功能"一词有着漫长而多样的历史，尤其是在德语中。从其早期与 19 世纪意大利建筑建构要素的功能相关，到 19、20 世纪"功能"在德国的不同含义，在成为现代设计师所倡导的英语建筑术语之前，"功能"一词的用法有着复杂的历史。

克里斯托弗・滕纳德（Christopher Tunnard）在他的花园和景观设计理论中很早就使用了功能这个词。作为 20 世纪 30 年代英国有抱负的设计师，滕纳德热衷于根据现代理论（如功能主义）重新构想花园和景观。作为制订了伦敦重建计划的现代建筑研究小组（MARS 小组）的成员，滕纳德受到了现代建筑师和规划师的影响，他们试图利用功能等理性设计原则重新认识世界。

滕纳德关于现代风景园林的一些最早的提议是他在 1937 年 10 月至 1938 年 5 月期间为《建筑评论》撰写的文章中描述的。[46] 这些文章的影响在《现代景观中的花园》（*Gardens in the Modern Landscape*，1938/1948 年）中达到顶峰。滕纳德认为，现代设计概念需要一种功能性、有力的（emphatic）和艺术性的方法。滕纳德信奉一种功能主义，在这种功能主义中，形式遵循“目的适宜性”[47] 和“建构的理性表现”。[48] 例如，在滕纳德描述位于彻特西的圣安山住宅（St Ann's Hill）的露台时，强调了建构的功能作用和露台作为步行表面的用途。他指出：“悬浮台面的铺装表面用碳化硅处理过，一部分原因是为了防止使用者在潮湿的天气里滑倒，另一部分原因是这种材料在阳光下会闪烁发光。”[49] 滕纳德还要求读者理解，“为防止开裂，分割线的距离不超过两英尺”。[50] 碳化硅和分割线都是露台建构的一部分。碳化硅的作用是帮助人们使用露台（符合行走的目的），而分割线的作用是适应温度变化和干燥收缩引起的露台基层的移动（建构的理性表现）。

与形式主义一样，功能成为现代风景园林的同义词，特别是在二战之后。20 世纪 50 年代，景观设计师诺曼·T. 牛顿（Norman T. Newton，1898—1992 年）对景观设计提出了全面的功能理论。[51] 滕纳德的功能概念要求景观设计师理解人类功能和自然功能，因为它们与建造过程有关，而牛顿将功能分为四类（见后文的“四重功能”），分属两个标题：自然功能和指定功能（图 1.18）。

无须人类干预而存在的生物和数学力量决定了自然功能。蒲公英的种子被风吹散在排水良好的土堆上，最终会形成一个覆盖着蒲公英的土堆。这种类型的生长是一种自然的生物功能（natural biological function），因为风、种子、阳光和土壤条件使生长得以实现。这个排水良好的土堆的静止角大约是 45°。这是一种自然的数学功能（natural mathematical function），因为俯仰角是指土堆保持稳定的最陡峭角度，它是由土壤颗粒之间的摩擦接触和重力的拉动决定的。

自然功能（natural functions）	
生物功能	种子随风飘散
数学 / 物理功能	土堆的静止角
指定功能（assigned functions）	
使用功能	提供座位
情感功能	标志可以聚集的地方

图 1.18
诺曼 · T. 牛顿的功能理论

指定功能是有意识的人类干预的产物，包括使用功能和情感功能。再来看看土堆的例子，如果土堆上的台阶高度正好适合坐着，这就是一种指定的使用功能（assigned use function），因为土堆的形状适应了坐下来的功能。如果我把这个朝北的阶梯式土堆弄成圆弧形，我就向人们传达了这个景观可以像圆形露天剧场一样使用的意图。这是一种指定的情感功能（assigned affective function），因为圆弧的形状向人们发出信号，他们可以聚在一起坐下来。牛顿认为在风景园林作品中实现所有这些功能都很重要。

功能主义的重要性

功能主义同样重要，因为它的目标是满足那些景观使用者的需求。如果缺乏对一个项目诸如游玩、就餐或听音乐会等目的性功能的基本理解，设计可能无法满足使用者的需求。另外，测量景观生态功能的需求与日俱增，这是牛顿自然功能在生物和数学层面的承继，已经成为设计和评估景观性能的核心。测量的内在目标是在建设期间和之后加强生态功能，这些任务包括为水的渗透、营养物质的循环等自然功能的改善和野生动物的活动提供支持。

牛顿所说的第四个功能也很重要，即指定的情感功能。因为景观设计师们越来越注重功能不应该被隐藏，而应该在景观的视觉解读或阐释中起到重要作用，即所谓的启示性景观。哲学家格伦·帕森斯（Glenn Parsons）和艾伦·卡尔森（Allen Carlson）认为，解读环境形式的功能可以使其变得美丽，因为功能使形式变得连贯，否则可能被认为形式模糊。他们指出：

> 我们对一个物体功能的了解，似乎有可能在不同程度上增强该物体的感知统一性。在不至于使物体显得简单或优雅的情况下，对一个生态系统中各种可感知元素的因果作用的了解可能会使它看起来不那么无序和随意，比原来看起来更统一。[52]

然而，他们也注意到功能并不总是可以解释。不是每个人都能理解一个生态系统的自然功能，或者在土堆的例子中理解圆形露天剧场的指定功能。当人们没有看到或没有理解适当的、应被重视的功能时，就是帕森斯和卡尔森所说的不确定性的问题。[53] 与琼·艾弗森·纳绍尔的建议一样，创造关心的提示、功能的提示可能有助于解决不确定性的问题。

功能主义的实际应用

四重功能

在瑞典的斯德哥尔摩尼尔恩斯建筑设计事务所（Nyréns Arkitektkontor）设计的霍恩斯伯格带状公园（Hornsbergs strandpark），可以看到牛顿的四重功能主义。沿着梅拉伦湖岸蜿蜒的 700 米长的线性景观提供了三个延伸到水面的浮动码头。据项目经理本特·伊斯林（Bengt Isling）介绍，这些码头可以让人们走到湖面上，座椅朝向西方，以便夏天时人们可以直接看到夕阳（自然、数学功能）。码头实际上漂浮在水面上，减少了对湖床动植物的影响（自然、生物功能）。伊斯林还指出，住在公园附近的人把这个空间当作“起居室”，所以码头的大小要为家庭和小团体提供足够的空间，让他们坐着、晒太阳和游泳（指定、使用功能）。最后，每个码头的终点都形成一个圆圈，表示人们可以在此处聚集（指定、情感功能）（图 1.19）。

你能看出设计师是如何处理牛顿的所有四个功能的吗?

再利用的功能

景观和建筑的功能经常被改变，与它们最初的功能形成鲜明对比。由拉茨事务所（Latz + Partners）设计的德国杜伊斯堡北公园（Duisburg North Park）是一个早期的大型景观重建的例子。蒂森工厂曾经是钢铁城市废墟，场地被重新设计为一座占地 200 公顷的公园。这个设计有意识地颠覆了场地景观和结构的原有功能。煤气罐作为潜水设施，冷却槽现在是一个荷花池，而高炉则容纳了社区活动。请看德国登山俱乐部的攀登花园（Climbing Garden）的图片，它位于曾经的矿石储存仓内（图 1.20）。

你认为由原始功能产生的形式是否增强了新用途的形式体验?
你认为原始功能和现有功能之间的对比越强烈，设计就越有趣吗?

图 1.19　霍恩斯伯格带状公园的水上平台（2012 年），本特 · 伊斯林和尼尔恩斯建筑设计事务所，图片由本特 · 伊斯林提供，瑞典斯德哥尔摩

图 1.20　杜伊斯堡北公园的攀登花园（2009 年），拉茨事务所，图片由拉茨事务所提供，德国鲁尔区

操作性功能

罗伯特·文丘里提倡多用途的功能，他称之为双重功能，即几种功能和形式之间存在着模糊的对应关系。这是对现代建筑师的批判，他们将单一的用途分配给设计的形式。双重功能也支持他关于建筑中的矛盾性和复杂性的理论。文丘里指出，佛罗伦萨的维琪奥桥（Ponte Vecchio）具有多种功能。[54] 这座中世纪的桥横跨阿诺河，为行人提供了通道，桥上有商店和住宅，在 16 世纪，乔治·瓦萨里（Giorgio Vasari）在商店的顶部建造了一条走廊，连接乌菲兹宫和皮蒂宫。因此，在一个跨河通道内，多种功能由具有多种可能的含义或解释的形式提供——桥梁、住宅和商业走廊等。

景观设计师阿里萨·诺思（Alissa North）提出了双重功能的衍生功能，即操作性功能，在这里，形式的功能不是模糊的，而是有针对性地执行特定的、多种多样的生态和社会功能。对于诺思来说，在这个意义上，操作性功能可以在时间和空间上分层，而不是分开。

> 操作性景观是一种固有的、动态的和不断发展的媒介，它考虑到了计划和生态的动态变化，并利用景观来引导社区实现有韧性的结果。操作性景观方法接受并纳入时间变化，以减少材料和维护的持续投入，同时保持一个积极的项目方案。[55]

请看 De Urbanisten 景观设计公司设计的班特布雷水广场（Benthemplein Water Square）的图片（图 1.21）。该场地位于荷兰鹿特丹 Spangen 区的一个地势最低的地区，经常遭受洪水的侵袭。新的水广场在下雨时是一个可以被洪水淹没的空间，而在没有下雨的时候则是一个干燥的公园空间。广场的不同下沉深度可以满足儿童和成人不同类型的互动。[56]

你能看到设计师是如何根据天气情况提供多种功能的吗？
你能看到设计师是如何让使用广场的人看到操作性功能的吗？

图 1.21
班特布雷水广场（2013 年），De Urbanisten，图像由 Ossip van Duivenbode 提供，荷兰鹿特丹

功能主义的讨论

功能主义引发了许多争论。在《美国大城市的死与生》（*The Death and Life of Great American Cities*，1961 年）中，作家和活动家简·雅各布斯（Jane Jacobs）对所谓的功能性城市设计和规划进行了最早的批评。雅各布斯追溯了城市建设方法的脉络，从花园城市到城市美化运动，再到二战后的设计方案，这些方案越来越多地将城市功能孤立起来。雅各布斯指出，“处理城市的功能就是要从整体上对某些简单的用途进行分类和筛选，并将它们安排到相对的自足的环境中”。[57] 然而，正如她指出的，现实中城市景观的功能是混乱和复杂的，城市的日常生活需要各种用途和功能的混合。她认为，充满活力的城市不可能通过划分一组功能区域来实现，如公路、公园、住房等。就像

文丘里的双重功能和诺思的操作性功能一样，使城市景观具有活力的是它们对多重、分层功能的容纳。

一些历史学家指责说，提倡功能设计实际上是一个诡计，特别是在建筑学中，目的是使德国建筑摆脱其政治内涵，德国建筑往往是功能设计的典范。在建筑界，对功能设计的批判非常激烈，因为有些人认为用建筑的形式可以表达一个问题，但却不是试图解决一个问题。[58] 罗伯特・文丘里为他的母亲瓦纳・文丘里（Vanna Venturi）设计的住宅，包含了故意与功能对立的元素。例如，房子里有一组狭窄的楼梯，通向一面空白的墙。

在风景园林领域也有一些批评意见。根据景观理论家安妮塔・贝里兹贝蒂亚（Anita Berrizbeitia）的说法，乔治・哈格里夫斯（George Hargreaves）认为，传统的按部就班的设计过程（包括：场地分析、潜力和限制图、气泡图以及功能图）使最终设计变得贫乏。[59] 许多设计师认为，这种陈旧的过程影响了人们对景观的体验。一些人认为，意义，特别是与场地及其文化或自然历史有关的意义，是设计过程的关键方面，与功能需求一样重要。

然而，当提供遮阴这样的基本功能没有得到满足时，就会被评论家很快指出来。特雷布和景观理论家乌多・魏拉赫尔（Udo Weilacher）都批评野口勇（Isamu Noguchi）在加州科斯塔梅萨设计的“加州情景”（California Scenario）缺乏基本生活设施。魏拉赫尔指出，该景观没有正式的地方可以坐，也没有什么防晒措施。“野口很清楚这些功能要求，但尽管如此，他还是毫不妥协地决定不考虑纯粹的功能需求，而是要创造一个有意义的场所。”[60] 我曾指出“加州情景”中缺乏阴影是为了表达加州的气候。正如其名称所示，“加州情景”的设计是为了映射加州的景观和一些主要的地理特征——森林、水路和山脉。体验野口的“加州情景”可能会感到很热、很晒，因为南加州一年中很多天都是高温，阳光明媚。正如在《语言》一章所描述的，野口在他的方案中表达了这一点，而不是去解决广场上阳光过强和炎热的问题。

功能主义的主要阅读材料

Norman T. Newton, *An Approach to Design*. 诺曼・T. 牛顿，《设计方法》

Marc Treib, ed., *Meaning in Landscape Architecture & Gardens: Four*

Essays, Four Commentaries. 马克·特雷布，《风景园林与花园的意义：四篇论文，四篇评论》

Christopher Tunnard, *Gardens in the Modern Landscape*. 克里斯托弗·滕纳德，《现代景观中的花园》

形式生成的理论基础

> 这些作品的构成——直边和粗边，连续抛掷产生的不规则纹理——清晰地记录了其制作过程。[61]
>
> (Marc Treib on Richard Serra's Casting, 2005)

形式生成可以追溯到 20 世纪一些不同的艺术家和艺术运动，乔治·巴塔耶（Georges Bataille）的无形（informe 或 formless）、杜尚（Duchamp）对机会的利用、杰克逊·波洛克（Jackson Pollock）的滴水画，以及意大利的阿特·波维拉（Arte Povera）。[62] 对过程感兴趣的景观设计师和艺术家也在探索控制论和系统美学，在《系统逻辑》一章中可以读到这些内容。特别是 20 世纪六七十年代的过程艺术影响了景观设计中的形式生成。1969 年的展览“当态度变成形式”和“反错觉：程序 / 材料”（Anti-Illusion: Procedures/Materials）挑战了形式主义艺术和艺术批评的霸权，强调了过程而不是形式。过程艺术优先考虑创作的“过程”，而不是预先确定的形式和构成这些形式主义的典范。重要的是，从这个过程中产生的形式让人回想这个过程。理查德·塞拉（Richard Serra）的作品展览有时会包括艺术家本人创作雕塑时的照片，而实际产生的形式也同时揭示了过程本身。马克·特雷布对作品《铸造》的解释正如引文所述，这件作品是理查德·塞拉 1969 年为“反错觉：程序 / 材料”展览创作的。

为了创作这件作品，塞拉将熔化的铅倒在墙壁和地板的交界处。剥离后再反复进行，共塑造出 12 个铸件。[63] 甚至他起的标题《铸造》（*Casting*）也提到了“铸造投射”（cast）这个词，它的意思是向一个特定的方向坚定地抛出东西，以及这个词的艺术用法，意思是用熔化的材料倒在模具中塑造一个雕塑。特雷布在对《铸造》的描述中强调，塞拉创作过程中产生的形式揭示了这个过程。抛出的母体的直线边缘揭示了它作为一种液体物质的状态，由墙角与地板相接处赋予形状，而粗糙的边缘则揭示了抛出的力量。

同样有趣的是，塞拉用动词命名他的作品。一些过程艺术家没有像形式主义者那样探索设计中的形状，而是调查了一系列的动词作为过程的灵感。

为了阐明创作雕塑所涉及的动作或行为，塞拉在 1967—1968 年编制了一个动词清单。这份清单包括：

> 滚动、压褶、折叠、储存、折弯、缩短、扭曲、起斑、弄皱、刮削、撕裂、切碎、分割、切割、切断、掉落、移除、简化、差异、弄乱、打开、混合、飞溅、打结、拼写、垂落、流淌、弯曲、抬起、镶嵌、重压、燃烧、淹没、涂抹、旋转、盘绕、支撑、钩住、悬挂、散开、递送、收集——张力的、重力的、熵的、自然的、分组的、分层的、毡制的——抓住、收紧、捆绑、堆积、聚集、散开、排列、修理、丢弃、配对、分配、沉溺、补充、包围、环绕、围绕、隐藏、覆盖、包裹、挖掘、绑缚、捆绑、编织、连接、匹配、层压、黏合、铰接、标记、扩展、稀释、光照、调节、蒸馏——波浪的、电磁学的、惯性的、电离的、偏振的、折射的、同时性的、潮汐的、反射的、平衡的、对称的、摩擦的——伸展、弹跳、擦除、喷射、系统化、参考、强迫——制图的、位置的、文脉的、时间的、碳化的——待续。[64]

塞拉还使用了指示结构条件的名词，如重力和平衡。[65]

你认为如果塞拉再次创造铸件，他会得到同样的结果吗？

距《铸造》面世几十年后，塞拉被邀请为旧金山现代艺术博物馆创作一个类似的过程作品。[66] 铸件是相似的，但并不完全一样，他以这种方式将意外（chance）引入这个过程。由于过程艺术强调的是创作过程，而不是固定的形式和构图，因此过程艺术中存在着意外。由于意外是在没有任何明显意图的情况下发生的事件，过程艺术对预先确定的设计和形式提出了挑战。此外，过程艺术还包括作为自然过程一部分的事件和力量，它们不断地受到意外的影响。[67]

形式生成的重要性

形式生成对于刚刚开始设计的学生来说是非常有建设性的。使用行为动词作为形式的代理（proxy），特别为学生提供了一种辅助设计的方法。通过将重点从预先确定的形式转移到产生形式的不同行为上，学生们可以突破束缚，探索新的机会和与场地的关系。形式生成之所以对景观设计很重要，是因为它将设计过程从对最终形式的关注中解放出来，转而关注作为过程和方法结果的形式。过程艺术对景观设计的另一个有价值的层面是它将时间作为过程的一部分。费伊・拉恩（Faye Ran）将过程艺术与极简主义艺术区分开来，她指出："过程艺术作品通常都结合了自然力量的影响，如重力，或者整合了时间和自然分解性的力量。极简艺术的永恒性和结构稳定性被专注于事件、次序、变化和无常、创造性的可变性和突变性的过程艺术所取代"。[68]

因此，自然力量的加入和不可重复性也在生成过程中起到了作用。事实上，在《铸造》之后，塞拉因其放置在户外的雕塑作品而闻名，这些雕塑由耐候钢组成，这种材料会随着时间的推移而氧化，使材料的表面呈现出铁锈的颜色。由于意外和自然力量的影响可以成为形式生成的一部分，因此设计预计了这种变化。这与景观高度相关，因为它们不是在气候条件得到控制的建筑物内。它们在室外，生长和腐烂的过程、天气的变化、重力、风、火等都在形式生成中发挥着重要作用。

形式生成的实际应用

行为动词作为代理

塞拉在他的作品中对动词的使用与形式生成有关。当一个艺术家能够直接与材料打交道时，动词使这种设计过程成为可能。然而，除非你从事设计建造，或者你像景观设计师 A. E. 拜（A. E. Bye）一样有时用皮卡设计景观，设计行为通常与景观的建造行为分开。为了更直接地联系这两个过程，景观设计师凯瑟琳・古斯塔夫森（Kathryn Gustafson）和尼尔・波特（Neil Porter）使用黏土模型进行设计。虽然黏土并非地球的表面，但它与材料以及形式生成的方式非常接近。

请看威尔士王妃戴安娜纪念喷泉（Diana, Princess of Wales Memorial

Fountain）的图片（图 1.22）。纪念喷泉位于伦敦海德公园内，古斯塔夫森和波特的设计最终以数字方式建模，但最初用黏土进行的探索为创造表达戴安娜王妃行为的形式提供了一个起点。对古斯塔夫森来说，“这个纪念碑表达了‘走出去—迎进来’的概念”，这反映了一位深受爱戴的人民的王妃的行为，她通过联系人民让他们进入她的生活。它由 545 段康沃尔花岗岩组成；纪念碑的设计还产生了更多不同的动作，如“气泡”和“咻”，由于这些形式塑造了水，所以设计中也有听觉的成分。[69]

你能在设计中看到古斯塔夫森所描述的动词吗？

抽象考古

哈格里夫斯建筑事务所（Hargreaves Associates）还广泛使用沙子和黏土模型来生成他们所说的“抽象考古学”。这种方法并不试图与场地的现有地形

图 1.22
威尔士王妃戴安娜纪念喷泉（2004 年），古斯塔夫森、波特，英国伦敦，海德公园

相融合；更确切地说，设计的景观是从场地的地形、过去的使用、地貌和水文等文化和自然痕迹中抽象出来的。景观设计师凯伦·麦克洛斯基（Karen M'Closkey）指出："黏土模型不是像图纸和图表那样的图像。黏土既不是记号性的又不是图画性的，确切地说，它是一种可变的、可塑的、同质的物质……黏土使设计师能够专注于地面的形式以及截面变化对于引导运动的重要性。"[70] 请看哈格里夫斯建筑事务所的瓜达卢佩河公园（Guadalupe River Park）刚刚做完竖向的样子（图 1.23）。

你能看出黏土在它的形态生成中起了什么作用吗？

微缩和全景

景观设计师金特·福格特（Günther Vogt）的"微缩和全景"理论以尺度为特征。福格特指出：

> 广泛的实地考察是设计过程的一部分，地理学家通过实地踏勘工作，植物学家通过镜头考察，生物学家通过显微镜观察。他们都有一个共同的出发点，那就是通过不同的科学分析方法，首先传达出与被分析

图 1.23
瓜达卢佩河公园（1990 年），哈格里夫斯建筑事务所，图片由哈格里夫斯建筑事务所提供，美国加利福尼亚州圣何塞

> 对象的远近……专注于细节会激活感觉。在仔细观察的过程中，我们看到、闻到和品味到了一个复杂的景观实体。[71]

微缩是按比例缩小了，而全景是按比例放大了现有景观（自然和文化）的元素，以创造新的形式。

请看艺术家丹·格雷厄姆（Dan Graham）与金特·福格特创作的对冲两面镜漫步（Hedge Two-Way Mirror Walkabout）的图片（图1.24）。在这里，大都会艺术博物馆的屋顶景观提供了多种尺度的发现。树篱代表美国郊区的花园，建筑玻璃代表曼哈顿中城的玻璃建筑。屋顶正好在中央公园的树线之上，延续了全景，而曼哈顿的天际线和正看作品的游客则反射在玻璃上。

为什么你认为这些元素的形式模仿了它们的对立面，例如，弯曲的建筑玻璃替代了直线形的玻璃盒，而直线形的树篱指向了公园有机形态的绿化？

请看福格特景观设计事务所为位于苏黎世的瑞士工程师和建筑师协会（SIA Hochhaus）建造的广场图片（图1.25）。在这里，在河边发现的自然形成的卵石被带到福格特公司进行研究。它们最终形成了五个具有传奇色彩的场地景物，其中一些盛满水或栽有植物。[72]这些景物的不规则摆放与重复的浅色喷砂圆圈相映成趣，喷砂圆圈的尺寸是基于窨井盖确定的。

你能看出这些景观特点是如何表达福格特的全景概念的吗？

模式化

模式化是有规律、重复性排布的形式。在《语言》一章中，你会读到作为语言的自然景观模式，在《系统》一章中，模式被作为数字系统的一部分来讨论。这里的模式化是指从建筑几何图形中取样的形式生成。请看加布里埃尔·格夫雷基安（Gabriel Guevrekian，1892—1970年）为罗伯特·马利特-斯蒂文斯（Robert Mallet-Stevens）设计的诺阿耶别墅（Villa Noailles）所构思的花园图像（图1.26）。根据景观建筑历史学家多萝泰·安贝尔（Dorothée

图 1.24 对冲两面镜漫步（2014 年），丹 · 格雷厄姆和金特 · 福格特，图片由福格特景观建筑事务所（Vogt Landscape Architects）提供，美国纽约

图 1.25 瑞士工程师和建筑师协会广场（2006—2008 年），福格特景观设计事务所，图片由克里斯蒂安 · 福格特（Christian Vogt）提供，瑞士苏黎世

Imbert）的说法，“尽管它的形式和颜色对比强烈，但这个花园在场地和别墅建筑之间建立了一种关系，前者决定了整体的三角形，后者则决定了从哪个点可以看到这个花园。作为一种从内部向外延伸的模式，花园纯粹是装饰性的。”[73] 方形台地最初包含郁金香和彩色瓷砖以及一个水池。今天台地里有冰草（ice plants）和黄色、红色、蓝色、灰色的瓷砖，建筑组合仍然与现在主导这个山顶场地的粗糙石墙和橄榄树截然不同。

在格夫雷基安创造的这个模式中，哪些形式不断出现？

运动的花园

景观设计师可用的基本形式生成工具之一是植物的生长和运动。虽然植物经常被认为是静态的，但在进行种植设计时，许多植物物种的移动创造了它们自己的形式品质。吉尔斯·克莱门特（Gilles Clément）的“运动花园”理论采用了这一观点。根据克莱门特的说法，“植物会旅行，特别是草本植物。它们在无声中移动，随风而行。”[74] 在法国圣纳泽尔，克莱门特为一个前德国潜艇基地的三个不同区域策划了三个花园——微风森林（Le Bois de Trembles）、奥宾和草的花园（Le Jardin des Orpins et des Graminées）、

图 1.26
诺阿耶别墅花园（修复后），加布里埃尔·格夫雷基安，法国耶尔

礼仪花园（Le Jardin des Étiquettes）。请看礼仪花园的图片（图 1.27）。克莱门特铺设了一层薄薄的土壤，它将接收由风、鸟和游客带来的种子。为记录这一过程，新的植物每年设置两次识别标签。

在这个项目中，克莱门特是如何通过土层的形状生成形式的？

形式生成的讨论

在艺术界，有人指责对意外和自然过程的开放有时是相当狭隘的，因为艺术家经常将他们的作品限制在一个过程中。思考一下瓦尔特·德·玛利亚（Walter De Maria）在新墨西哥州的“闪电场”（Lightning Field，1977 年），云和地面之间的高电压放电是一种艺术形式。被选为艺术过程的“场”由 400 根抛光的不锈钢柱子按照网格阵列进行安装，间距约为 67 米。乍一看，这似乎是一件极简主义艺术作品，但自然放电的偶然发生才是“闪电场”的体验

图 1.27
礼仪花园，吉尔斯·克莱门特，图片由让-皮埃尔·达尔贝拉（Jean-Pierre Dalbéra）提供，https://creativecommons.org/licenses/by/2.0/，法国圣纳泽尔

目标。詹姆斯・尼斯贝特（James Nisbet）认为，

> 虽然这些杆子接地是为了充电，但它们并不是标准的人造避雷针，而是由两块 304 不锈钢焊接而成的，这种材料最值得一提的是它的抗氧化性。虽然这些杆子是有效的避雷针，但它们的设计更多的是为了防止时间的出现①，而不是为了捕捉雷电。[75]

然而，争论最激烈的项目之一是塞拉在纽约市联邦广场的“倾斜之弧”（Tilted Arc）的安装和拆除。塞拉的 40 米长、4 米高、15 吨重的耐候钢板横跨曼哈顿下城的联邦广场，成为雅各布・贾维茨联邦办公大楼和国际贸易法院（后来的海关法院）的租户和附近的社区成员使用该广场的阻碍。[76] 租户们还抗议说，在美国公共事务总署指导安装“倾斜之弧”之前，他们没有机会对其发表意见。

“倾斜之弧”的争议改变了公众参与景观艺术选择的方式。在拆除塞拉的雕塑后，景观设计师玛莎・施瓦茨设计了一个新的景观，安装前建筑大厅里展示了她的设计方案，人们可以提出意见。[77]

形式生成的主要阅读材料

Georges Bataille, “Formless” 乔治巴塔耶，《无形》

Laura Petican, “The Arte Povera Experience: Nature Re-presented” 劳拉・佩蒂肯，《体验贫穷艺术：再现自然》

Faye Ran, *A History of Installation Art and the Development of New Art Forms: Technology and the Hermeneutics of Time and Space in Modern and Postmodern Art from Cubism to Installation*. 菲・冉，《装置艺术史与新艺术形式的发展：从立体主义到装置的现代和后现代艺术中的技术与时空解释学》

Richard Serra, Carmen Gimenez, and Hal Foster, *Richard Serra: The Matter of Time*. 理查德・塞拉、卡门・吉梅内斯和哈尔・福斯特，《理查德・塞拉：时间问题》

---

① 译者注：意味着防止锈蚀。

干预行为的理论基础

> 街道是我们的画笔，
> 广阔的广场是我们的调色板。
> 革命的日子还没有被千年的时间之书所唱响。
> 到街头去，
> 到人群中去，
> 未来主义者们、鼓手，还有韵律大师！
>
> （摘自《给艺术大军的命令》"An Order to the Art Army,"
> Vladimir Mayakovsky, March 1918）[78]

干预指介入事件之中以改变事件。例如，你可以介入朋友之间的争论，以避免发生争吵。艺术和设计中的干预也遵循类似的轨迹，寻求改变人们的想法或认识。这是诗人、剧作家和演员弗拉基米尔·马雅可夫斯基（Vladimir Mayakovsky，1893—1930 年）的一首诗，他是俄国未来主义的创始人之一，也是俄国革命后出现的先锋艺术的代言人。

你认为他说的"街道是我们的画笔，广阔的广场是我们的调色板。"是什么意思？

苏联先锋派在 20 世纪初的目标之一是在公共领域范围内进行艺术创作。[79] 马雅可夫斯基和他的同志们试图将日常生活和艺术结合起来，以激起公众的兴趣。因此干预发生于现有场地或场地的物体之间、之上或之内。它们与设计的形式生成高度相关，因为它们是对场地现有形式的响应。它们也是在公共场所"特定场地"的作品，将公众作为它的观众。正如马尔科姆·迈尔斯（Malcolm Miles）所指出的，"干预主义艺术的含义之一，也是它与整体城市设计不同的一点，是它将艺术作品位置的定义从物理场地扩展到公共领域"。[80] 因此，形式直接与干预主义与人交流的策略相关。

观念艺术运动也是干预理论的基础。观念艺术"拒绝传统的艺术媒介，因为它将艺术品定位在思想的层面而不是物体的层面"。[81] 因此，干预的一个关键特征是其让观众参与认知的目标。这并不意味着我们不能发现观念艺术的美丽或丑陋，但这并不是观念艺术家或干预者的主要意图。改变景观被理解或感知的方式是干预理论一个重要方面。干预的批判性可以追溯到马克思主义、女权主义和生态批评。例如，在 20 世纪 80 年代，一个匿名的女权主义团体“游击队女孩”开始用海报和贴纸贴满主要博物馆的外墙，强调女性艺术家在世界各地的博物馆中的代表性不足。她们在海报中使用统计数据和反讽谴责：“女性必须裸体才能进入大都会博物馆吗？现代艺术区的艺术家中只有不到 5% 是女性，但 85% 的裸体画都是女性。”[82]

游击队女孩凸显了不被一般博物馆赞助人考虑的艺术界的歧视性行为。通过揭示可能被忽视的文化实践，她们促使人们暂停并重新思考这些实践。请看迈克尔・平斯基（Michael Pinsky）的约克公爵纪念柱（Duke of York Column）干预设计“环”（Plunge）的图片（图 1.28）。平斯基在科学家预测的 3012 年海平面上升的最高点放置了一圈低能量的蓝色 LED 灯。

你认为他为什么要这样做？

如果你遇到这种干预，你会不会开始以一种新的方式看待伦敦这座城市，也许是在水下？

你看出了他的干预形式是如何对现有的形式作出反应的吗？

图 1.28
“环”（2021 年），迈克尔・平斯基，由 Artsadmin 和 LIFT 制作，图片由克里斯蒂安・布斯（Kristian Buus）提供，英国伦敦

干预并不要求重新设计场地。平斯基并没有重新设计约克公爵纪念柱所在的滑铁卢广场和花园，而是将“环”挂在柱子上，引起人们对这个特殊空间的关注，告诉人们随着时间的推移，海平面的上升，它会被淹没。换句话说，干预行为通常利用他们所干预的东西作为其批评的一部分。平斯基选择了伦敦景观的标志性垂直元素，他还在七表盘日晷柱和帕特诺斯特广场柱子周围安装了“环”。

你认为他为什么要对这些物体进行干预，而不是对其他物体进行干预？它们的位置是否也很重要？

除了批判性的行动，干预也可以为景观注入幽默和游戏性。奥古斯丁娜·伍德盖特（Agustina Woodgate）用 1100 个数字创作了“跳房子”（Hopscotch），该设计是为了波兰克拉科夫的公众玩乐节（Playpublik Festival）而对特定地点的街道进行干预的部分内容。[83]“跳房子”沿着人行道前行几百米，穿过排水沟，穿过城市的公园和广场。人们沿着“跳房子”玩耍，改变了他们对城市景观的日常使用和互动方式。

与过程艺术类似，干预的出现是一种将价值从对象的过程终点转移到过程本身的方式。[84] 因此，许多干预往往是暂时的。然而，暂时性并不是成为干预的必要条件。平斯基的“环”是临时的，但它们可以被永久地安装。此外，干预不一定需要得到拥有景观和负责维护的机构或市政当局的认可。例如，游击式的干预通常会在公众甚至景观所有者都不知道的地方进行。

干预行为的重要性

干预行动很少改变整个场地现状，也很少是永久性的。因此，干预对场地现状造成的物理干扰较少，成本也较低。事实上，许多知名的景观设计师都是从设计干预作品开始其职业生涯的。然而，最重要的是，干预使设计具有批判性。与诸如功能主义等其他理论相比，干预并不寻求解决某个问题，而是试图使某个问题或实践产生影响。在平斯基的“环”案例中指即将发生的事件，目的是引起人们的关注并最终采取行动。

然而，干预行动并不总是成功的。2011 年，在游击队女孩最初的干预行动过去 30 多年后，她们发现，“现代和当代艺术家中只有 4% 是女性，而（艺术作品中）76% 的裸体是女性”。[85]

20 世纪 80 年代干预行动的兴起很大程度上是与人们关注公共艺术和公共辩论的表达同时发生的，社会学家、哲学家于尔根・哈贝马斯（Jürgen Habermas）的《公共领域的结构转型：对资产阶级社会范畴的探讨》（*Structural Transformation of the Public Sphere: An Inquiry into a Category of Bourgeois Society*）一书的翻译引发了这些关注。[86] 哈贝马斯的论述将大众传媒和消费文化在英国乃至欧洲和美国的兴起与这些国家的自由资产阶级公共领域的衰落联系起来。公共领域从一个文化辩论的公共领域转变为一个文化消费的公共领域。在前者中，自由资产阶级学会了批判性地反思和辩论社会的各个方面，在后者中，自由资产阶级只是图像的观众和消费者。哈贝马斯在文化辩论的公共领域中发现了解放（emancipation），一些类型的艺术和景观干预措施试图在公共空间中恢复这种辩论。

干预行为的实际应用

暂时性

干预通常是暂时的，持续一天或几个月，有些干预利用了其暂时性。城市干预艺术家内尔・阿泽维多（Néle Azevedo）在世界各地的众多干预措施中，利用冰的融化来做到这一点。请看最低限度纪念碑（Minimum Monument）的图像（图 1.29）。她用冰制作了 1000 个高约 20 厘米的男人和女人的模型，并把它们放在柏林中央宪兵广场（Gendarmenmarkt Square）的台阶上。它们的放置恰逢日内瓦会议发布关于全球变暖和气候变化的报告，这些微型人物在安装后几分钟内就开始融化，甚至没能撑过下午。

你认为艺术家的意图是什么？
冰的暂时性是如何增强这一概念的？

众多性

干预也可以涉及众多性，或者说是数量大、多数或多重性的状态。在意大利，来自不同行业的工人聚集在一起，在米兰证券交易所外的广场上安装了 1 万个黄色的建筑头盔。安装的这一天被称为“愤怒之日”（La Giornata della

图 1.29
最低限度纪念碑城市干预 © 内尔 · 阿泽维多，图片由内尔 · 阿泽维多提供，德国柏林，2009 年 9 月 2 日

Collera）。参与者包括建筑工人和建筑师，他们从事的行业都因 2008 年的经济动荡而陷入瘫痪。

数字在这个项目中的作用是什么？
这些颜色的意义是什么？

减法

干预不一定是为景观增加什么，也可能是起到减少的作用。请看由里昂工作坊和 RAAAF 建筑事务所（Atelier de Lyon & Rietveld Architecture- Art-Affordances）设计的 599 号地堡（Bunker 599）的图片（图 1.30）。这座碉堡可以追溯到 1940 年，它是 1815 年开始建造的荷兰军事防线的一部分，当时一共建造了 700 座地堡。设计师们将一部分沉重的混凝土结构切除，还设计了一条穿过被切割部分并通往水面的人行道，这是原来防御战略中不可或缺的一部分。拆除地堡的一部分使游客能够进入其内部，这本来通常是完全看不到的。罗纳德 · 里特维尔德（Ronald Rietveld）解释说：“在这个项目中，我们的目标是通过这种干预来质疑关于纪念碑的政策。”[87] 通过切开被重重建构的地堡，公众可以看到这个隐秘的营房，这里曾经住过 13 名士兵。

图 1.30　599 号地堡（2010 年），里昂工作坊和 RAAAF 建筑事务所，图片由基斯 · 洛曼（Kees Lokman）提供，荷兰屈伦博赫

你认为他们的干预是如何挑战关于纪念碑的政策的？

颠覆性

有时，干预可以是颠覆性的，这意味着它们试图破坏既定的做法、系统或机构。在大多数北美城市，人们被禁止使用果树作为行道树。因此，在旧金山等城市，人们种植了数以千计的樱桃树和梨树等观赏性果树变种，这些树并不为人提供食物。草根团体嫁接游击队（Guerrilla Grafters）试图挑战这种做法，将能结果实的枝条嫁接到旧金山街道两旁的观赏性果树上。嫁接游击队的塔拉 · 胡伊（Tara Hui）认为，“我们这里没有超市，也很少有农产品商店……在贫困地区，还有什么比自己种植并免费获得健康农产品更能缓解农产品短缺状况的呢？”[88]

你认为嫁接游击队在颠覆什么？
这种颠覆性的干预可能会产生什么复杂情况？
嫁接者通常会找到在嫁接树附近生活或工作的人来维护这棵树，但当这些人搬离的时候会发生什么呢？

干预行为的讨论

公众参与的或用游击战术构建的干预行为引发了对伦理问题的考虑。迈尔斯区分了干预与整合的差异，干预“打破了共识的幻想”，[89] 而整体设计方案将各种形式组织起来，以提供一个和谐的、相互关联的整体。行道树的标准设计涉及对树种的选择，通常由市政当局作出规定，其共识是这些树应该产生的废弃物最少，以便减少维护；树高较低，以防干扰电力线和排水系统。嫁接游击队通过在不育的树木上嫁接结果的小枝来挑战这一假设。

哲学家詹妮弗·A. 麦克马洪（Jennifer A. McMahon）认为，现场特定的装置或干预行为有一个实用主义版本。她指出，它们“提高了我们对某些对象所做的推断的认识，如果不加以审查，我们就会简单地把它们当作一种既定事实”。[90] 大多数人可能认为，我们不应该期望街道的公共领域为我们提供新鲜的水果，这是一个既定事实。然而，公众并不总是热衷于接受干预行为的挑战。一些干预行为已经导致了诉讼。在美国巴尔的摩市，一个房东试图起诉卡罗尔·奥特（Carol Ott）导致了财产损失，因为她与属于“猎墙人”（Wall Hunters）的艺术家合作，这些艺术家在废弃的建筑上涂鸦。奥特被指控非法侵入并“将壁画竖立”。[91] 猎墙人艺术家内瑟尔（Nether）认为，这些壁画是一种非暴力抵抗行为，以强调巴尔的摩市未能解决东格林蒙特和桑德镇社区的糟糕状况。幸运的是，法官驳回了此案。

干预行为的主要阅读材料

Rosalyn Deutsche, *Evictions: Art and Spatial Politics*. 罗莎琳·德意志，《驱逐：艺术与空间政治》

Jürgen Habermas, *The Structural Transformation of the Public Sphere: An Inquiry into a Category of Bourgeois Society*. 于尔根·哈贝马斯，《公共领域的结构转型：对资产阶级社会范畴的探讨》

Nato Thompson and Gregory Sholette with Joseph Thompson, eds., *The Interventionists User's Manual for the Creative Disruption of Everyday Life*. 纳托·汤普森、格雷戈里·肖莱特、约瑟夫·汤普森，《干预主义者日常生活创造性颠覆用户手册》

注释

1. Henry Vincent Hubbard and Theodora Kimball, *An Introduction to the Study of Landscape Design* (New York: Macmillan, 1917), 109.
2. Nick Zangwill, *The Metaphysics of Beauty* (Ithaca, NY: Cornell University Press, 2001), 56.
3. Clive Bell, *Art* (London: Chatto & Windus, 1914).
4. Noël Carroll, "Formalism," *The Routledge Companion to Aesthetics*, third edition, eds. Berys Gaut and Dominic McIver Lopes (New York: Routledge, 2013), 87–95 (87).
5. Ibid., 91.
6. James Rose, "Freedom in the Garden," reprinted in *Modern Landscape Architecture: A Critical Review*, ed. Marc Treib (Cambridge, MA: MIT Press, 1993), 68–71 (70).
7. See Clement Greenberg, "Towards a Newer Laocoon," *Partisan Review* 7, no. 4 (July–August, 1940): 296–310 and Michael Fried, "Art and Objecthood," *Artforum* 5 (June 1967): 12–23.
8. Caroline A. Jones, "Form and Formless," *A Companion to Contemporary Art since 1945,* ed. Amelia Jones (Malden, MA: Blackwell, 2006), 127–142 (128).
9. Garrett Eckbo, *Landscape for Living* (New York: Architectural Record with Duell, Sloan, & Pearce, 1950), 73.
10. Michael Schreyach, "Conference on the Goals and Limits of Formalism" (Berlin, 28 November 2014), *ArtHist*, 3 November 2014 (accessed 18 January 2015), <http://arthist.net/archive/8823>.
11. Robert Venturi, *Complexity and Contradiction in Architecture* (New York, Museum of Modern Art, 1966). Foregrounding postmodern architecture, Venturi argued that modern design was actually a dishonest demonstration of functionalism. Modern buildings and cities were made to look functional with pared-down simple lines and regimentally organized spaces. Yet, people's actual behaviours and the workings of society were complex. This was the contradiction for Venturi. The spaces that looked functional were often dysfunctional.
12. Richard Payne Knight, *The Landscape: A Didactic Poem* (London: W. Bulmer, 1795), 43.
13. David Jacques, "The Picturesque Debate," *Georgian Gardens: The Reign of Nature* (London: B.T. Batsford, 1983), 150–155 (151).
14. Uvedale Price, *Essays on the Picturesque: As Compared with the Sublime and the Beautiful* (London: J. Mawman, 1810), 296.
15. Ibid., 59.
16. Alan Colquhoun, *Modernity and the Classical Tradition: Architectural Essays, 1980–1987* (Cambridge, MA: MIT Press, 1989), 14. See also Philip Junod, *Transparence et Opacité. Essai sur les fondements théoriques de l'art modern* (Lausanne: L'Age d'homme, 1976).
17. Nelson Goodman, *Grove Art Online* (Oxford: Oxford University Press, 2009), accessed 2 June 2015, https://www.moma.org/collection/details.php?theme_id=10946.
18. See the Information Portal to European Sites of Remembrance, a project of the Foundation Memorial to the Murdered Jews of Europe, accessed 2 June 2015, www.memorialmuseums.org/eng/staettens/view/973/Shoes-on-the-Danube-Promenade.
19. Catherine Dee, *To Design Landscape: Art, Nature and Utility* (New York: Routledge, 2012), 30.

20. Rosalind E. Krauss, “The Double Negative: A New Syntax for Sculpture,” in *Passages in Modern Sculpture* (New York: Viking Press, 1977; 1981), 243–288 (245).
21. Douglas C. Allen, “Tanner Fountain,” in *Peter Walker, Experiments in Gesture, Seriality, and Flatness*, ed. Linda L. Jewell (Cambridge, MA: Harvard University Graduate School of Design, 1990), 14–19 (16).
22. John Ruskin, *The Seven Lamps of Architecture* (New York: Wiley & Halsted, 1857), 114.
23. Ibid., note 35.
24. Lassus attended workshops by Fernand Léger who argued for “color was not subordinated to mass but seen as its necessary compliment.” See Mohsen Mostafavi and David Leatherbarrow, *On Weathering: The Life of Buildings in Time* (Cambridge, MA: MIT Press, 2005), 92.
25. Michel Conan, *Crazannes Quarries by Bernard Lassus* (Washington, DC: Dumbarton Oaks, 2004), 101.
26. Ibid., 110.
27. Marc Treib, “The Content of Landscape Form [The Limits of Formalism],” *Landscape Journal* 20, no. 2 (2001): 119–140 (124).
28. Joan Iverson Nassauer, “Messy Ecosystems, Orderly Frames,” *Landscape Journal* 14, no. 2 (1997): 161–170 (168).
29. Ibid.
30. Heinrich Wölfflin, “Prolegomena to a Psychology of Architecture,” *Empathy, Form, and Space: Problems in German Aesthetics, 1873–1893,* eds. and trans. Harry Francis Mallgrave and Eleftherios Ikonomou (Santa Monica, CA: Getty Center for the History of Art and the Humanities, 1993), 149–189 (151).
31. Kimberly A. Smith, “Introduction,” *The Expressionist Turn in Art History: A Critical Anthology* (Farnham: Ashgate, 2014), 1–51 (13).
32. Manuela Lenzen, “Feeling Our Emotions,” *Scientific American* (2005), accessed 2 June 2015, www.scientificamerican.com/article/feeling-our-emotions/.
33. Derek Matravers, “Art, Expression and Emotion,” *The Routledge Companion to Aesthetics,* third edition, eds. Berys Gaut and Dominic McIver Lopes (Abingdon: Routledge, 2013), 404–414 (407). Here, Matravers is distancing contemporary expression theory from the writer Leo Tolstoy’s theory of expression. Tolstoy held that art expressed what the artist was feeling, sometimes even when in the act of making something, but this theory has been refuted (see Leo Tolstoy, *What is Art?* (Oxford: Oxford University Press, 1969)).
34. Ibid., 410.
35. Dominic McIver Lopes, *Sight and Sensibility: Evaluating Pictures* (Oxford: Oxford University Press, 2005), 84–86.
36. Susan Herrington, “Gardens Can Mean,” *Landscape Journal* 26, no. 2 (2007): 302–317.
37. See Jan Slaby “Emotions and the Extended Mind,” *Collective Emotions: Perspectives from Psychology, Philosophy, and Sociology*, eds. Christian von Scheve and Mikko Salmela (Oxford: Oxford University Press, 2014).
38. Laurie Olin, “What did I mean then and now?” *Meaning in Landscape Architecture and Gardens*, ed. Marc Treib (New York: Routledge, 2011), 72–81, 79. Original article: Laurie Olin, “Form, Meaning, and Expression in Landscape Architecture,” *Landscape Journal* 7, no. 2 (1988): 149–168.
39. Belzec Memorial, accessed 3 June 2015, www.deathcamps.org/belzec/memorial.html.
40. See Philip Jodidio, *Landscape Architecture Now! = Landschafts-Architektur heute! = Paysages contemporains*! (Cologne: Taschen, 2012), 74.
41. David Haney, “‘No House Building without Garden Building!’ (‘Kein Hausbau ohne Landbau!’): The Modern Landscapes of Leberecht Migge,” *Journal of Architectural*

Education 54, no. 3 (2001): 149–157 (150).
42. Thorbjörn Andersson, "Erik Glemme and the Stockholm Park System," *Modern Landscape Architecture: A Critical Review*, ed. Marc Treib (Cambridge, MA: MIT Press, 1993), 114–133 (131).
43. Ibid.
44. Adrian Forty, "Function," *Words and Buildings: A Vocabulary of Modern Architecture* (New York: Thames & Hudson, 2000), 174–195 (180).
45. Louis H. Sullivan, "The Tall Office Building Artistically Considered," *Lippincott's Magazine* (March 1896): 403–409.
46. See David Jacques and Jan Woudstra, *Landscape Modernism Renounced: The Career of Christopher Tunnard (1910–1979)* (New York: Routledge, 2009), 32. Tunnard even appeared in the BBC in March of 1938 describing how to lay out a modern lot.
47. Christopher Tunnard, *Gardens in the Modern Landscape* (London: The Architectural Press, 1938), 69.
48. Forty, "Function," 184.
49. Tunnard, *Gardens in the Modern Landscape* (1948), 102.
50. Ibid., 103.
51. Norman T. Newton, *An Approach to Design* (Cambridge, MA: Addison-Wesley Press, 1951), 113.
52. Glenn Parsons and Allen Carlson, *Functional Beauty* (Oxford: Clarendon Press, 2008), 126–127. They charge that Immanuel Kant's formalism and the way philosophers of art interpreted his theory of disinterestedness excluded function from aesthetic appreciation.
53. Ibid., 78.
54. Venturi, *Complexity and Contradiction in Architecture*, 34.
55. Alissa North, *Operative Landscapes: Building Communities through Public Space* (Basel: Birkhäuser, 2013), 6.
56. Anneke Bokern, "Water Squares Rotterdam," *Topos 90 Resilient Cities and Landscapes* (2015): 78–83.
57. Jane Jacobs, *The Death and Life of Great American Cities* (New York: Random House, 1961), 18.
58. See Peter Eisenman, "Post-Functionalism," *Oppositions* 6 (Fall 1976): i–iii.
59. Anita Berrizbeitia, "Hargreaves Associates: Key Words and Phrases," *Hargreaves Associates: Landscape Alchemy* (San Francisco: ORO Editions, 2009), 60–66 (65).
60. Udo Weilacher, *Between Landscape Architecture and Land Art* (Basel: Birkhäuser, 1996), 105. For the debate between Treib and me see Susan Herrington, "Gardens Can Mean," *Meaning in Landscape Architecture and Gardens*, ed. Marc Treib (New York: Routledge, 2011) 174–204 (181). Also see Marc Treib, "Must Landscapes Mean? Approaches to Significance in Recent Landscape Architecture," *Landscape Journal* 14, no. 1 (1995): 46–62.
61. Marc Treib, *Settings and Stray Paths: Writings on Landscapes and Gardens* (New York: Routledge, 2005), 80.
62. The Arte Povera was coined in 1967 by the Italian art critic and curator, Germano Celan. Arte Povera artists employed materials not normally associated with traditional art, such as animals, vegetables, and plants. See Laura Petican, "The Arte Povera Experience: Nature Re-presented," *Meaning of Abstract Art between Theory and Nature*, eds. Paul Crowther and Isabel Wunsche (London: Routledge, 2012), 184–197.
63. Richard Serra and Clara Weyergraf-Serra, *Richard Serra, Interviews, Etc., 1970–1980* (Yonkers, NY: The Hudson River Museum, 1980), 181.
64. See Lisa Saltzman, *Making Memory Matter: Strategies of Remembrance in Contemporary Art* (Chicago, IL: University of Chicago Press, 2006), 91.

65. Richard Serra, Carmen Gimenez, and Hal Foster, *Richard Serra: The Matter of Time* (Gottingen: Steidl Verlag, 2006), 49.
66. Kenneth Baker, "Richard Serra and the Materiality of Sculpture," *SFGATE*, 11 April 2010, accessed 3 June 2015, www.sfgate.com/entertainment/article/Richard-Serra-and-the-materiality-of-sculpture-3267846.php.
67. Douglas Crimp, "Richard Serra: Sculpture Exceeded," *October*, 18 (Autumn, 1981): 67–78 (78).
68. Faye Ran, *A History of Installation Art and the Development of New Art Forms: Technology and the Hermeneutics of Time and Space in Modern and Postmodern Art from Cubism to Installation* (New York: Peter Lang, 2009), 166.
69. Landezine, "Diana, Princess of Wales Memorial Fountain by Gustafson Porter," accessed 3 June 2015, www.landezine.com/index.php/2014/11/diana-princess-of-wales-memorial-fountain-by-gustafson-porter-landscape-architecture/.
70. Karen M'Closkey, *Unearthed: The Landscapes of Hargreaves Associates* (Philadelphia: University of Pennsylvania Press, 2013), 13.
71. Günther Vogt, "Visual Essay," *Miniature and Panorama: Vogt Landscape Architects, Projects 2000–12* (Zurich: Lars Müller, 2012), 24–27 (24).
72. Vogt, *Miniature and Panorama: Vogt Landscape Architects, Projects 2000–12*, 258–265 (259).
73. Dorothée Imbert, *The Modernist Garden in France* (New Haven, CT: Yale University Press, 1993), 132.
74. Gilles Clément and Philippe Rahm, *Environ(ne)ment : manières d'agir pour demain,* ed. Giovanna Borasi (New York: Rizzoli, 2006), 17.
75. James Nisbet, "A Brief Moment in the History of Photo-Energy: Walter De Maria's Lightning Field," *Grey Room* 50 (Winter 2013): 66–89 (76).
76. Clara Weyergraf and Martha Buskirk, *Richard Serra's Tilted Arc* (Eindhoven: Van Abbemuseum, 1988) 110. For a legal description of *Tilted Arc*'s removal see Barbara Hoffman, "Law for Art's Sake in the Public Realm," *Art and Public Sphere*, ed. William J. T. Mitchell (Chicago, IL: University of Chicago Press, 1992), 113–146.
77. Harriet F. Senie, *The Tilted Arc Controversy: Dangerous Precedents?* (Minneapolis: University of Minnesota Press, 2002).
78. See "Vladimir Mayakovsky: The Poet of the Revolution," *Socialist Worker*, accessed 20 January 2016, http://socialistworker.co.uk/art/2935/Vladimir+Mayakovsky%3A+the+poet+of+the+revolution.
79. Gregory Sholette, "Interventionism and the Historical Uncanny," *The Interventionists User's Manual for the Creative Disruption of Everyday Life,* eds. Nato Thompson and Gregory Sholette with Joseph Thompson (North Adams, MA: MASS MoCa Publications, 2004), 133–141.
80. Malcolm Miles, *Art, Space and the City* (New York: Routledge, 1997), 207.
81. Elisabeth Schellekens, "Conceptual Art," *The Stanford Encyclopedia of Philosophy*, ed. Edward N. Zalta (2014), accessed 5 November 2014, http://plato.stanford.edu/archives/win2014/entries/conceptual-art.
82. Guerrilla Girls, accessed January 31, 2015, www.guerrillagirls.com/posters/venice-wallf. shtml.
83. Woodgate has created hopscotch installations in other cities we well. See Agustina Woodgate, "Temporary Contemporary," accessed 3 June 2015, https://www.bassmuseum.org/tc/agustina-woodgate-tc-temporary-contemporary-2/.
84. Miles, *Art, Space and the City,* 205.
85. Christopher Bollen, "Guerrilla Girls," *Interview Magazine*, accessed 20 January 2015, www.interviewmagazine.com/art/guerrilla-girls#_.
86. Jürgen Habermas, *The Structural Transformation of the Public Sphere: An Inquiry into a Category of Bourgeois Society*, trans. Thomas Burger with Frederick Lawrence (Cambridge, MA: MIT Press, 1962; 1989).

87. “Movie Shows Concrete Bunker Cut in Half by RAAAF and Atelier de Lyon,” *dezeen magazine*, accessed 3 June 2015, www.dezeen.com/2013/12/11/movie-concrete-bunker-cut-in-half-raaaf-atelier-de-lyon/.
88. Lonny Shavelson,“Guerrilla Grafters Bring Forbidden Fruit Back to City Trees,” *The Salt* (7 April 2012), accessed 3 June 2015, www.npr.org/blogs/thesalt/2012/04/07/150142001/guerrilla-grafters-bring-forbidden-fruit-back-to-city-trees.
89. Miles, *Art, Space and the City,* 205.
90. Jennifer A. McMahon, *Art and Ethics in a Material World: Kant's Pragmatist Legacy* (London: Routledge, 2014).
91. Edward Ericson Jr., “Judge Dismisses Landlord's Suit against Housing,” *City Paper* (10 September 2014), accessed 4 June 2015, www.citypaper.com/blogs/the-news-hole/bcp-judge-dismisses-landlords-suit-against-housing-blogger-20140910,0,1002646.story.

第 2 章　空间实践

空间的特征、测量和重要性在 20 世纪发生了重大的变化。空间不仅成为物理学、数学和心理学的主题，也是风景园林学的主题，因为空间成为设计的核心特征。当现代景观设计师试图构建围合空间和连续空间的理论时，这些概念让位于体现空间的更流动的想法，以及空间在人类记忆中凸显的方式。空间是非物质的，意味着它不由物质组成，而是它的感知由物质塑造。然而，不管这一事实如何，空间与权力相关，关于权力和景观的空间理论经常被排除在权力关系之外的个人或群体。事实上，它们作为“他者”（Other）的地位可能为风景园林专业的学生提供对空间本质的独特见解。

空间构建的理论基础

> 我们都随身携带着轴线系统的主导坐标，即从头到脚的垂直线……可以说，空间建构是人类存在的一种发散，是来自主体内部的投射，无论我们是实际处于空间内还是精神上将自己投射到空间中。[1]
>
> （August Schmarsow, Essence of Architectural Creation, 1893）

这是艺术史学家奥古斯特·施马索（August Schmarsow）试图将建筑艺术描述为一种身体的、空间的体验，是设计师明确的空间建构。施马索试图创新一种感官空间理论，以替代《形式》一章中沃尔夫林主张的形式和视觉理论，该理论认为建筑中的形式来自人类形式的移情反应。[2]

你认为他所说的“来自主体内部的投射，无论我们是实际处于空间内，还是精神上将自己投射到空间中”这句话是什么意思？

正如建筑师哈里·弗朗西斯·马尔格雷夫（Harry Francis Mallgrave）所解释的，“由于人体的组织形式，我们总是给空间以方向。脸部和四肢的朝向决定了什么是前方，以及我们是在向后还是向前移动。”[3]根据施马索的说法，我们通过在空间中移动（通常是向前移动）来理解空间，因此空间建构是可以预期的。一些设计师在设计中利用了身体在空间中的定向运动。比较一下由 Nod Combine 设计的位于瑞典斯德哥尔摩的 Brovaktarparken 的同一项目的两张图片（图 2.1、图 2.2）。根据景观设计师和建筑师马格努斯·舍恩（Magnus Schön）的说法，这个小公园的密集种植的入口引导人们沿河从 Hornsberg 公园系统进入，而石头景观则引导人们从市中心进入。

这看起来像是两个不同的公园吗？
你看到设计是如何利用人体运动的方向特性的吗？

从历史上看，景观设计师是“空间”的早期采用者，空间的组织成为设计的重要维度。[4]查尔斯·唐宁·莱（Charles Downing Lay，1877—1956 年）在 1918 年为《景观建筑》杂志撰写的文章中指出，空间构成是艺术的共同特征，他还强调了在景观中空间感知的重要性。“它并不像人们想象的是对物体之间关系的安排（正如我们所说的调节间距），以使它们看起来被协调放置而不拥挤，而是这样一种安排使整个空间立即被大脑所理解”。[5]从本质上说，景观设计中的空间不仅仅需要被组织，而且应布置成能被体验景观的人们理解的结构化整体。

20 世纪时，空间是在设计师、艺术家和科学家之间流通的一种理论货币，成了设计行业的基本词汇，因为它强调设计是一种脑力活动而不是体力劳动。通过将设计与空间构成联系起来，设计师希望将自己与从事建筑行业的人区分开来。历史学家阿德里安·福蒂指出，“就建筑学一直遭受着不过是一种行业或商业的污名而言，声称处理‘空间’最非物质的属性使建筑师能够果断地将他们的劳动表现为脑力而非体力。”[6]

此外，建筑师和景观设计师都强调了空间条件所带来的重要的心理学贡献。从美学中挖掘出来的概念，如移情，给他们的工作带来了心理上的意义。“移情”一词是 1909 年从德语“Einfühlung”（意思是“感觉到”）翻译过来的，它使得像空间这样虚无缥缈的东西能够塑造人们的感知和感受。

图 2.1
Brovaktarparken（2014 年）从市区进入，Nod Combine，瑞典斯德哥尔摩

图 2.2
Brovaktarparken（2014 年）从公园的一边进入，Nod Combine，瑞典斯德哥尔摩

滕纳德很快看到了这一理论的设计潜力，将移情介绍给景观设计师。他在《现代景观中的花园》（1938/1948 年）中写道，移情的方法（连同功能的和艺术的方法）是设计现代景观的关键。在他的移情方法的概念中，

> 大自然既不应该被复制或感性化，也不应该被践踏。摒弃对自然的对立和主宰的态度，摒弃过度的对称性，承认植物材料的触觉质量的价值，掌握节奏和重音，有助于灵活适应场地，这是景观设计师应遵循的首要原则。[7]

二战后，空间被视为应该比风格更重要的普遍性感觉能力，后者曾试图表现人们的感觉。正如特雷布所指出的，“空间（让我感觉到），而不是风格（表现一种感觉）。”[8] 埃克博认为，“我们的生活不断受到空间的影响，无论我们走到哪里，室内和室外，从出生到死亡。空间的体验是人类共同的重要体验，可以与食物、睡眠、衣服或性的体验相提并论。”[9] 就像《形式》一章中讨论的现代景观设计师所喜欢的基本形式一样，人们认为普通人不需要解释物体中所表现的感觉，相反，他们可以从空间的体验中感受到一些东西。比较一下这两张美国华盛顿特区国家广场的图片——越战老兵纪念碑（Vietnam Veterans Memorial）和越战老兵纪念碑：三位军人（Vietnam Veterans Memorial: Three Servicemen）（图 2.3、图 2.4）。

图 2.3
“越战老兵纪念碑”（1982 年），林璎，图片由 Dave7 提供，https://creativecommons.org/licenses/by-sa/2.0/deed.en，美国华盛顿国家广场

图 2.4
“越战老兵纪念碑：三位军人”（1984 年），又名“越战退伍军人纪念碑”，弗雷德里克·E. 哈特（Frederick E. Hart），美国华盛顿国家广场，公有领域版权

你能看到林璎是如何利用空间在参观者中产生一种阴郁的绝望感吗？（图 2.3）

请看三位军人雕像的图片（图 2.4）。

你能看到雕塑人物如何向你“表现”（represent）感情吗？

三位军人（图 2.4）的雕像是为了回应林樱的设计（图 2.3）而塑造的。

你能想到为什么吗？

空间构建的重要性

无论景观设计师是在电脑上还是在现场（in-situ）进行设计，都将设计成果视为物理场地的一部分，场地特征通常有其自身的空间特质。一个位于广阔的草原景观的项目与小城市地块具有完全不同的空间条件。景观与其他空间实践不同，它实际上是向天空开放的，这使得理解一个场地的现有空间条件具有挑战性。景观设计师西尔维娅·克劳夫人（Dame Sylvia Crowe，1901—1997 年）提出：“景观的尺度必须与天空的无限广阔相抗衡。”[10] 而天空在景观体验中的存在应该促使设计师考虑超越人体的尺度，可能包括像树木这样大大超出人类尺度的元素。

此外，经常被用来定义空间的材料，如植物材料，会随着季节和时间而变化，使得对空间的准确定义变得困难。这些挑战也使风景园林中的空间定义变得更加有趣。事实上，敏锐的景观设计师在设计过程中利用了时间和空间形状的变化。景观设计师米歇尔·德维尼（Michel Desvigne）在其设计的格林威治千年公园（Greenwich Millennium Park）中使用的平面图和剖面图分析了时间和空间变化。他的分析表明，在种植树木后，空间发生了预期的显著转变。诺埃尔·范·多伦（Noel van Dooren）指出，“图纸并没有简单地解释森林的发展，它主要阐述了森林发育成熟的几个独立的阶段，它们在设计方面有各自的特点。”[11] MVVA 事务所（Michael Van Valkenburgh Associates）在为布鲁克林大桥公园设计时进行了这种分析。在项目开始时，公园中心距离为 5 英尺（约 1.5 米）种植的乔木覆盖率为 100%，75 年后他们预计中心距离为 20 英尺（约 6 米）种植的乔木覆盖率为 20%（图 2.5）。

你能看出这些图纸如何揭示了空间变化作为景观项目概念的一部分吗？

空间构建的实际应用

围合

空间围合通常是风景园林学生的第一项设计任务。用垂直和水平平面围合的想法可以追溯到奥古斯特·施马索的概念，他认为人是垂直轴，在空间体积

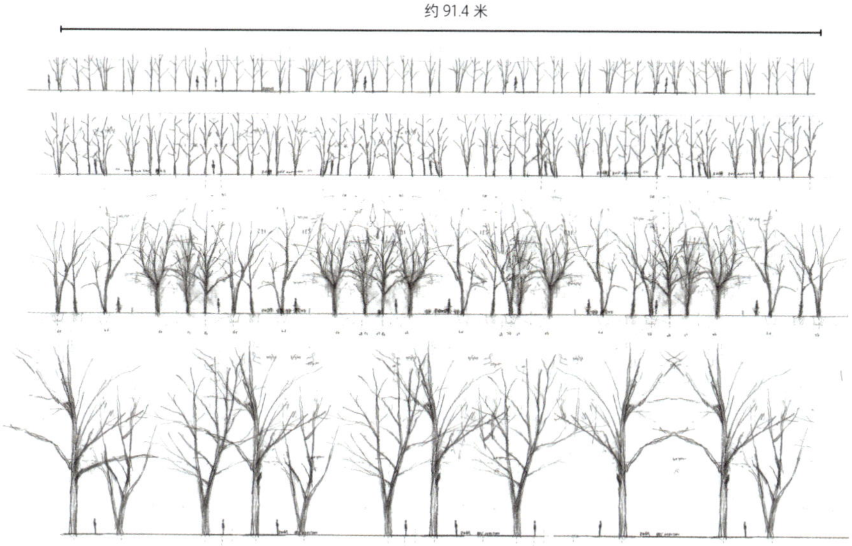

蔓藤花纹植树 75 年延时摄影
Michael Van Valkenburgh Associates, Inc. Landscape Architects P.C.
布鲁克林大桥公园，2007 年 3 月 2 日

图 2.5
布鲁克林大桥公园的蔓藤花纹植树 75 年延时摄影，MVVA 事务所，图片由 MVVA 事务所提供，美国纽约布鲁克林

的深度中定向移动。底层平面、顶层平面和垂直平面通常定义了空间体积，在过去的 40 年里，许多景观设计的教科书中都有详细描述这些平面。然而，空间围合仍然是一个强大的设计工具。哲学家斯蒂芬妮・罗斯（Stephanie Ross）强调了限定的户外空间所带来的影响。她指出："围合促使注意力集中，将我们重新导向周围的微观特征，并鼓励我们反思感官和身体与它们的接触……围合促使我们去想象，提高和加强包围和环绕我们的边界所构成的体验。"[12]

请看景观设计师卡尔・西奥多・索伦森（C. Th. Sørensen，1893—1970 年）所构思的几何花园 / 音乐花园（图 2.6）。它们是由一系列被树篱限定的不同形状的房间组成，包括：椭圆形、圆形、五边形、三角形、正方形、六边形、七边形和八边形，并修剪成不同的高度。[13] 20 世纪 50 年代，丹麦制造商和艺术收藏家阿格・达姆加德（Aage Damgaard，1917—1991 年）对这个设计非常着迷，他聘请索伦森为位于海宁（Herning）的衬衫工厂建造一个较小规模的花园。达姆加德委托设计以及建造其他艺术作品，都是为了让工厂的工人享受到这一切。[14] 20 年前为纪念索伦森，丹麦景观设计师协会按照最初设想的规模种植了音乐花园。

你认为滕纳德会把这个花园形容为“移情的”吗？

图 2.6
几何花园 / 音乐花园（1983 年），卡尔·西奥多·索伦森，图片由吉娜·克兰德尔（Gina Crandell）提供，丹麦海宁

网格

艺术评论家罗莎琳德·克劳斯在她的文章《先锋艺术的原创性》（“The Originality of the Avant-Garde”）中，揭示了 20 世纪 70 年代先锋艺术家们如何保持作品的原创性。她指出这些艺术家中有许多人在他们的作品中采用了类似的技术。她写道，“从视觉艺术的先锋实践中提取的一个图形提供了一个例子，这个图形就是网格……网格的绝对静止，它缺乏层次、中心和变形，不仅强调了它的反参照性，更重要的是它对叙述的反对。”[15] 事实上，网格可以被视为一系列景观空间实践中反复出现的策略。例如，丹·凯利（Dan Kiley）认为他的景观网格空间表达了一种自然和人类的无层级的空间连续性。他将自己的作品描述为“用层层叠叠的图案、体积和时间编织而成……无限的本质，是大自然神秘的作祟”。[16] 为了将这些图案编织在一起，凯利通常将网格空间层与其

他特征重叠。马克·特雷布称这种做法为滑移（slippage），他在建筑大师密斯·凡·德·罗（Mies van der Rohe）的作品中也发现了这种做法。[17]

滑移

彼得·沃克及其合伙人景观建筑事务所（Peter Walker and Partners Landscape Architecture）也采用了滑移的设计手法。他们使用独特的图案和景观元素相互滑动，创造出将策划的不同空间叠层的设计作品。请看位于瑞士巴塞尔由彼得·沃克及其合伙人设计的诺华总部论坛 1 庭院的图片（图 2.7）。在这里，喜马拉雅白桦树、水池和草地构成的辐射状五边形重叠在一起，形成了滑移。

图 2.7
诺华总部论坛 1 庭院（2004 年），彼得·沃克及其合伙人景观建筑事务所，图片由彼得·沃克及其合伙人景观建筑事务所提供，瑞士巴塞尔

你能看到滑移的使用，水道、树的五点梅花形排法（quincunx）和草的空间边界是如何相互滑动的吗？

切分法

空间的连续性被定义为空间的流动，以及设计师如何控制人们对流动的体验，切分音理论是一个很好的例证。借鉴自音乐乐理的切分法用延迟取代了“预期”

的节拍，从而引起人们的期待。[18] 转换到景观设计中，切分法通常是通过竖向设计或植物控制人们在空间中移动时所能看到的东西。通过掩盖和揭示视域，期待和神秘感成为景观体验。几位现代景观设计师从日本漫步花园（Stroll Gardens）中总结了这一理论。科尔内利娅·哈恩·奥伯兰德从她的风景园林学教授莱斯特·柯林斯（Lester Collins）那里学到了切分法，莱斯特·柯林斯曾访问过亚洲并创作了其毕生之作，融合了现代和中国的园林美学。奥伯兰德继续采用切分法，因为这有助于她思考设计如何引导人们在空间中通行。[19]

请看图片中通往卡贝塞拉公园（Cabecera Park）的最高点的小径（图 2.8）。这座山是一个视觉线索，标志着图里亚河的水流在穿过瓦伦西亚市之前的 90° 弯道。在山顶上，可以看到城市的广阔景色，设计师使用了一种经典的切分音技术，在你蜿蜒向上的登山过程中不断激发你一览众山小的期望。

图 2.8
卡贝塞拉公园（2004 年），爱德华多·米格尔·拉博内斯（Eduardo de Miguel Rabones），阿兰查穆尼奥斯·克里亚多（Arancha Muñoz Criado）和维森特科雷尔·法里诺斯（Vicente Corell Farinós），西班牙瓦伦西亚

生命建构

简·赫顿（Jane Hutton）将肯尼斯·弗兰姆普顿（Kenneth Frampton）的建筑建构理论（Tectonic Theory）扩展到景观中，强调了为什么景观的生长和维护必须是其概念的一部分。她聚焦中央公园，描述了公园的地层和生命建构的动态变化所发挥的隐藏但具有建设性的作用。她还提议将维护作为一种建构。赫顿写道："通过维护来减少植被与其生长有着自相矛盾的联系。"[20] 在中央公园，弗雷德里克·劳·奥姆斯特德（Frederick Law Olmsted）"笃定地认为，如果清除 300 节[①] 木材，公园里两年内会重新生长出同等量的木材，并在一份持续清除的指令中引用了 39 个来源"。[21] 这对景观设计师而言是一种独特的建构解释，它可以在改变景观的空间维度方面发挥强大的作用。请看中国沈阳建筑大学的校园景观图片（图 2.9）。

校园的这一部分被土人景观设计公司（Turenscape）设计为水稻田，学生们每年都会收割并出售。土人景观不仅保留了该场地的农业功能，保持了该地区生产特有的东北大米的文化传统，而且还利用了生命建构的空间变化。[22] 作为一种植物材料，水稻在生长季节通常能长到大约 2 米（6 英尺）高。因此，这种生物量的快速生产极大地改变了景观的空间品质。

图 2.9
沈阳建筑大学校园景观（2004 年），土人景观 / 俞孔坚，图片由俞孔坚提供，中国辽宁省

① 译者注："节"（cords），每节为 3.62 立方米。

你能想象学生收割水稻前后的空间质量是如何变化的吗?
你认为这就是为什么土人景观将社交空间放在稻田中间的原因吗?

微缩和全景

《形式》一章中介绍了金特·福格特的微缩和全景理论。这一理论也可以从空间尺度的角度来考虑。微缩涉及景观空间类型的等比例缩小，而全景涉及景观空间类型的等比例扩大，这种方法可以在众多的景观设计作品中看到。

微缩

景观理论家伊丽莎白·K. 迈耶（Elizabeth K. Meyer）分析说，丹·凯利对米勒住宅的设计是一个等比例缩小的案例。该项目在 20 世纪 50 年代被首次提出，米勒住宅位于“三个空间领域的接缝处”——城市网格、更大的郊区网格和半英里见方的农业用地，这些都是美国中西部景观的特征。[23] 凯利将这个元景观（meta-landscape）的尺寸缩小到大约 5.7 公顷（13.5 英亩）作为他设计回应的一部分。①

最近，微型化被用来调整场地的微气候条件。米歇尔·德维尼在与帕特里克·布朗克（Patrick Blanc）合作的巴黎文化部的实验花园中发现，现有庭院空间的小气候，包括其玻璃和光线水平，与高海拔的南部森林及其林下灌木丛相似。对于德维尼来说，“因此形成了一个想法，在一个较小的表面区域——庭院中一个 170 平方米的盒子中，调整和缩小森林的一部分。植物学家从 100 种植物中挑选了 1000 棵形成了 12 层的森林系统。”[24] 德维尼将凯利规则式的景观空间类型微缩化转变为基于环境条件的景观空间类型微缩化。根据德维尼的说法，他使用微缩化的原因之一是“消隐构成装置”[25]，请看文化部花园的图片（图 2.10）。

① 译者注：他在往返哥伦布的飞机上找到了米勒花园的设计灵感。他对正在下方看到的中西部农田的完美正方形着迷，这些几何图形被用在了米勒花园的设计中，尤其是原始的棋盘式野花种植。在这里，棋盘式的植物与布满七叶树的广场混合在一起。

图 2.10
文化部花园（2004 年），米歇尔·德维尼景观设计师和帕特里克·布朗克，图片由米歇尔·德维尼景观设计师提供，法国巴黎

你认为他们让构成装置（compositional device）消失了吗？
你为什么认为这是他们的意图？

全景

对于伦敦伊丽莎白女王奥林匹克公园的设计师来说，全景图为种植设计方案提供了一个非常有趣的方法。根据莎拉·普赖斯（Sarah Price）的说法，首席设计师乔治·哈格里夫斯设想了“一个基于植物科属的线性时间逻辑序列”。[26] 设计团队与 LDA 设计公司的安德鲁·哈兰德（Andrew Harland）和尼尔·马廷森（Neil Mattinson）一起，试图发扬英国从世界各地收集植物的传统，而威廉·罗宾逊（William Robinson）在 19 世纪 70 年代的野生花园也是如此。[27] 来自世界许多地区的植物根据罗宾逊的方法进行分组和布置，包括仔细研究植物（不一定是本地植物）的生长习性以及小气候条件和耐受性。

罗宾逊松散种植风格的突出特点是在林地、水体周围和草地上种植大量丛生的、顽强的多年生植物。罗宾逊的野生花园通常应用于住宅区尺度的项目，但在伊丽莎白女王奥林匹克公园，这种方法被扩大到公园尺度（图 2.11、图 2.12）。

彩色氛围

彩色氛围是伯纳德·拉叙斯"最小干预"理论的一部分。拉叙斯强调说："最小的干预并不意味着不想做任何事情，而是谨慎地使用'个人空间'（espace propre）。当 1965 年我用一朵红色的郁金香来进行重要的实验'粉红色的气氛'（Un Air Rosé）……这就是最小干预的原则：这个地方没有任何物理上的改变，尽管如此，你还是改变了景观。"[28] 从本质上讲，空间内的干预可以改变其感官感受。对拉叙斯来说，放在红色郁金香中的白色卡片导致周边氛围和白色卡片被感知为红色。颜色的作用在克劳德·科米尔（Claude Cormier）的作品中也表现得很突出。从"蓝棒花园"到他最近在蒙特利尔

图 2.11
伊丽莎白女王 2012 奥林匹克公园种植概念，哈格里夫斯建筑事务所首席设计师与 LDA 设计公司，图片由哈格里夫斯建筑事务所提供，英国伦敦

图 2.12
伊丽莎白女王 2012 奥林匹克公园，哈格里夫斯建筑事务所首席设计师与 LDA 设计公司，图片由哈格里夫斯建筑事务所提供，英国伦敦

的“粉红球”装置，克劳德指出，“我们已经把颜色的概念纳入实践。我们很早就意识到颜色实际上是非常重要的，我们在每个项目中都挑战这个方面。”[29] 请看科米尔在蒙特利尔的 2012 年“粉红球”装置的图片（图 2.13）。

这个临时项目由沿 1.2 公里长的东村圣凯瑟琳街悬挂的 17 万多个粉红色树脂球组成。请看图片的背景。

你看到这个空间是如何着色的，尺度与“粉红色的气氛”（Un Air Rosé）不同吗？
你认为球的像素状品质可以实现这种着色吗？

图 2.13
粉红球（2012 年），Claude Cormier + Associés，图片由斯蒂芬 · 马比莱（Stéphane Mabilais）提供，加拿大蒙特利尔

空间构建的讨论

研究现代住宅的理论家们对空间的中立性提出了质疑。正如你将会在本章最后一节的“竞争性空间”中读到的，亨利 · 列斐伏尔（Henri Lefebvre）的“空间生产”理论揭示了城市景观中创造的空间是如何被资本主义系统所实现的，诸如划拨地理领域、分配土地使用和基础设施，以及劳动力和材料的分布，空间并不是简单的中立、抽象的实体。在列斐伏尔看来，现代城市主义的这些空间强化了社会关系，并成为霸权阶级用来重现其社会统治地位的工具。因此，参与这种生产的建筑师和规划师自鸣得意地在维护主导权力结构。在这个意义上，空间并非只具有无偏见的设计维度，而是具有意识形态含义。

空间对人的普遍性影响也受到了质疑。一些评论家认为，由空间产生的感知或情感是文化上构建的。因此，空间对个人的影响因文化背景、性别、年龄和阶级而不同。从本质上说，来自不同文化背景的人对空间的感知和反应是不同的。年龄和基因也发挥着作用。例如，文化地理学家吉尔 · 瓦伦丁（Gill Valentine）认为，与空间的物理设计相比，谁占有和控制空间以及何时占有和控制空间对妇女的空间感受有更大的影响。“当妇女们认为与她们共享空间的男人的行为不受正式或非正式控制机构的约束时；或者当她们认为空间被一个有威胁的男性群体主动控制时，她们在空间中会感受到威胁。”[30]

将空间作为设计的首要关注点的做法在风景园林界中也受到了质疑。彼得・沃克提出：“当景观被当作简单的空间——仅仅是建筑或雕塑的合适环境——人们往往会忽视景观本身。”[31] 沃克激励景观设计师考虑设计的其他方面，比如大胆的图案和形式使景观更加引人注目，从而确保它本身成为艺术世界的一员。同样地，玛莎・施瓦茨也致力于设计那些幽默、隐喻和与流行文化相联系的景观。将对空间的关注转移到对意义的关注上，施瓦茨认为对空间体积的处理是不够的，还有更多有趣的想法可以通过设计作品来传达。景观设计师迪恩・卡达西斯（Dean Cardasis）也提出了这样的观点：我们穿行和暂停的空间与景观的意义直接相关。他写道：“更敏锐地认识到，体积本身的设计——我们移动和休息其间的空间——与作品的意义和功用密不可分。”[32] 同时，景观作品的空间不一定依赖事实，而更可能依赖表象，这就是下一节的主题。

空间构建的主要阅读材料

Charles Downing Lay, “Space Composition.” 查尔斯・唐宁・莱，《空间构成》

Harry Francis Mallgrave and Eleftherios Ikonomou, editors, *Empathy, Form, and Space: Problems in German Aesthetics, 1873–1893*. 哈里・弗朗西斯・马尔格雷夫和埃莱夫塞里奥斯・伊科诺穆，《移情、形式和空间：德国美学中的问题》，1873—1893

Christopher Tunnard, *Gardens in the Modern Landscape*. 克里斯托弗・滕纳德，《现代景观中的花园》

错觉空间的理论基础

请看图片《兔子还是鸭子？》（图 2.14）。

图 2.14
兔子还是鸭子？（1899 年），约瑟夫 · 贾斯特罗，公有领域版权

你在这张图片中看到了什么，兔子？鸭子？
你能同时看到兔子和鸭子吗？

这个图形是哲学和心理学中分析最多的模棱两可的图像之一。[33]《兔子还是鸭子？》是由心理学家约瑟夫·贾斯特罗（Joseph Jastrow，1863—1944 年）创作的，它首次出现在 1892 年出版的德国幽默杂志上。贾斯特罗用这幅图表明，视觉不仅仅是对视觉刺激的接收，它还涉及心理活动。哲学家路德维希·维特根斯坦（Ludwig Wittgenstein，1889—1951 年）画了他自己版本的这个模棱两可的图像，以解释他的“看作”（seeing-as）理论，即看到和诠释是同时发生的。你可能把这幅画看成一只鸭子，也可能把它看成一只兔子，这取决于你想把它看成什么。

艺术史学家 E. H. 贡布里希（E. H. Gombrich，1909—2001 年）在他的出版物《艺术与错觉：绘画表现的心理学研究》（*Art and Illusion: A Study in the Psychology of Pictorial Representation*）中，用《兔子还是鸭子？》来挑战知觉现象（画家做出的标记或线条）只对应一种解释的观念。例如，兔子的耳朵也可能是鸭子的喙。根据贡布里希的说法，你可以在看到鸭子或兔子之间轻松地来回切换，但你无法同时看到鸭子和兔子。“我们发现错觉是很难描述或分析的，因为尽管我们可能在理智上意识到任何特定的经验必须是一种错觉，但严格来说，我们无法观察到自己是否有错觉。”[34]

虽然贡布里希关于错觉的理论和《兔子还是鸭子？》图片的使用受到了争论和批评，[35] 但他的工作从根本上改变了人们对视觉感知、艺术和表现技术的思考。贡布里希从未简明扼要地描述过错觉，但从本质上讲，当“视觉信息使人贸然断定其为另一个事物时，视觉信息就创造了错觉”。[36]

错觉空间的重要性

错觉之所以重要，是因为人们通常喜欢错觉，它们促使你质疑看到的现实，或者至少是似乎看到的现实。错觉在景观的设计和反应方面有着悠久的历史。特别是反射性材料，可以被用来制造错觉。历史上，镜子、水景和其他反射性表面提供了虚拟的错觉世界。中国的月亮桥就是一个经典的错觉与景观设计融为一体的例子。这些人行桥的截面呈陡峭的弧形，置于水面之上。从一个特定的有利角度看，桥和它在水面的倒影形成一个圆。这个镜像而成的圆形图像代表着月亮，这是中国古代神话中一个反复出现的符号，也是当代人在农历节日期间月饼消费文化的象征。

另一个例子是克劳德镜，艺术家和体验风景的游客都会使用它。它通常是彩色的凸面镜。镜子的凸面形状通过将视线集中在手中的一个视点上，减少并统一了视觉范围。[37] 镜子的背面通常是黑色或烟熏色，为反射的图像着色。像 *Instagram* 软件的滤镜一样，它有助于统一图像的色调。艺术家、作家威廉·吉尔平（William Gilpin，1724—1804 年）强调了如画理论，他认为这可以避免光线的斑点，并提供了一个色调的渐变，“这样就不会显得不自然。”[38] 克劳德镜生成了一个图像，但景观设计师也使用实体设计来创造空间错觉。这些错觉通常是扭曲的错觉，包括控制景观中物体的大小、长度或高度，使你对景观的感知与其物理现实不一样。

错觉空间的实际应用

深度错觉

深度错觉利用透视学使景观空间看起来比测量的要浅或要深。这种技术利用了视觉感知的机制。深度错觉是一种非常古老的空间实践，可以追溯到意大利和法国的历史园林设计中所使用的“错视画”（trompe l'oeil）[39]和“影像变形”(anamorphosis)技术[40]。请看富兰克林·罗斯福四自由公园(Franklin D. Roosevelt Four Freedoms Park)的图片(图2.15)。1974年,路易·康(Louis Kahn）与景观设计师哈里特·帕蒂森（Harriet Pattison）合作设计了该公园,它建于2012年，其设计给人一种加速透视的深度错觉。他们设计了一个锥形的斜面草坪，边上是种植了120棵小叶椴树的林荫小径。树木和草坪在斜面的顶部约45米（宽），在斜坡的终点处收敛约15米（宽）。因此，“对距离的感知会膨胀和收缩”。[41]

你认为为什么康和帕蒂森将这种技术用于纪念罗斯福的纪念碑?

视错觉

风景园林中的视错觉是指在设计中创造了一个从不同角度看截然不同的感知。就像“深度错觉”一样，在空间的某一点上所感知的东西和景观的实际情况

图2.15
富兰克林·罗斯福四自由公园（2012年）路易·康与景观设计师哈里特·帕蒂森,美国纽约市罗斯福岛

之间存在着有计划的错配。然而，“深度错觉”通常夸大了一点透视的前缩透视法则以创造一个错觉。相比而言，视错觉则扭曲了感知以传达一些东西。

一种著名的视错觉类型是影像变形，它“给出了所表现的物体的扭曲图像，但如果从某一有利位置观看或在一个弯曲的镜子中反射，就会显示出物体的真实比例”。[42] 由于正确的变形图像只能在某一有利位置看到，它通常是为了欺骗人们。然而，这也是设计师或艺术家传达更深层次信息的一种方式。影像变形最著名的例子之一，即小汉斯·霍尔拜因（Hans Holbein the Younger's）的画作《大使》（*The Ambassadors*，1533 年）中扭曲的头骨，已经有了许多诠释。

请看《大使》这幅画中的头骨。一些学者认为它代表着死亡，而另一些学者则声称，这幅画最初被放置在楼梯间，会让你更清楚头骨的存在（图 2.16）。

图 2.16
《大使》（1533 年），
小汉斯 · 霍尔拜因，
公有领域版权

请看艺术家弗朗索瓦·阿贝兰特（François Abélanet）在巴黎短暂花园广场（Ephemeral Garden Square）创作的《相信谁？》的两个视图（图 2.17、图 2.18）。他的 1500 平方米的景观使用了影像变形，从市政厅（Hôtel de Ville）前面的主要台阶上看，给人以三维地球的印象。阿贝兰特说："我们生活在一个听到生态学家、科学家、制造商辩论的世界里……我只是想指出树的问题，并邀请人们对它、自然和环境在他们生活中的地位提出质疑。"[43] 记者亨利·亚当斯（Henry Adams）注意到，

> 阿贝兰特的花园提醒我们，从市政厅看出去的景色可能与其他地方完全不同——事实上，它对事物的看法的表面逻辑可能是无稽之谈。为了充分掌握现实，我们需要从多个地方去看它（政治家们，请注意）。像世界上许多最好的艺术一样，阿贝兰特的创作既滑稽又深刻。[44]

图 2.17
相信谁？（2011 年）
弗朗索瓦·阿贝兰特，变形法，图片由弗朗索瓦·阿贝兰特提供，法国巴黎

图 2.18
相信谁？（2011 年）
弗朗索瓦·阿贝兰特，变形法，图片由弗朗索瓦·阿贝兰特提供，法国巴黎

阿贝兰特使用影像变形来促使人们质疑为什么应该仅以一种方式看待问题。你能想到其他使用变形的方法吗？

错觉轮廓

错觉轮廓（也被称为主观轮廓）是指由其他形状、线条或纹理构成的形状的感知轮廓。由心理学家加埃塔诺·卡尼萨（Gaetano Kanizsa）在 1955 年提出的卡尼萨三角错觉（The Kanizsa Triangle illusion）是一个著名的错觉轮廓的例子。格式塔心理学家用它来解释“包围法则”。他们提出了关于如何在整体上，而不是在部分上组织事物的理论。例如“包围法则”被认为可以证明，当你看到一个物体时，你能够想象出这个物体缺少的特征，特别是它的形状特征。[45] 请看卡尼萨三角错觉的图片（图 2.19）。

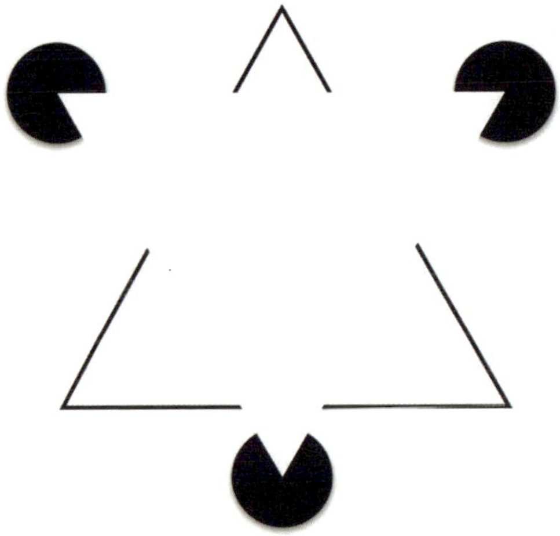

图 2.19
卡尼萨三角错觉

你看到一个完整的三角形吗？即使三角形没有被画出来，你能从三角形周围的物体感知到三角形吗？

请看柏林共和广场的图片（图 2.20）。边上的树篱被断开，形成一个蜿蜒的河流般的空间。

图 2.20
共和广场（1997 年），Lützow7，图片由迈克·皮尔（Mike Peel），Creative Commons，www.mikepeel.net 提供，德国柏林

你看到什么形状?

如果设计师创造了由一排蜿蜒的树篱划成蜿蜒的河流形状的蜿蜒路径，效果会有什么不同?

色彩对比

你对颜色的感知是波长反射到你眼睛的结果。环境和反射光的条件以及颜色与其他颜色和形状的关系都会影响你对颜色的感知；因此，颜色具有许多错觉的特性。对于科学家和艺术家来说，颜色一直是一个丰富多样的主题。如前所述，克劳德・科米尔认为颜色是其作品的关键元素。科米尔经常借用艺术家的作品，克劳德・莫奈用绘画技巧来调用光学原理，如互补色的点状笔触通过眼睛在脑海中融合成一个充满活力的场景。[46]

请看 TOM II 的图片（图 2.21）。科米尔使用了 5060 个临时覆盖标记或 TOMS，这些标记通常用于施工区短期使用的临时车道标记。

看看绿色和红色的互补色，你能看到它们是如何创造出田野般的深红色构成吗?你认为他为什么使用临时覆盖标记?

错觉空间的讨论

错觉是对感官知觉中的错误进行实验。伯纳德・拉叙斯反对错觉，他争辩说：“我试图达到清晰的目的。21 厘米对我而言就是 21 厘米，不会是 22 厘米。”[47] 他的批评提出了一个有趣的问题——设计中的空间界定应该是一种数学上的努力（基于测量或比例），还是设计师应该利用空间的错觉特性和你对它的感知？显然，景观设计中有大量景观设计师必须遵守的测量标准，如避免藻类生长的池塘深度和方便通行的道路宽度。

但是，这些测量的景观特征是否比我们感知它们的方式更真实，不管这种感知是否不可测量?

图 2.21
TOM II（2013 年）
Claude Cormier + Associés 公司，图片由纪尧姆·帕拉迪斯（Guillaume Paradis）提供，加拿大蒙特利尔

现实与表象的语言通常用于感知测试，如“错觉轮廓”。“缪勒 - 莱尔错觉”（Müller – Lyer illusion）是另一种流行的视错觉测试（图 2.22）。

图 2.22
缪勒 - 莱尔错觉

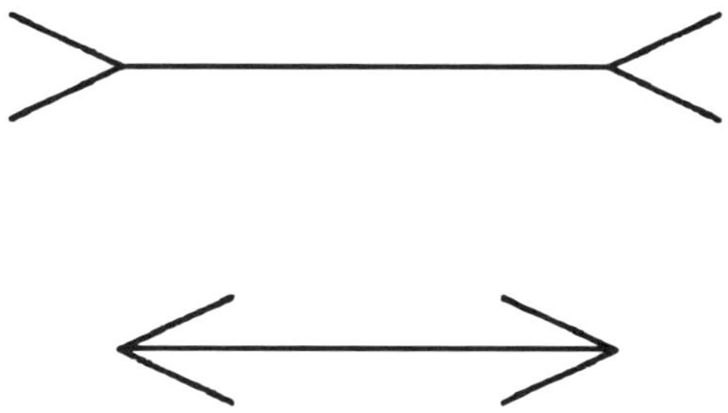

对这种错觉的常见解释指出，这两条线看起来长度不同，但实际上它们的长度是一样的。在哲学家凯瑟琳 · J. 莫里斯看来，

> 这有赖于我们先入为主的观念，认为可测量的东西比不可测量的东西更真实……一旦我们认识到“真实”在这里仅仅意味着“可测量”，我们就有可能提出这样的问题：为什么可测量的东西被认为比不可测量的东西更有价值。我们可以承认对于某些目的它是有价值的，例如建造一座不会倒塌的桥；对于其他目的它没有价值，例如判断一座桥的美学质量。[48]

这就是拉叙斯试图揭示的联系，通过将难以理解的测量变得显而易见来描述不可见的东西。让不可见的东西变得可见是现象学的一个实践，特别是让-保罗 · 萨特（Jean-Paul Sartre）的现象学。

错觉空间的主要阅读材料

E. H. Gombrich, *Art and Illusion: A Study in the Psychology of Pictorial Representation*. E. H. 贡布里希，《艺术与幻觉：绘画表现的心理学研究》

Arnault Maillet, *The Claude Glass: Use and Meaning of the Black Mirror in Western Art*. 阿尔诺 · 梅莱特，《克劳德镜：西方艺术中黑镜的使用和意义》

现象学的理论基础

> 例如，在对自然对象进行任何理论构建之前，必须对其进行体验。体验是对某一事物进行直觉判断并确认其真实性的意识；体验的本质特

> 征是对有关自然对象的意识，一种原始的意识……如果对象没有“出现”在认知主体面前，如果他没有发现任何与对象相关的现象，那么它们根本什么都不是。因此，在这里，“现象”意指某种内容，它本质存在于有关的直觉意识中，是其现实性评价的基础。[49]
>
> (Edmund Husserl, Pure Phenomenology, 1917)

现象学是一种将经验作为主观性来源的哲学方法。在这句话中，现象学的创始人埃德蒙·胡塞尔（Edmund Husserl，1859—1938 年）描述了这种他试图用以描述自身经验的哲学方法。胡塞尔对科学中的假设感到不满，这一假设认为世界具有理性结构，因此理解关于这个世界的知识必须通过理性思考。对胡塞尔来说，这是一种误导，尤其是在研究人类意识的时候，他寻求一种方法来替代标准的科学方法，比如科学的归纳法。

你认为他所说的“体验本质上是作为自然对象的意识和作为原始对象的意识”是什么意思？

胡塞尔认为这一方法是意向性，或者说你对世界上的事物的定向意识。[50]这些现象不一定是出现在知觉中的实物，也可以是想象或记忆。胡塞尔的描述性现象学要求放弃先入为主的想法，悬置对现象体验的价值判断。他认为这可以更集中、更系统地对意识结构和现象进行研究。请阅读关于这位哲学家对一棵树的体验的描述。

> 以我看到广场对面有一棵树的视觉经验为例。在现象学的反思中，我们不需要关心这棵树是否存在：我的经验是关于一棵树的，无论这样的树是否存在。然而，我们确实需要关心对象的含义或意图是什么。我看到的是一棵桉树，而不是一棵玉兰树；我把那个对象看成是一棵桉树，有某种形状，树皮剥落；等等。因此，“括号化”（bracketing）树本身，我们把注意力转向我对树的体验，特别是转向我体验中的内容或意义。[51]

你能解释一下这段论述中的“括号化”是什么意思吗？

许多哲学家都拓展了胡塞尔的方法（当然也同时进行了批评）。哲学家马丁·海德格尔（Martin Heidegger，1889—1976 年）的解释学强调解释而不是胡塞尔的描述性方法。海德格尔摒弃了胡塞尔的括号法，认为应该以更实际的方式解释世界上的事物，比如说和朋友一起种树。哲学家莫里斯·梅洛-庞蒂（Maurice Merleau-Ponty，1908—1961 年）认为，活生生的身体在感知中起着关键作用，而不仅仅是意识。[52] 在这里，将介绍让-保罗·萨特（Jean-Paul Sartre，1905—1980 年）的现象学方法和他的三种想象意识——否定（negation）、意识和时间（consciousness and time），以及为他人而存在（being for others）。[53] 这些意识类型源于他关于想象的主要现象学研究。由于材料繁多，萨特对每一个想象意识描述的理论基础被分散在"实际应用"部分。

现象学的重要性

萨特理论中想象（imagination）的重要地位使得他的现象学理论在风景园林学中举足轻重。另外，景观可以为缺席的事物提供确切的证据。例如，一个墓地、一块空地或一片被砍伐的森林，都能让人明显感觉到缺席的存在。尽管这些例子经常在记忆制造的标题下被讨论，但它们也会引发想象。萨特将想象与记忆、感知和其他更被动的意识类型区分开来。他对经验中的想象意识的强调，对于肩负着创造新景观任务的设计专业的学生来说，特别有意义。萨特本人也很在意想象。他不仅写了很多学术文章，而且还有短篇故事、小说和戏剧，所以他自己就极具想象力。

通过与世界的身体接触，萨特提供了一种对想象的解释，即通过实物和空间建立的与世界的关系。因此，意识是一种想象性的行为，它不仅揭示了在场的意义，而且使你能够看到世界的另一面。[54] 正如一片空地，它可能使你想起曾经在那里的东西，为什么它不再在那里，以及未来可能会有什么。

尽管萨特受到海德格尔的影响，但他的现象学并不回避二元论，即你的意识与你所体验的事物是分离的。对萨特来说，你不能成为你所遇到的那棵树，就像那棵树不能成为你一样（You can no more be the tree you are encountering, as the tree can be you.）。根据哲学家罗伯特·伯纳斯科尼（Robert Bernasconi）的说法，"无论是意识，还是'事物'，都没有优先权。"[55] 萨特对意识和外部世界之间的二元区分是相遇的起点，你在那里开始描述熟悉的事物。此外，对景观的描述可以成为设计过程的一个有价值的出发点。

设计过程中的这种现象学可以在福格特景观设计公司的作品中看到。他们的工作方法总是步行范围比项目本身的范围更大，通常是和科学家一起。福格特指出："步行者的视角对我们的规划过程具有根本的重要性，这是我们在设计工作过程中有意识地采用的一种开放空间的视角。不仅设计的空间是重要的，前后经过的空间序列也很重要。"[56] 步行者的体验也转化为他们的设计响应。例如，诺华园区（Novartis Campus）的人行道设计浓缩了他们在巴塞尔地区走过的由梯田、树枝状排水系统和废弃河道组成的隐性景观。然而，这种相遇的尺度已经转变为可以步行一小时体验的维度，一小时正好是诺华员工的午休时间。

现象学的实际应用

否定的空间

萨特认为，缺席是所有想象力的绝对原则[57]。缺席的体验就是萨特所说的"否定"（negation），它是想象意识的有力工具，产生于与世界的相遇，为体验增添色彩并赋予它深度。萨特通过描述皮埃尔房间里的体验来解释否定。皮埃尔在房间里的缺席取决于皮埃尔某一时刻曾经在那里，因此他的缺席被体验为存在。萨特的"存在与虚无"在否定中摇摆，"每一个否定的心理过程都意味着过去和现在的分裂——这个分裂就是虚无。"[58] 下面是萨特对皮埃尔在他的房间里缺席的描述：

> 缺席之人的房间，他翻过的书，他触摸过的物体，本身只是书，是物体，也就是现实。他留下的痕迹只有在他已经被指定为缺席的情况下才能被解读为他的痕迹。皮埃尔的缺席，为了确立或实现，需要一个否定的时刻。如果就我对房间的感知而言，我设想以前的居者已经不在房间里了，那么我就必须产生一种没有任何先验状态可以决定或激励的思想行为，简而言之，在我自己身上实现存在的中断。[59]

萨特将这种现象描述为精神上的中断或存在上的中断。

你是否曾经身处一处居者已不在那里的空间，并且他或她的缺席塑造了你对这个空间的想象意识？

请看“沉沦花园”的图片，由尼古拉·博伊奇（Nikola Bojić）和艾伦·瓦克斯曼（Alan Waxman）为中国杭州西溪国家湿地公园、西湖国际雕塑邀请展设计（图 2.23）。设计师的历史研究表明，公园的建立和随后的发展使当地家庭搬离了原来的居所，抹去了他们与往日景观的联系。博伊奇和瓦克斯曼收集了这些家庭使用的旧船，并将它们重新安置在湿地中。每艘装满草皮的船都向世代生活在这个地区的家庭致敬。在展览开幕当天，每条船都刻上了一个家庭的名字。

这些船是类比物（analogons），萨特认为它们表现了某些真实。类比物的力量和它与缺席的相关性程度成正比。

你认为设计师为什么把船放在水里？

图 2.23
沉沦花园（2012 年），尼古拉 · 博伊奇和艾伦 · 瓦克斯曼，图像由尼古拉 · 博伊奇提供，中国杭州

时间和意识

萨特提出意识的结构建立在这样一个基本前提之上："意识到一个对象并不意味着是这个对象。"[60] 因此，存在有两种形式——自在（en-soi）和自为（pour-soi）。自在指存在但不能意识到自己的东西，例如一条走道，它可以是任何一个人所意识到的东西。自为指不仅存在并能意识到自己，比如说你。自在和自为总是有距离的（在物理上，我的脚不会成为人行道的一部分），但由于意识是有时间性的，所以二者相互关联。因此，在每一个时间点上，我们的意识"虚化"自己的过去，以意识到一个新的情况，而现在则是现在和过去的混合体。这就是经验的时间，或者"我们关注和实践的定性的生活时间，匆匆而过或沉重地压在我们手上的时间，而不是我们与物理自然界共享的定量的'时钟'时间"[61]。

请看林璎的"11 分钟的线"（11 Minute Line）的图片（图 2.24）。这条蛇形线位于瑞典瓦纳斯（Wanås）基金会附近的一个牛的牧场里，灵感来自俄亥俄州的蛇丘。林璎首先绘制了这条线，然后对其进行了三维建模。在这个长 500 米、高 2 米的土丘上行走，大约需要 11 分钟。约翰·比尔兹利认为，这件作品和林璎的其他项目唤起了日本与"间"（ma）相关的审美意识。他解释说："在这个概念中，空间和时间都不是一成不变的，任何一方的存在都离不开另一方。空间是通过时间来体验的；时间是通过空间的运动来衡量的。"[62]

图 2.24
11 分钟的线（2004 年），林璎，图片由瓦纳斯基金会（The Wanås Foundation）提供，图像作者安德斯·诺塞尔（Anders Norrsell），瑞典瓦纳斯

你认为林樱是如何利用生活时间和空间来与测量的时钟时间作对比的？
你认为这与瓦纳斯开阔的田野和遍布的奶牛的乡村环境有何关系？

群体实践

萨特的第三种存在形式，与群体实践或他人的存在（pour-autrui）有关。群体实践在特定的时刻构成自己，强调赋予个人权力，同时承认个人是群体成员。[63] 对萨特来说，这些经验赋予存在以意义，并使我们有义务遵守一套习俗和行为。他还强调了劳动素材（worked-matter）在这种实践中的作用。你每天都会遇到劳动素材，这些经验将我们与集体联系起来。劳动素材包括“我们生活在其中的所有人类印记的物理和文化环境（公交线路、机构、习俗等）”。[64] 有趣的是，这种物质不仅仅是物理性的。正如萨特所描述的，“一张票只有在它被意识支持的情况下才是一张票，而不是一张长方形纸片，但没有它你就无法进入剧院。借助劳动素材，个人和集体通过具体行动或实践，在一个世界中刻画出自身的存在。”[65]

在某些情况下，劳动素材表现为类比物，即图像、感觉或激发想象力的物理元素。例如在自发的纪念活动中人们把劳动素材带到事件的现场。一瓶留在自发纪念活动中的“幸运虎”须后水（Lucky Tiger）不再是一种盥洗用品，而是一个类比物，它通过气味让我们想起逝者，使我们想象他用了须后水后的样子，而不是须后水本身。自为存在在为他人的存在中纠缠着自在存在。请看跨学科设计师 / 艺术家佩切特工作室（Pechet Studio）和戴利景观建筑事务所（Daly Landscape Architecture）设计的小精灵花园（Little Spirits Garden）的图片（图 2.25）。这个花园的设计是为了悼念加拿大不列颠哥伦比亚省维多利亚地区去世的婴儿。该设计作品为 3000 名婴儿中的每一个都制作了一个小小的混凝土房子作为纪念，并鼓励他们的父母和家人带着物品来悼念。

你明白劳动素材是如何用作类比物的吗？
你认为为什么人们觉得有必要把物品带到这个景观和自发的纪念活动中？

图 2.25
小精灵花园(2013年),比尔 · 佩切特及其工作室和约瑟夫 · 戴利景观建筑事务所,图像由约瑟夫 · 戴利提供,皇家橡树墓地公园,加拿大维多利亚

适宜空间

你可以在伯纳德 · 拉叙斯的早期作品中看到萨特的现象学。根据科南的说法,拉叙斯的工作过程“是通过身体的探索过程来完成的”。[66] 这反映了萨特的目标,即使那些不可见的现象变得可见。[67] 并记住“将我们与可见和有形世界联系在一起的多重关系”中的一种。[68] 拉叙斯的花园理论开始于伦敦的 Coracle 画廊;据拉叙斯说,“我在画廊的天花板上挂上黄纸条,在墙边悬挂铅垂线,在地板上放一个水平仪。我这样做是为了打破房间是精确的几何形状的概念……这有关破除误解和审视看似现实的事物”。[69]

现象学的讨论

萨特的现象学一直是哲学家们争论的焦点,特别是莫里斯·梅洛 - 庞蒂(Maurice Merleau-Ponty),他认为身体在现象学中具有最重要的地位。事实上,已经有几本专门讨论他们之间分歧的书出版了。梅洛 - 庞蒂提出的一个普遍的批评点是萨特的自在存在和自为存在的概念。对梅洛 - 庞蒂来说,因为自在和自为对彼此没有影响，这一理论意味着“将意识与世界切断”。[70] 其他学者认为，萨特的二元论是对自在和自为的错误标记，这两种存在“更像是一个连续体，而不是两极的二元论”。[71] 例如，否定会导致存在与虚无之间的摇摆。

现象学在设计过程中的作用也一直是争论的焦点。建筑理论家乔纳森·黑尔（Jonathan Hale）指出，有人指责说：“现象学从根本上说是保守的、落后的，显然过于专注于对所谓的以主体为中心的世界的怀念。”[72] 事实上，以主体为中心的世界的想法受到了后结构主义的挑战。正如你将在《语言》一章中看到的，现象学和结构主义以及后结构主义之间有许多重叠之处。然而，现象学中第一手经验和主观能动性在创造意义方面的优先地位，与结构主义中外部关系系统的优先地位是不一致的。结构主义的支持者认为先验的心智结构影响了经验，因此它们将排除对生活现实的任何直接描述。此外，后结构主义不仅会质疑经验的主观性，而且会质疑人类经验在意义的中心位置。然而，如果人类经验中有一个维度主要是由个人遭遇所决定的，那就是记忆，这将是下一节的主题。

现象学的主要阅读材料

Martin Heidegger, *Phenomenology of Intuition and Expression: Theory of Philosophical Concept Formation*. 马丁·海德格尔，《直觉与表达的现象学：哲学概念形成的理论》

Edmund Husserl, *Ideas Pertaining to a Pure Phenomenology and to a Phenomenological Philosophy – First Book: General Introduction to a Pure Phenomenology*. 埃德蒙·胡塞尔，《纯粹现象学和现象学哲学的观念——第一册：纯粹现象学的总介绍》

Maurice Merleau-Ponty, *Phenomenology of Perception*. 莫里斯·梅洛 - 庞蒂，《知觉现象学》

Jean-Paul Sartre, *Being and Nothingness: An Essay on Phenomenological Ontology*. 让 - 保罗·萨特，《存在与虚无：论现象学本体论》

Jean-Paul Sartre, *The Imaginary: A Phenomenological Psychology of the Imagination*. 让 - 保罗·萨特，《想象的心理学》

记忆和空间的理论基础

> 灵魂仍然可以看到保存在其大脑中的过去的事件，它可以回忆起这些（因为回忆是一种智力活动）。但当它不再有身体时，它就不能形成新的记忆。因为形成记忆需要身体，但丁的“地狱”中的灵魂永远停留在他们的过去，无法形成记忆或将旧的记忆组合成新的思想（为此他们需要身体器官）。[73]
>
> (Mary Carruthers, The Book of Memory, 2004)

作为中世纪文化专家的卡鲁瑟斯指的是杜兰特·德利·阿利吉耶里（Durante degli Alighieri，1265—1321 年，也就是人们熟知的但丁）的叙事诗《神曲》。这首诗描述了但丁的灵魂从“地狱”到“炼狱”，最终到“天堂”的想象之旅。

你认为为什么身体是人类形成记忆的能力的一个重要维度？

卡鲁瑟斯本人指出，这种身体与记忆的联系是基于中世纪多米尼加修士托马斯·阿奎那（Thomas Aquinas，1225—1274 年）的信念，即“感官记忆不会在死亡中幸存”。[74]

但是为什么要关心中世纪修道士的理论呢？

他可能发现了什么。不是关于灵魂，而是关于身体、思想和大脑之间在创造记忆方面的重要联系。最近的神经科学研究发现，你所经历的空间对记忆的形成至关重要。大脑中的特定神经元使你能够在大脑内部构建和引导对外部物理空间的感觉，并构建记忆。[75] 因为你的这部分大脑回路专门用于空间导航和记忆，所以你的身体对物理空间的体验可以产生强烈的记忆。事实上，你的空间记忆可能超过其他类型的记忆。想一想阅读描述风景的文字与实际体验风景之间的区别。

相比你阅读到的风景，你能更生动、更准确地回忆起参观过的风景吗？

在当下回忆空间经验（文化的或个人的）的能力对设计过程至关重要，因为空间记忆可以作为设计的出发点（切入点）。卡鲁瑟斯还指出，记忆可以被用来创造新的东西。这一洞见将过去的遭遇和想象力联系起来，这对于经常被要求与古为新的学生来说是至关重要的。这个观点也体现在建筑师尤哈尼・帕拉斯马（Juhani Pallasmaa）的描述中："记忆和幻想、回忆和想象是相关的，它们总是有一个情景和特定的内容。一个不能记忆的人很难有想象，因为记忆是想象力的土壤。记忆也是自我认同的基础；我们就是我们所记忆的（一切）。"[76]

记忆和空间的重要性

由于景观设计师经常与拥有自我记忆的自然系统打交道，因此必须避免经常将过度的浪漫记忆附加其上。例如，在加利福尼亚，景观设计师们开展了一项大范围的溪流重现项目。河流地貌学家马特・康道夫（Matt Kondolf）认为，许多这样的项目都是用文化记忆扭曲了有关河流冲积系统修复的知识。例如，加利福尼亚的乌瓦斯溪（Uvas Creek）被修复为符合英式花园中的理想化河流版本。这条小溪被设计成一条蜿蜒曲折的单一河道，两边布置着一系列圆木和饱满的巨石。然而，加利福尼亚这一地区的小溪很宽，并有砂砾河床。在这种极端的翻新改造一年后，乌瓦斯溪又恢复了这个特定地区的小溪宽阔而多碎石的样子。康道夫警告说，尽管我们在文化上偏爱在众多的风景画和蚀刻画中看到单一的蜿蜒河道，但"河流通常有记忆，会重回其原始的自然状态，这往往会导致变化和混乱"。[77] 这个例子表明，记忆和类似文化或者自然记忆的不同类型是必须相互区分的。①

记忆和空间的实际应用

框景空间

框景指的是用植被、墙壁，甚至泥土形成垂直的框架，通常用来吸引人们对风景的注意。建筑师唐林・林登（Donlyn Lyndon）认为，"空间成为令

① 译者注：溪流重现项目是指清除覆盖在河流、小溪或排水道上的障碍物，如混凝土或路面，使其恢复原始状态。

人难忘的方式有两种：一种是具有特殊连贯性或力量的规则结构，另一种是通过发生于某一地点的事件。”[78] 景观设计师主要关注第一点——如何形成空间。垂直框架可以使设计师将注意力集中在场地的重要部分。在由玛丽亚・卡法雷纳・德・拉・富恩特（Maria Caffarena de la Fuente）、安德烈斯・加西亚・阿尔卡拉斯（Andrés García Alcaraz）、维克多・科沃斯・马尔克斯（Victor Cobos Márquez）和贝尔纳多・戈麦斯・德尔加多（Bernardo Gómez Delgado）设计的位于西班牙阿尔赫西拉斯的世纪公园（Centennial Park）中，场地内外的重要景点都布置了框景（图 2.26）。作为位于圣加西亚角城的国家公园的一部分，世纪公园提供了望向直布罗陀海峡的视野。在公园道路的转弯处有四个混凝土框架，限定了文化和自然艺术品的空间。这些景点包括直布罗陀岩、为项目创建的观景台以及大西洋和地中海的交汇处。

这些框景实际上都很大，你能想出其他方式来构建空间吗？

残余空间

由于景观设计师经常对现有的场地特征做出设计回应，因此他们会将保留残余空间（remnant space）作为回忆场地空间记忆的一种方式。残余空间

图 2.26
世纪公园（2007年），玛丽亚・卡法雷纳・德・拉・富恩特，安德烈斯・加西亚・阿尔卡拉斯，维克多・科沃斯・马尔克斯和贝尔纳多・戈麦斯・德尔加多，图片由 falconaumanni 提供，https://creativecommons.org/licenses/by-sa/3.0/deed.en，西班牙阿尔赫西拉斯

是场地经历的过程或使用后所遗留的空间。请看伦敦东部由景观设计师阿兰・普罗沃斯特（Alain Provost）设计的泰晤士闸口公园（Thames Barrier Park），注意下沉式花园纵深的空间品质，这个空间的设计从场地以前的工业用途中得到启发。该公园占用了以前的化学和染料厂、军火厂和柏油路厂，通过保留和重新设计 5 米深的干船坞（该地块作为工业用地时的用途），使之成为一个下沉式花园，普罗沃斯特创造了该地块的主要记忆术（mnemonic）特征之一（图 2.27）。

在保留这个下沉空间并使其成为设计的一部分时，你是否了解了那里发生的工业活动的规模？

你认为下沉花园的树篱为什么被修剪为波浪状的图案？

制造的记忆

泰晤士闸口公园表达了场地过去实际的用途，但景观设计也可以通过构建记忆来表达以前的用途。事实上，并非所有的记忆都是对真实事物的描述，每个人都可能构建虚假或扭曲的记忆。请看 MFO 公园的图片，由苏黎世的 Burckhardt + Partner AG 和 Raderschall 景观设计事务所设计（图 2.28）。该公园位于新奥利康（Neu-Oerlikon）地区，这里曾经生产武器和测试设施，

图 2.27
泰晤士闸口公园（2000 年），阿兰・普罗沃斯特和帕特尔・泰勒（Patel Taylor），英国伦敦

图 2.28
MFO 公园（2002 年），Planergemeinschaft MFO-Park burckhardtpartner/raderschall，Burckhardt + Partner AG Architekten/ Raderschall Landschaftsarchitekten AG，图片由马库斯·菲尔兹（Markus Fierz）和罗兰·雷德绍尔（Roland Raderschall）提供，瑞士苏黎世

于 1999 年被拆除。镀锌钢框架体系、铁丝网和电缆表明这是以前的工业建筑，但其结构是新的。众多芳香的藤蔓和爬山虎纠缠在一起攀爬其上。栈桥和楼梯使人们可以对结构进行空间探索和体验不同香味。

你能看出这个设计如何唤起了人们对一座可能根本不存在的建筑的记忆吗？
你认为气味在记忆中扮演什么角色？

童年的回忆

你自己的空间记忆也可以作为设计的催化剂。这种将过去的经历和想象力联系起来的洞察力对设计学的学生来说非常重要。例如艾尔河（River Aire），它的河道从萨莱沃山到法国的山区，然后一直到艾尔平原，有 100 公里的集水区。在 20 世纪 30 年代，它被重新建设为一条混凝土渠道。半个多世纪后，乔治·德孔布（George Descombes）被委托将这一运河的 5 公里河段恢复为一个开放的水系。[79] 德孔布不仅拒绝抹去河流作为渠道的过去，而且还试图揭示他与河道之间充满想象力的联系。他写道：

> 这条河是我童年时的活动范围。我的父亲是个书商，这让我至少在文字上从小就有机会接触到小说家詹姆斯·费尼莫尔·库珀、詹姆斯·奥利弗·柯伍德和约瑟夫·康拉德所描述的美国景观。因此，带着这些印象，我经常带着我的狗去河边，兴奋地期待着遇到一只灰熊或在雪地里行走或战斗的动物。那时，土地、树木和河流似乎很巨大，而我却很小。当然，这一切都变了，尺寸也变了。我变得更高了，而风景变得更小了。[80]

作为回应，德孔布的设计保留了以前渠道化河流的部分笔直的混凝土墙（对运河的记忆），将其与重获自由的河流的缓慢水流（他个人对水路的记忆）并置在一起。

你认为他的反应如何既反映了场地的记忆又反映了他自己的记忆和想象？

你有没有可以作为设计灵感的空间记忆？

你是否记得童年记忆中的风景是巨大的，而当你成年后参观同样的风景时，它却显得很小？

异质化

伯纳德·拉叙斯问道：“异质性（heterogeneity）不是比同质性（homogeneity）更受欢迎吗？”[81]“hetero”这个前缀的意思是其他或不同，而“homo”这个前缀的意思是相同。拉叙斯提出了一个异质化（heterodite）空间，在这个空间里，场地记忆是时间碎片的并置。对于米歇尔·科南（Michel Conan）而言，

> 异质化构成了一种取代了构成的创造性的方法，构成引入的是创造者先验地选择的智力秩序。与构成相反，异质化理论要求突出一个地方的历史碎片，而如何从地方的并置碎片的集合中发现与拓展则由每个人的想象力决定。[82]

拉叙斯认为之所以异质性适合于花园和景观，是因为“没有一个场地是空白的表面，因此不可能应用统一的组织方式，这种方式为了减少异质性会更加趋于破坏对场地的认识”。[83] 请看拉叙斯在法国尼姆-凯撒格（Nîmes-Caissargues）的高速公路休息站的设计（图 2.29、图 2.30）。

在尼姆-凯撒格休息站，拉叙斯对比了两个不同时期的空间实践：勒诺特在巴洛克花园中使用的林荫道空间，以及 20 世纪的高速公路。在拉叙斯的设计中，700 米长的林荫道两侧种有一排排的树木，这是 17 世纪的一项伟大的园林发明。虽然高速公路实际上切断了林荫道，但林荫道的空间边界通过它继续延伸，倾斜指向尼姆的景色。在这里，拉叙斯让 17 世纪和 20 世纪的两种杰出的景观类型——林荫道和开放公路的宏伟空间——碰撞在一起。

你能看出为什么休息站是一个异质化空间吗？
如果拉叙斯将隔音墙放置在场地与高速公路交会处，为什么就不是异质化空间？

图 2.29
尼姆-凯撒格休息站，从剧院立面看向大道（1990 年），伯纳德·拉叙斯，视觉艺术家景观设计师，图片由多米尼克·麦基弗·洛佩斯（Dominic McIver Lopes）提供，法国尼姆

图 2.30
尼姆-凯撒格休息站，大道在高速公路的两侧延伸（1990 年），伯纳德·拉叙斯，视觉艺术家景观设计师，图片由多米尼克·麦基弗·洛佩斯（Dominic McIver Lopes）提供，法国尼姆

记忆和空间的讨论

历史学家丹尼尔・亚伯拉罕森（Daniel Abrahamson）指出："按照传统的理解，记忆包括个人对过去事件的回忆和重建，也就必然包括遗忘。历史代表着文化对过去的官方解释。"[84] 亚伯拉罕森认为，设计师在重建过去时不应该仅仅依靠个人记忆，因为这些记忆很难被评判。例如，你不能质疑德孔布的童年记忆，因为那是他个人的回忆。但你却可以对艾尔河的历史事实提出质疑，比如1876年大坝的建立。因为会有文件、照片以及其他记录可以证实当年的建设。

换句话说，亚伯拉罕森担心社会（尤其是设计专业人员），可能已经忘记了历史的重要作用。历史是有记录的，也是可以辩论的。他指出："如果公众仅仅满足于记住过去，那么当权者就会被赋予太多规划未来的责任。改变需要具备信念的参与；信念则允许指引改变的辩论。记忆不能被辩论，而历史可以。所以，创造历史，而不是记忆。"[85]

你能想到为什么记忆可能会给纪念馆设计或历史保护项目带来问题吗？

空间和记忆的主要阅读材料

Daniel M. Abrahamson, "Make History Not Memory." 丹尼尔・M. 亚伯拉罕森，《创造历史而不是记忆》

Mary Carruthers, *The Book of Memory: A Study of Memory in Medieval Culture*. 玛丽・卡鲁瑟斯，《记忆之书：对中世纪文化的研究》

Marc Treib, editor, *Spatial Recall: Memory in Architecture and Landscape*. 马克・特雷布，《空间回忆：建筑和景观中的记忆》

竞争性空间的理论基础

> 空间具有既抽象又具体的特征：抽象的，是因为它由于其各组成部分的互换性而不存在；具体的，是因为它在社会上是真实的，而且是本地化的。[86]
>
> (Henri Lefebvre, The Urban Revolution, 1970)

在这里，马克思主义哲学家和社会学家亨利・列斐伏尔（Henri Lefebvre，1901—1991 年）采用了术语（抽象和具体）来描述二战后城市发展中的空间商品化（commodification）生产。他认为，城市景观不只是简单由专业人士创造的象征性和功能性空间组成。更确切地说，这些空间是经济、意识形态（ideology）和资本不断磋商的关键地点。它是社会作为一种空间实践真实地再现自己的地方。根据列斐伏尔的说法，“抽象”空间是你在设计时使用的空间。它是可测量的，存在于专业景观设计师、建筑师或规划师的脑中。抽象空间也是一个工具性空间，意味着它在权力关系中起着关键作用。亨利・列斐伏尔使用的“混凝土 / 具体”（concrete 在英语中还有物质的、具体的意思）一词并不是指水泥、水、沙子和砾石的可浇灌混合物。根据列斐伏尔的说法，“具体的空间”更准确地说应该是你所体验的空间。与其说它是测量的空间，不如说是生活的空间。

列斐伏尔研究了法国的墨恩镇（Mourenx）以证明其观点。该镇原本是比利牛斯 - 大西洋省的一个人口稀少的最小的行政区，20 世纪 50 年代，该地区发现了天然气矿藏，这促使法国政府在墨恩建立了一个城镇，容纳成千上万的新工人。列斐伏尔认为，这种住房开发的空间是抽象的，换句话说，是在交换价值（exchange-value）社会中设计师设想出的孤立特征；因此，被牢牢地拴在资本主义的生产、分配和消费链上。但他也认为这些空间特征也是具体的，因为住房类型的分布反映了工人在工厂体系中的地位，“根据社会职业类别分离居民：工人住在平房，主管住在塔楼，管理人员住在别墅”。[87] 正是在这个意义上，墨恩镇成为了一种商品（commodity），一种具体的抽象。

对列斐伏尔来说，住房的采购和设计，即商品化的过程成为空间实践的运作物流。列斐伏尔经常将这些空间实践描述为一个“没有优先朝向或方向（如前面或后面，高或低）的同构空间，在这个空间里物体之间的任何联系既不可能又没有必要”。[88] 当然，列斐伏尔在墨恩镇的经历并不限于法国。在全球范围内，这种类型的城市主义在 20 世纪后半叶传播到许多国家，特别是美国（通过联邦资助的城市更新计划）。许多住房计划受到了建筑师勒 - 柯布西耶（Le Corbusier, 原名 Charles-Édouard Jeanneret）的光明城市计划的启发，该计划将土地用途和交通功能分开，并以各种形式的多户高层住宅和成片的开放空间为特色。请看旧金山西区的重新设计方案（图 2.31）。

图 2.31
新城：旧金山重建（1947 年），公有领域版权

方案中的建筑和开放空间与二战前建造的旧铁板房屋相比如何？
当你设计空间时，你会抽象地构思空间吗？

列斐伏尔对空间的批判后来扩展到欧洲老城区的历史性再开发，他预计这些城市中心将被改造成旅游的专属场所。他写道：

> 处于快速发展的国家轻率地破坏历史空间——房屋、宫殿、军事或民用构筑。如果能从中获利，旧的东西就会一扫而光。而后，也许在加速增长期结束时，这些国家会发现这些空间可能会在服务于文化消费、“文化自身”、旅游和休闲产业方面有几乎无限的前景。当这种情况发生时，他们在“美好时代”（belle époque）中欣然拆毁的一切都会以巨大的代价被重建……在早期的疯狂增长中被消

灭的东西现在变成了被崇拜的对象，以前的实用物品现在成了稀有和珍贵的艺术品[89]。

具有讽刺意味的是，在这篇报道发表 15 年后，人们在巴黎蓬皮杜中心附近列斐伏尔的家中采访了他，他痛苦地抱怨说被“赶出”了自己的公寓。巴黎市因为旅游开发而变得“博物馆化”[90]，他所在街区的公寓通过改造提升了价值，因此，列斐伏尔也受到了自己提出的将设计的空间、权力和资本联系在一起的理论所带来的影响。

竞争性空间的重要性

自风景园林专业成立以来，一个主要关注点是如何创造所有人都能共享的公共空间。19 世纪，弗雷德里克·劳·奥姆斯特德参观了伯肯海德公园，这个项目为利物浦人民提供了 51 公顷（125 英亩）的田园林地，他很想把这种“人民花园”的概念带到美国。这一设想最终在他与建筑师卡尔弗特·沃克斯（Calvert Vaux）为纽约市中央公园制订的计划中得以实现。自奥姆斯特德时代以来，景观设计师们一直在为公共空间而努力。

然而，自 20 世纪 70 年代后期以来，以前的公共开放空间逐渐私有化，这一现象主要发生在城市。通过公私合作的方式，这类城市景观往往受到严格的监控以防止某些人进入，特别是无家可归者和滑板爱好者。城市历史学家 M. 克里斯汀·博耶（M. Christine Boyer）认为，这些类型的城市空间是城市放弃其与市民的社会契约的标志。她在评估纽约市公私合作的重建项目时指出，城市“不再关注极端现代主义（high-Modernist）的愿望，如为大众提供广泛的住房、高效的交通、休闲和工作空间”。[91] 联邦政府对城市项目资金的撤销，工业经济的衰退，以及设计师普遍减弱的社会责任感，为北美城市的新概念打开了大门。根据博耶的说法，这种概念将城市视为旅游和消费的场所，导致了公共空间的私有化和更大的贫富差距——这一批评肯定会引起列斐伏尔的共鸣。

对二战后的功能城市主义的批评、北美公共空间的私有化，以及将历史悠久的城市中心改造成供游客消费的奇观，都表明空间的概念不是中立或客观的，这些空间的概念也不仅仅代表权力。空间（是否）就是权力，正是这种对权力关系的争论可以在设计中得到探索。

竞争性空间的实际应用

乌托邦和异托邦

哲学家米歇尔·福柯（Michel Foucault，1926—1984 年）在他的文章《关于其他空间：乌托邦和异托邦》（“Of Other Spaces: Utopias and Heterotopias”）中概述了他在所有社会中发现的异托邦的概念。他认为乌托邦是不真实的理想化场所，而异托邦是真实的反面场所，属于那些不符合社会规范的人们。对于福柯来说，在西方文化中，他们存在于所有社会中，这些偏离社会的空间包括属于死人（墓地）、病人（医院）或银行抢劫犯（监狱）的地方。

滑板爱好者是一个有趣的社会群体，因为社区往往会不遗余力地禁止他们在为其他活动设计的公共景观中玩滑板。同时，景观设计师们一直在创造特殊的空间，即异托邦，在那里他们可以玩滑板。这些真实的反面场所可以重现带有台阶和扶手的街道景观，或重现看起来像空游泳池的带有下沉空间的郊区景观。尽管有这些努力，但滑板爱好者们仍然继续在城市中占用空间。正如设计师錡熏邱（Chihsun Chiu）所指出的，他们拒绝“接受城市被生产的样子。因此，诸如道路、人行道、栏杆、楼梯和扶手等物理元素被剥夺了它们的象征价值，并被赋予了新的价值”。[92]

请看位于奥地利因斯布鲁克由 LAAC 设计的爱德华 - 瓦尔诺费尔广场（Eduard-Wallnöfer-Platz）（图 2.32）。这个公共广场占地 9000 平方米（2.2 英亩），由混凝土和花岗岩骨料组成的起伏地形经过不同的处理（如喷砂或抛光），创造了一个连续的游戏表面。设计师有意模糊了容纳未经许可的活动（滑板）和许可的活动（如在公园长椅上吃午餐）的两类差异性空间之间的界限。*ArchDaily* 指出，广场上“各种各样的人愉快地共存于其中，从店主到滑板爱好者，到老人，到带着小孩的家庭”。[93]

你能想到在同一景观中共存的其他类型的项目吗？

图 2.32
爱德华－瓦尔诺费尔广场（2010 年），LAAC 建筑事务所，图片由拉尔夫 · 罗莱切克提供，https://creativecommons.org/licenses/by-sa/3.0/deed.en，奥地利因斯布鲁克

颠覆性空间

在《形式》一章中，你读到了颠覆性的干预，嫁接游击队有意颠覆了种植不结果实的行道树的既定做法，把结果实的树枝嫁接到这些树上。颠覆性的空间也可以被创造出来，并作为一种批判的工具。D.I.R.T.（Dump It Right There）工作室的创始人，景观设计师朱莉 · 巴格曼（Julie Bargmann）因其动态行动计划而闻名，该计划将场地材料的再利用作为设计过程的组成部分。巴格曼也以积极倡导公众对景观的公共权利而闻名。当她的工作室被委托设计沃克农场（Voelcker Farm）的哈德伯格公园（Hardberger Park）时（位于圣安东尼奥郊区的 311 英亩退化的后农业用地），她与周围的社区成员密切合作，以实现公园 75% 的管理林地和 25% 的户外活动空间供社区使用。在与邻居和其他社区成员的多次会面中，她注意到有些人不喜欢大规模的移民家庭利用该地区的公园进行户外用餐。这种态度激怒了巴格曼，因为她希望所有的人都能使用这个新公园。请看沃克农场哈德伯格公园的图片（图 2.33）。

图 2.33
哈德伯格公园（2009 年），首席设计师朱莉·巴格曼，D.I.R.T. 工作室，斯蒂芬·史汀生和劳伦·史汀生，斯蒂芬·史汀生景观建筑师事务所，美国得克萨斯州圣安东尼奥

巴格曼做了什么来容纳移民家庭？
这一行为如何具有颠覆性？

剩余空间

剩余空间（residual spaces）利用多余的空间。这些空间通常未被使用或未被规划，虽然它们很可能由某人拥有，但它们往往缺乏任何所有权的迹象，甚至可能被忽视了。剩余空间往往是理想的干预场地。请看旧金山的裂缝花园（Crack Garden）的图片（图 2.34）。在 CMG 景观设计公司所谓的“战术性干预”中，城市后院的一块混凝土板被打出了一系列的垂直线，产生了延伸到下面土壤的裂缝。裂缝中种植了坚韧的植物，它们可以经受环境的考验，并反过来将混凝土地块转化为绿色空间。

图 2.34
裂缝花园（1999 年），凯文 · 康格，CMG 景观建筑事务所，图片由凯文 · 康格提供，美国加利福尼亚州旧金山

你认为为什么 CMG 称之为“战术性干预”？
裂缝花园的长期效益是什么？
你认为他们为什么使裂缝保持一致的线条？

竞争性空间的讨论

关于空间的争议：谁设计和使用它，以及何时和如何使用，通常与性别、种族和阶级问题相关。风景园林教授帕特里夏 · 麦吉尔（Patricia McGirr）认为，越战老兵纪念碑（在本章开头的“空间构建”中讨论过）“成为其大背景下阶级、种族、性别斗争的媒介。”[94] 许多老兵对林璎的设计感到不满，因为它不符合他们熟悉的英雄主义风格纪念碑，而“越战老兵纪念碑：三位军人”的雕像则遵守了这一风格。林璎的设计是反英雄主义的、阴郁的，而且明显是抽象的。麦吉尔还认为，许多退伍军人对设计师本人感到不满。林璎不仅是女性，而且有中国血统，她被归入了亚洲“他者”的类别。

除了性别、种族和阶级问题外，社会日益规避风险、注重安全的特性也是导致景观竞争性的重要因素。对冒险的恐惧和它在许多文化中转变为核心价值是基于社会学家弗兰克 · 弗雷迪（Frank Furedi）所说的“预防原则”，即认为冒险的危险性比不冒险更大。根据弗雷迪的说法，“预防原则已经引起了谨慎的制度化。它提供安全以换取降低期望值，限制增长，阻止试验和变化。”[95] 预防原则对安全行业来说是有意义的；但是，对于景观设计来说，它是一个不恰当的原则。在一些景观中应该鼓励承担风险。例如，为儿童设计的景观应该激发他们的好奇心，并提供挑战的重要成分。然而，无风险环境的虚假希望往往占上风，许多为儿童设计的户外游戏空间都是无菌的，有低矮的、标准化的游戏设备、围栏和橡胶垫——景观设计师海伦·伍利（Helen Woolley）称之为套装游戏设备、围栏、地毯，或 KFC①！[96]

竞争性空间的主要阅读材料

Christine Boyer, “Cities for Sale: Merchandising History at South Street Seaport.”克里斯汀·博耶，《出售城市：南街海港的商品历史》

Michel Foucault “Of Other Spaces: Utopias and Heterotopias.”米歇尔·福柯，《其他空间：乌托邦与异托邦》

Henri Lefebvre, “The Production of Space.”亨利·列斐伏尔，《空间的生产》

注释

1. August Schmarsow, “Essence of Architectural Creation,” *Empathy, Form, and Space: Problems in German Aesthetics, 1873–1893,* intro. and trans. Harry Francis Mallgrave and Eleftherios Ikonomou (Santa Monica, CA: Getty Center for the History of Art and the Humanities, 1994), 281–297 (289). “Das Wesen der architektonischen Schöpfung,” (Essence of Architectural Creation) served as Schmarsow's inaugural address to the University of Leipzig in 1893, and was published a year later by Karl Hiesermann in Leipzig.
2. Harry Francis Mallgrave and Eleftherios Ikonomou, “Introduction,” in *Empathy, Form, and Space: Problems in German Aesthetics, 1873–1893,* intro. and trans. Harry Francis Mallgrave and Eleftherios Ikonomou (Santa Monica, CA: Getty Center for the History of Art and the Humanities, 1994), 1–85 (61).
3. Ibid.
4. For more on the spatial experiences of landscapes in history, particularly during the eighteenth and nineteenth centuries in Europe, see Michel Conan, ed., *Landscape Design and the Experience of Motion* (Washington, DC: Dumbarton Oaks, 2003) and Martin Calder, ed., *Experiencing the Garden in the Eighteenth Century* (Bern: Peter Lang, 2006).
5. Charles Downing Lay, “Space Composition,” *Landscape Architecture* 8 (January 1918): 77–86.
6. Adrian Forty, “Space,” *Words and Buildings: A Vocabulary of Modern Architecture* (New York: Thames & Hudson, 2000), 256–275 (265).

---

① 译者注：kit, fence, carpet 的首字母缩写，与肯德基的英文双关。

7. Christopher Tunnard, *Gardens in the Modern Landscape* (London: The Architectural Press, 1938; 1948), 105.
8. Marc Treib, "Axioms for a Modern Landscape Architecture," *Modern Landscape Architecture: A Critical Review*, ed. Marc Treib (New York: MIT Press, 1993), 36–67 (40).
9. Garrett Eckbo, *Landscape for Living* (New York: Architectural Record with Duell, Sloan, & Pearce, 1950), 62.
10. Sylvia Crowe, *Garden Design* (Woodbridge: Garden Art Press, 1994), 82.
11. Noel van Dooren,"Speaking About Drawing," *Topos: The World of Landscape Architecture* 80 (2012): 43–54, 47.
12. Stephanie Ross, *What Gardens Mean* (Chicago, IL: University of Chicago Press, 1998), 171.
13. Gina Crandell, *Tree Gardens: Architecture and the Forest* (New York: Princeton Architectural Press, 2013), 49.
14. Susan Herrington, "Beauty: Past and Future," *Landscape Research* 41, no. 4 (2016): 441–449.
15. Rosalind Krauss, *The Originality of the Avant-Garde and Other Modernist Myths* (Cambridge, MA: MIT Press, 1987), 158.
16. Marc Treib, "The Nature of Space," *Dan Kiley Landscapes: The Poetry of Space*, eds. Reuben M. Rainey and Marc Treib (Richmond, CA: William Stout Publishers, 2009), 57–78 (58).
17. See Marc Treib, "Dan Kiley and Classical Modernism: Mies in Leaf," *Landscape Journal* 24 no. 1 (2005): 1–12.
18. Daniel J. Levitin, *This is Your Brain on Music* (New York: Dutton, 2006).
19. Susan Herrington, *Cornelia Hahn Oberlander – Making the Modern Landscape* (Charlottesville: University of Virginia Press, 2013).
20. Jane Hutton, "Substance and Structure 1: The Material Culture of Landscape Architecture," Landscape Architecture's Core? *Harvard Design Magazine* no. 36 (2013): 116–123 (123). See also Kenneth Frampton*, Studies in Tectonic Culture: The Poetics of Construction in Nineteenth and Twentieth Century Architecture,* ed. John Cava (Cambridge, MA: MIT Press, 1995).
21. Ibid.
22. William S. Saunders, "Go Productive: The Rice Campus of Shenyang Jianzhu University," *Designed Ecologies: The Landscape Architecture of Kongjian Yu,* ed. William S. Saunders (Basel: Birkhaüser, 2013), 50–55 (50).
23. Elizabeth K. Meyer, "Kiley and the Spaces of Landscape Modernism," *Dan Kiley Landscapes: The Poetry of Space*, eds. Ruben M. Rainey and Marc Treib (Richmond, CA: William Stout Publishers, 2009), 117–143 (139).
24. Gilles A. Tiberghien, "Vegetation as Setting: Living Environment in Miniature," *Intermediate Natures: The Landscapes of Michel Desvigne,* ed. Delphine Costedoat (Basel: Birkhäuser, 2009), 137–149 (147).
25. Ibid., 141.
26. John Hopkins and Peter Neal Interview, "Interview with Sarah Price, Layering Horticulture and Ecological Across the London 2012 Gardens," *The Making of the Queen Elizabeth Olympic Park*, eds. John Hopkins and Peter Neal (Chichester: John Wiley, 2013), 153–164 (154).
27. William Robinson, *Wild Garden*, accessed 20 January 2015, http://babel.hathitrust.org/cgi/pt?id=hvd.32044103115259;view=1up;seq=7.
28. Udo Weilacher, *Between Landscape Architecture and Land Art* (Basel: Birkhäuser, 1996), 117.
29. Emily Waugh, "Interview with Claude Cormier + Associés," Landscape Architecture's Core? *Harvard Design Magazine* no. 36 (2013): 46.

30. Gill Valentine, "Women's Fear and the Design of Public Space," *Built Environment: Women and the Designed Environment* 16, no. 4 (1990): 288–303 (301–302).
31. Peter Walker, *Experiments in Gesture, Seriality, and Flatness*, ed. Linda L. Jewell (Cambridge, MA: Harvard University Graduate School of Design, 1990), 12.
32. Dean Cardasis, "Imaginary Gardens with Real Frogs: Space in the Work of Martha Schwartz," *GSD News* (Winter–Spring 1996): 1–4 (3).
33. John F. Kihlstrom, "Joseph Jastrow and His Duck – Or Is It a Rabbit?" accessed 28 May 2015, http://ist-socrates.berkeley.edu/~kihlstrm/JastrowDuck.htm.
34. E. H. Gombrich, *Art and Illusion: A Study in the Psychology of Pictorial Representation* (New York: Pantheon Books, 1960), 5–6.
35. Dominic McIver Lopes, "Painting," *The Routledge Companion to Aesthetics,* third edition, eds. Berys Gaut and Dominic McIver Lopes (New York: Routledge, 2013), 596–605 (600–601).
36. Sheldon Saul Richmond, *Aesthetic Criteria: Gombrich and the Philosophies of Science of Popper and Polanyi* (Amsterdam: Rodopi, 1994), 48.
37. Arnault Maillet, *The Claude Glass: Use and Meaning of the Black Mirror in Western Art*, trans. Jeff Fort (New York: Zone Books, 2004), 88.
38. Ibid., 113.
39. Luke Morgan, "The Early Modern 'Trompe-L'Oeil' Garden," *Garden History* 33, no. 2 (2005): 286–293.
40. André Mollet, *Le Jardin de Plaisir*, 1651, accessed 28 May 2015, www.oakspring.org/landscape7.html.
41. Gina Pollara "Kahn's Vision Realized," *Four Freedoms Park: A Memorial to Franklin D. Roosevelt,* expanded edition (New York: Four Freedoms Park Conservancy, 2014), 10–11 (11).
42. Harold Osborne "Anamorphosis," *The Oxford Companion to Art* (London: Oxford University Press, 1970), 43–44.
43. Juxtapoz, "Who to Believe? By François Abélanet," 10 July 2011, accessed 28 May 2015, www.juxtapoz.com/current/who-to-believe-by-francois-abelanet.
44. Henry Adams, "Is a 'Garden' the World's Greatest New Artwork? Francois Abelanet's Extraordinary Turf 'Sculpture' on a Paris Plaza Epitomizes a Grand Tradition of Artful Illusion," *The Smithsonian*, accessed 28 May 2015, www.smithsonianmag.com/arts-culture/is-a-garden-the-worlds-greatest-new-artwork-949342/?no-ist.
45. Bence Nanay, "Perception and Imagination: A Modal Perception as Mental Imagery," *Philosophical Studies: An International Journal for Philosophy in the Analytic Tradition* 150, no. 2 (2010): 239–254.
46. John Gage, *Color and Culture: Practice and Meaning from Antiquity to Abstraction* (Boston, MA: Little, Brown, 1993), 220. Also see Johannes Itten, *The Elements of Color: A Treatise on the Color System of Johannes Itten Based on His Book the Art of Color*, trans. Ernst Van Hagen (New York: Van Nostrand Reinhold, 1970).
47. Weilacher, *Between Landscape Architecture and Land Art*, 111.
48. Katherine J. Morris, *Sartre* (London: Wiley-Blackwell, 2007), 39.
49. Edmund Husserl quoted in Dermont Moran, "Pure Phenomenology, Its Method, and Its Field of Investigation," *The Phenomenology Reader,* eds. Timothy Mooney and Dermont Moran (London: Routledge, 2002), 124–133, 125.
50. David Woodruff Smith, "Phenomenology," *The Stanford Encyclopedia of Philosophy* (Winter 2013 Edition), ed. Edward N. Zalta, accessed 28 May 2015, http://plato. stanford.edu/archives/win2013/entries/phenomenology.
51. Ibid.
52. See Maurice Merleau-Ponty, *Phenomenology of Perception*, trans. Donald A.

Landes (New York: Routledge, 2012).
53. Susan Herrington, "You Are Not Here: Sartre's Phenomenological Ontology and the Architecture of Absence," *Footprint: Delft School of Design Journal* 3 (2008): 51–64.
54. See also Adrienne Dengerink Chaplin, "Phenomenology: Merleau-Ponty and Sartre: What is Phenomenology?" *The Routledge Companion to Aesthetics,* third edition, eds. Berys Gaut and Dominic McIver Lopes (New York: Routledge, 2013), 126–136.
55. Robert Bernasconi, *How to Read Sartre* (New York: W.W. Norton, 2006), 26.
56. Günther Vogt, "Foreword: Between Search and Research," in Alice Foxley, *Distance & Engagement: Walking, Thinking and Making Landscape* (Zurich: Lars Müller Publishers, 2010), 8.
57. Jean-Paul Sartre, *The Imaginary*, trans. Jonathan Webber (London: Routledge, 2004), 188.
58. Jean-Paul Sartre, *Being and Nothingness: An Essay on Phenomenological Ontology*, trans. Hazel E. Barnes (New York: Philosophical Library, 1956), 26–27.
59. Ibid.
60. Hazel E. Barnes, "Sartre's Ontology: The Revealing of Making and Being," *The Cambridge Companion to Sartre*, ed. Christina Howells (Cambridge: Cambridge University Press, 1999), 14.
61. Thomas Flynn, "Jean-Paul Sartre," *The Stanford Encyclopedia of Philosophy*, ed. Edward N. Zalta (Fall 2013 Edition), accessed 28 May 2015, http://plato.stanford.edu/archives/fall2013/entries/sartre/.
62. John Beardsley, "Hidden in Plain View: The Land Art of Maya Lin," *Maya Lin: Systematic Landscapes* (Seattle: Henry Art Gallery, University of Washington, 2006), 85–103, 89.
63. Joseph S. Catalano, *A Commentary of Jean-Paul Sartre's Critique of Dialectical Reason* (Chicago, IL: University of Chicago Press, 1986), 161.
64. Barnes, "Sartre's Ontology: The Revealing of Making and Being," 26–27.
65. Ibid., 39.
66. Michel Conan, *The Crazannes Quarries by Bernard Lassus* (Washington, DC: Dumbarton Oaks, 2004) 86.
67. See Jean-Paul Sartre, *Imagination,* trans. Kenneth Williford and David Rudrauf (New York: Routledge, 2012).
68. Bernard Lassus, *The Landscape Approach* (Philadelphia: University of Pennsylvania Press, 1998), 183.
69. Weilacher, *Between Landscape Architecture and Land Art*, 111.
70. Margaret Whitford, "Merleau-Ponty's Critique of Sartre's Philosophy: An Interpretative Account," *The Debate Between Sartre and Merleau-Ponty*, ed. Jon Stewart (Evanston, IL: Northwestern University Press, 1998), 48–65 (53).
71. Bernasconi, *How to Read Sartre,* 26.
72. Jonathan Hale, "Critical Phenomenology: Architecture and Embodiment," *Architecture & Ideas* 12 (2013): 23.
73. Mary Carruthers, *The Book of Memory: A Study of Memory in Medieval Culture* (Cambridge: Cambridge University Press, 2004), 58.
74. Ibid., 58.
75. See Torkel Hafting, Marianne Fyhn, S. Molden, May-Brit Moser, and Edvard Moser, "Microstructure of a Spatial Map in the Entorhinal Cortex," *Nature* 436 (2005): 801–806, and Takuya Sasaki, Stefan Leutgeb, and Jill K. Leutgeb, "Spatial and Memory Circuits in the Medial Entorhinal Cortex," *Current Opinion in Neurobiology* 32C (30 October 2014): 16–23.
76. Juhani Pallasmaa, "Space, Place, Memory and Imagination: The Temporal

Dimension of Existential Space," *Spatial Recall: Memory in Architecture and Landscape*, ed. Marc Treib (New York: Routledge, 2009), 16–41 (18).
77. Mattias Kondolf, "River, Meanders, and Memory," *Spatial Recall: Memory in Architecture and Landscape*, ed. Marc Treib (New York: Routledge, 2009), 117.
78. Donlyn Lyndon, "The Place of Memory," *Spatial Recall: Memory in Architecture and Landscape*, ed. Marc Treib (New York: Routledge, 2009), 64.
79. Mattias Kondolf, "Liberty and Human Access for a Peri-urban River: Restoration of the Aire, Geneva," *The River Chronicle* (7 October 2014): 38–39, accessed 20 January 2016, http://issuu.com/archizoom/docs/the_river_chronicle1?e=3753097/9671038#search.
80. Georges Descombes, "Displacement: Canals, Rivers, and Flows," *Spatial Recall: Memory in Architecture and Landscape*, ed. Marc Treib (New York: Routledge, 2009), 123.
81. Lassus, *The Landscape Approach*, 53.
82. Conan, *Crazannes Quarries by Bernard Lassus*, 90.
83. Lassus, *The Landscape Approach*, 65.
84. Daniel M. Abrahamson, "Make History Not Memory," special issue on "Constructions of Memory," *Harvard Design Magazine* (Fall 1999): 78–83 (78).
85. Ibid., 83.
86. Henri Lefebvre, quoted in "Critique: Space as Concrete Abstraction," *Henri Lefebvre on Space: Architecture, Urban Research, and the Production of Theory*, Łukasz Stanek (Minneapolis: University of Minnesota Press, 2011), 133–164 (155).
87. Henri Lefebvre, quoted in "Research: from Practices of Dwelling to the Production of Space," *Henri Lefebvre on Space*, Stanek, 109.
88. Stanek, in "Critique: Space as Concrete Abstraction," *Henri Lefebvre on Space*, 145.
89. Henri Lefebvre, "The Production of Space," *Rethinking Architecture*, ed. Neil Leach (London: Routledge), 139–146 (143).
90. Henri Lefebvre, *Writings on Cities*, eds. and trans. Eleonore Kofman and Elizabeth Lebas (Oxford: Blackwell, 1996; 2000), 209.
91. Christine Boyer, "Cities for Sale: Merchandising History at South Street Seaport," *Variations on a Theme Park: The New American City and the End of Public Space*, ed. Michael Sorkin (New York: Hill and Wang, 1992), 181.
92. Chihsin Chiu, "Streets versus Parks: Skateboarding as a Spatial Practice in New York City," *Urban Environments*, Environmental Design Research Association 38th Annual Conference, 101–107, accessed 29 May 2015, www.edra.org/content/streets-versus-parks-skateboarding-spatial-practice-new-york-city.
93. See "New Design for Eduard Wallnöfer Platz Public Square / LAAC Architekten + Stiefel Kramer Architecture," *ArchDaily*, 2 August 2011, accessed 7 May 2015, www.archdaily.com/?p=155050. Also see Karl Grimm and Dagmar Grimm-Pretner, "Urban Landscape in Motion," accessed 29 May 2015, www.playground-landscape.com/en/article/view/905.html.
94. Patricia L. McGirr, "Vietnam Veterans Memorial: Landscape and Gender in the Twentieth Century," *Shared Spaces and Divided Places: Material Dimensions of Gender Relations and the American Historical Landscape*, eds. Deborah L. Rotman and Ellen-Rose Savulis (Knoxville: University of Tennessee Press, 2003) 62–85 (81).
95. Frank Furedi, *Culture of Fear: Risk-taking and the Morality of Low Expectation* (London: Continuum, 2002), 9.
96. Helen Woolley and Alison Lowe, "Exploring the Relationship between Design Approach and Play Value of Outdoor Play Spaces," *Landscape Research* 38 (2013): 53–74.

第 3 章　材料

材料的使用、处理和装配是景观设计的关键维度，因为人们经常与景观的材料直接接触。材料也可以传达信息。景观理论家乌多·魏拉赫尔认为，“材料是影响作品的比喻和象征性信息的媒介。”[1] 由于材料构成了景观的物理属性，材料的生产方式——提取、采集、铸造或培育——具有强大的生态和社会影响。二战后，景观设计师们渴望使用平民可获得的新材料。以前与战争有关而被限制的材料和制造模式成为景观设计师和建筑师的可替代资源，这两个行业都开始使用战后的材料、商品和体系创造出现代的设计词汇。得益于批量生产和全球分布，许多材料成为了现代景观的象征。由美国铝业公司（ALCOA）赞助，加勒特·埃克博 1956 年设计的美国铝业公司预想花园（Forecast Garden），将铝材作为极佳的户外材料进行推广，它重量轻、不生锈，而且容易打孔，适用于格栅棚架等。[2] 直至 20 世纪 80 年代后期的《布伦特兰报告》（*Brurdtland Report*）发布，加上人们认识到人类活动导致了气候急剧变化，才促使许多景观设计师在选择材料时开始考虑生态影响。

物质性的理论基础

> 物质是通过一种奇怪的因果关系定义，让时间从过去流向现在而产生的；物质性是通过让时间从未来流向现在而产生的，并对能动性被发现的许多场合作出现实定义。当前的悖论是，相对于大多数其他人来说，这一点对许多科学家是显而易见的。[3]
>
> (Bruno Latour, “Agency at the Time of the Anthropocene,” 2014)

物质性为设计提供了一个理论视角，因为它超越了将材料仅仅理解为物质——它的实体、形状、体量和表皮——而是将材料作为连接当下与未来的中介。

在前面的引文中，科学哲学家布鲁诺·拉图尔（Bruno Latour）是这样区分物质和物质性的。如果你仔细阅读他的定义，物质是从“过去到现在”的流动，而物质性是面向未来的。你预计物质在未来会有什么变化？物质随着时间的推移如何相互作用？以及它们是如何被转译的？这些都是关于物质性的关键问题。[4] 拉图尔的物质性是行动者网络理论的一部分，你将在《系统逻辑》一章中阅读到。对物质性而言重要的，是它与物质符号学的关系，它将对意义的研究从传统的关注语言扩展到关注承载意义的物质过程和技术设备。正如地理学家史蒂夫·辛科利夫（Steve Hinchliffe）所观察到的，“物质符号学最重要的是使人们能够识别人类和非人类的时间和空间，以及它们在共同构成世界中的角色。”[5] 此外，拉图尔还强调了能动性，“能动性被发现的许多场合”。这里的“能动性”是指人或物的行动能力，这一观点将在本章末尾的“后果主义”部分具体论述。

唯物主义思想的起源可以追溯到苏格拉底之前的希腊哲学家。古代唯物主义认为，从你的感觉和思考到天体系统，宇宙中所有现象的根本来源是自然。这种观念还认为：“自然独立于心灵而存在，但没有任何心灵可以脱离物质而存在。物质世界早在人类或任何其他生物出现之前就存在了。”[6] 18 世纪，保罗·亨利·蒂尔（Paul Henri Thiry），保尔·霍尔巴赫（Barond' Holbach，1723—1789 年）出版了《自然的体系：或论物理世界和精神世界的法则》（*The System of Nature or, the Laws of the Moral and Physical World*），在哲学的唯物主义框架内描绘了宇宙。他认为，每一个事件或行动，甚至思想和感情，都是受自然法则支配的物理物质相互作用的结果。这个版本的哲学唯物主义认为，一切事物，包括你的意识和思想（心智），都与物质有偶发的因果关系。当然，随着物理学不断更新有关物质的概念，唯心主义者和科学家也一直在争论唯物主义中关于物质的概念。由于唯物主义者否认精神的存在，唯物主义与大多数宗教的宇宙观相抵触。在这里，哲学唯物主义的重要意义是，你在设计中塑造了物质，一种特定类型的物质这一事实，以及在这样做的过程中，你有机会思考和表达心灵和物质之间的因果关系。

除了哲学唯物主义，物质性也因其在物质文化研究中的应用而形成，物质文化研究最初是从考古学、人类学和社会学中发展出来的。物质文化研究的目标是通过分析一个特定的群体或社会的人工制品来收集知识——包括他们的物品、资源和空间——从花园到建筑到杯子到针垫。正如物质文化教授乔伊斯·希尔·斯通纳（Joyce Hill Stoner）所定义的那样，“物质文化是对历史和日常物品的拆封或挖掘，以发现定义周围社会的内在思想和概念”。[7] 因此，研究一个特定景观的物质状态和潜在禀赋，将向你传达一些关于塑造该景观的人和动物的信息——他们的信仰和习俗。拉图尔对物质性的当代定义强调，物质在物质文化中的价值不仅在于它的物理属性，还在于它的阐释性潜力。

物质性的重要性

物质性对于景观设计师来说，就像文字对于作家一样。如同作家，景观设计师不仅要了解材料的特性，还要了解它们“信息传达”的维度。物质性很重要，因为它构成了设计项目完成后人们长期与之互动的物理性物质形态。仅举几个互动的例子，人们触摸、行走或坐在材料上面，而预测这些互动所产生的特定体验往往是设计师的一个关键目标。景观设计师安德里亚·科克伦（Andrea Cochran）反思了人行道上砾石的使用及其听觉体验。她指出，“当你走在某个东西上并听到声音就能体会到感官质量，使用材料来塑造空间体验是我工作的核心。”[8]

正如拉图尔所指出的，物质性也与信息传达有关。在景观设计中，大地艺术家启发了许多设计者选择和塑造材料，以传达他们的设计与场地历史、特定文化或自然系统的关系。大地艺术家与景观设计师共享类似的材料调色板：地形、水、阳光、阴影、植物、岩石、混凝土、人造物品等。迈耶认为，如罗伯特·史密森（Robert Smithson）的《螺旋防波堤》（*Spiral Jetty*）、迈克尔·黑泽尔（Michael Heizer）的《双重否定》（*Double Negative*）、瓦尔特·德·玛利亚的《闪电场》（*Lightning Field*）和罗伯特·欧文（Robert Irwin）的《九个空间，九棵树》（*Nine Spaces*, *Nine Trees*）这样的大地艺术作品使景观设计师产生了共鸣，因为“它们的创作者利用规则的形式将注意力集中在一个地方和它的特殊品质上——它古老的自然历史、它深厚的时间、它重复的自然周期和过程，这些对一种分散（distraction）和脱离（disengagement）的文化来说几乎是看不见的”。[9]

物质性也与学习有关，特别是对于那些不具备读写能力的人，如幼儿。发展心理学家让－皮亚杰的建构主义学习观认为：

> 知识不是现实的复制品。认识一个物体或者事件，并不是简单地看着它并在脑海中复制或想象。认识一个物体就是对它采取行动，修改、转化对象，理解这种转化的过程，并因此理解对象的建构方式。[10]

对于幼儿来说，景观的物质性是非常重要的，因为他们通过对物体和材料的探索了解和学习这个世界。儿童在对物理世界进行自发的感官探索时，会拉、拽、把东西放进嘴里，并根据他们看到、听到、闻到、尝到和触摸到的材料编故事。这就是他们的学习方式，所以为儿童设计的景观材料是非常重要的。

物质性的实际应用

辩证唯物主义

正如导言中所讨论的那样，辩证法（dialectical）过程起源于西方哲学传统，是一种涉及矛盾思想或对立力量的辩论方法。哲学家乔治・威廉・弗里德里希・黑格尔（Georg Wilhelm Friedrich Hegel，1770—1831 年）提出了一种辩证的方法来替代知识发展中的线性过程。黑格尔的辩证法过程包括正题、反题以及它们的不断统一达到综合（合题）。大地艺术家罗伯特・史密斯森在他的文章《弗雷德里克・劳・奥姆斯特德与辩证景观》（“Frederick Law Olmsted and the Dialectical Landscape”）中，将辩证法解释为物理过程，并认为奥姆斯特德设计的公园是辩证唯物主义的一种形式。[11] 结合辩证法和唯物主义哲学传统，卡尔・马克思（Karl Marx，1818—1883 年）和弗里德里希・恩格斯（Friedrich Engels，1820—1895 年）的辩证唯物主义认为，决定你是谁的不仅是你的意识，还有你的社会性和社会的产物。换句话说，“物质自身存在的状况本身决定了我们理解它们和我们自己的方式。”[12] 每天走过的街道、干道和高速公路帮助你确定意识。这是辩证的，因为这些大道不是孤立的客体，而是被人类的主观性所改变的物质材料，例如街巷在每周二上午都会被摆上垃圾桶，高度可见的十字路口会被贴上促销广告，高速公路两侧的隔音墙上会被喷上涂鸦。马克思的唯物主义是辩证的，因为它是自我认知的主体（人类的主体性）与劳动或物质生产所创造的物质世界之间的互动。[13]

请看乔恩·皮亚塞基（Jon Piasecki）设计的美国纽约州的斯通河（Stone River）的图片（图 3.1）。皮亚塞基徒手在树林中修建了 244 米长（800 英尺）的道路。他用手推车拉来近 400 吨的石头，这些石头的布置考虑了相互之间的关系，以及每块石头与植物、树木、倒下的枯木和碰到的石墙的关系。皮亚塞基在回顾自己的劳动时指出："今天，设计和制造通常是不同的事情。劳动被贬低了。默默无闻的人们辛苦地生产着我们的需求品，机器满足着我们的需求和欲望的同时，也使生产阶级非人性化，并掠夺了土地。当然，机器是必不可少的，设计和制造之间的一些脱节是不可避免的，但这个项目公开提出了质疑：是否我们对虚拟的迷恋远远超过了现实，或者对设计的迷恋远远超过了建造？"[14]

你同意风景园林和广义的社会降低了劳动力的地位吗？
他为什么要独自建造，为什么没有使用建设团队？

媒介就是信息

媒介一词与物质性密切相关，指的是做事的方法，或事物是如何传播或者表达的。传播理论哲学家马歇尔·麦克卢汉（Marshall McLuhan，1911—1980 年）创造了"信息即媒介"（message is the medium）这一术语，用以描述媒体如何深刻地改变我们的思维和行为方式。对麦克卢汉来说，信息就是上述变化，而媒介就是"我们自己的所有延伸"（any extension of ourselves）。[15]"麦克卢汉总是在生长介质（growing medium）的意义上思考媒介，就像种子种入盆栽中肥沃的土壤，或者培养皿里的琼脂一样。换句话说，作为我们身体、感官或心灵的延伸，媒介是任何激发变化的东西。"[16]他还认为，人们过多地强调革新的内容，而忽视了传递内容的方式。因此，社交网站的有价值的信息不是网站上的内容，而是它改变了我们合作的方式，对特殊项目或技术发明资助的方式，以及广义的社交方式。

请看艺术家贝内迪克特·格鲁斯（Benedikt Gross）设计的燕麦试验田（Avena + Test Bed Planting）（图 3.2）。这片位于德国昂特瓦尔德豪森（Unterwaldhausen）的 11.5 公顷的田地（28 英亩），85% 的区域种植了燕麦（avena sativa），15% 的区域种植了 11 种不同的野花和草本植物。然

图 3.1
斯通河（2009 年），乔恩 · 皮亚塞基，图片由乔恩 · 皮亚塞基提供，美国纽约

而，格鲁斯种植这片田地的方式与标准的田地种植方法非常不同。他使用算法和通过全球导航卫星系统（GLONASS）增强的全球定位系统（GPS），对燕麦、野花和草药的种植位置进行了数字化绘制。他驾驶一辆专用拖拉机，以 3 米 ×3 米的分辨率精确地播种。[17] 格鲁斯说："可以说在过去的 50 年里，

图 3.2
燕麦试验田——农业印刷和改变的景观（*Agricultural Printing and Altered Landscapes*，2013 年），贝内迪克特·格鲁斯，图片由 Florian Vögtle 拍摄、贝内迪克特·格鲁斯提供，德国昂特瓦尔德豪森

为了扩大规模和提高效率，一切农业生产都是机械化的，但农业的下一阶段是数字化和精准农业，小到单株植物的一切信息都将被记录下来”[18] 通过增加田间植物的种类和数量，格鲁斯设想这种新的种植方式将取代单一栽培农业，即在大面积土地上成列种植相同或相似的植物。单一栽培制约了生境价值，而且常需要使用农药来防止因极端气候变化、病虫害泛滥引起的大规模作物歉收。

这个实验将如何改变我们利用种植手段塑造景观的方式？
你如何评价设计师创造的图形？
他是如何收割燕麦的？

物质实践

由建筑师斯坦·艾伦（Stan Allen）倡导的物质实践涉及物质转化的活动，“以产生新的对象和新的物质组织。”[19] 艾伦认为，“尽管物质实践致力于物质转化，但必须通过投影、符号或计算等抽象代码的媒介工作。以这种方式不断地融合媒介，物质实践从物质本身和融合过程中产生新的概念。”[20] 艾伦将物质实践与物质性本身区分开来。他认为物质实践只是暂时地受惠于物质。

请看费迪南德·路德维希（Ferdinand Ludwig）、奥利弗·斯托兹（Oliver Storz）在德国康斯坦斯湖边建造的人行桥的图片（图 3.3）。首先建造一个 2.5 米高的金属结构，然后将柳树苗与结构紧密相连。随着柳树的生长，它们可以承载更多重量。几年后，结构工程师给予这些柳树“植物健康认证”，表明是时候移除结构柱了，这样柳树就独立支撑起人行桥。斯托兹说：“每一个结构都是虚构和现实的融合……我们必须服从树木本身的结构规则。”[21] 树木取代了柱子，它们的根系取代了地基，形成了一种新型的人行桥。

图 3.3
人行桥（2005 年），费迪南德 · 路德维希、奥利弗 · 斯托兹和汉内斯 · 施韦特费格，图片由费迪南德 · 路德维希提供，德国康斯坦斯湖

你认为设计师需要做哪些计算来确定柳树的数量？
人行桥是否暂时借用了材料的某些特性，还是可以使用其他材料？
他们为什么选择柳树？
除了树的结构逻辑之外，设计师还需要考虑什么？

设计师指出，这“并不像听起来那么容易。例如，如果金属紧固件阻碍了树液的流动，树就会有‘被勒死的风险’。建筑师们不得不用树枝制成的‘树液旁路’来保证树木存活”。[22]

编码

编码表达了设计中材料的塑造或操作方式。“在材料的加工过程中，可以将有关这个过程的信息进行分层标记。这样的模板标记（formwork markings）可以成为调整形式的主导逻辑。”[23] 例如，混凝土的形成过程往往是编码的来源。请看由保罗·亨西（Paul Hensey）和雷默·佩德莱斯基（Remo Pedreschi）为英国皇家园艺学会切尔西花展（RHS Chelsea Flower Show）设计的芬丘奇花园（Fenchurch Garden）（图 3.4）。用于钢筋混凝土的织物膜使设计师能够创建混凝土元素，表达混凝土是如何形成的，与其他成型系统（如木框）相比，织物膜浪费的材料更少。设计师浇筑钢筋混凝土时使用了构造纤维膜来代替传统模板，相对于木模板之类的成型系统可以节省更多材料。

这个编码过程所说明的混凝土的施工过程和基本特性是什么？

图 3.4
芬丘奇花园，保罗·亨西 / 极乐世界设计与雷莫·佩德雷斯基，爱丁堡艺术学院，爱丁堡大学，图片由雷莫·佩德雷斯基提供，2009 年皇家园艺学会切尔西花展，英国伦敦

物质性的讨论

在设计领域，物质性相关理论是对 20 世纪后期发展起来的批评实践（critical practices）的一种替代。正如建筑师罗伯特·麦克纳尔蒂（Robert McAnulty）所指出的，“关注分析、解释和表现的老式的批评实践被摒弃了。”[24] 设计师们寻求规范性的理论，而不是推论性的理论，追求有助于创造一个生态良好的环境的理论，而不是关注揭示设计中意识形态的理论。“对于新的唯物主义来说，即使是最诱人的形式也必须有一个更高的标准——它们是否符合一些不言而喻的‘性能’标准？”[25] 麦克纳尔蒂还认为，唯物主义关于设计的思想经常被认为与形式主义相反。然而，他指出，“强调材料的性能而忽略形式的构型，这种反形式主义的论点从一开始就是站不住脚的。将物质与形式分开是不可能的，物质从来不是没有形状的，媒介总是具有某种形式。”[26]

对于景观设计师来说，大部分的物质性已经存在了。无论是天气，还是场地现状都具有物质性。风景园林领域一直在讨论的物质性的一个维度是“媒介特性理论”（medium-specificity）。由艺术评论家克莱门特·格林伯格（Clement Greenburg）提出的“媒介特性理论”主张艺术品的材料是该作品的决定性因素。格林伯格的理论深受目的论（teleology）的影响，“在目的论中，艺术史将自己确定为一个纯化的过程，每一种艺术都被精减到其本质，即其媒介的具体品质。”[27] 对于传统的艺术门类，例如绘画，只有画在画布上的色彩才能定义为一幅画。但是，常规意义上景观设计的媒介特性是什么呢？

简·吉列（Jane Gillette）在她的文章《花园能有意义吗？》（“Can Gardens Mean?”）中提出了一个问题。她提供了一份花园元素的清单，他们共同组成了花园的媒介，“湖泊、河流和喷泉等水体；各种铺装；墙壁、长凳、雕像；场地竖向；从石窟到寺庙等特色构筑物（folly）；以及花、树、石头和灌木”。[28] 在《花园的意义》（“Gardens Can Mean”）一文中，我解释说，艺术家一直在挑战艺术媒介特性的范畴。像包豪斯、瓦尔特·本杰明、安迪·沃霍尔的工厂，还有大地艺术家这样不同的运动和人物层出不穷，都试图使传统的类别更加多孔（porous），而不是限定于某种材料。许多艺术类别受到了挑战，因为它们无法完全解释我们当前的大规模生产、数字媒体和文化差异的世界。景观设计师也对传统的景观材料清单中的媒介特性提出了挑战。在玛莎·施瓦茨、肯·史密斯（Ken Smith）和克劳德·科米尔创作的众多花园和景观中，材料在当今时代得到了积极探索。

物质性的主要阅读材料

Bruno Latour, "Agency at the Time of the Anthropocene." 布努诺·拉图尔，《人类世的能动施为》
Robert Smithson, *Robert Smithson: The Collected Writings*. 罗伯特·史密森，《罗伯特·史密森：文集》

材料真实性的理论基础

> 材料……之所以重要，是因为它们可以被处理的方式。石头和玻璃都不具备任何本质或"真实性"，也没有哪种材料是唯一适用于我们这个时代的。整个问题在于材料如何被塑造和转化，如何成为以前没有过的东西，如何超越自身。[29]
>
> (David Leatherbarrow, "Material Matters," 2009)

在这里，建筑理论家戴维·莱瑟巴罗提指的是材料的"真实性"，自从艺术评论家约翰·罗斯金（John Ruskin，1819—1900年）在19世纪将材料的"诚实使用"问题带到设计思想的前沿以来，这个问题一直困扰着设计师。在《建筑的七盏明灯》（*The Seven Lamps of Architecture*，1849年）中，罗斯金设想每盏灯都可以作为设计过程中材料选择的指南。他的建议在很大程度上是对铸铁等工业材料的回应，这些材料在他生前越来越多地被用于建筑和工程结构。罗斯金提出的原理包括：献祭——为上帝服务的人类技艺；真实——诚实地使用材料和结构；力量——用体量、光线、阴影来影响人类的思想；美感——受自然启发的装饰；生命——建筑应该以人类双手所能承受的工作强度来建造；记忆——建筑应该尊重当地文化；遵从——避免为其自身而进行原创。

罗斯金特别反对把材料伪装起来，或者让一种材料看起来像其他东西。他认为，"用水泥盖住砖头，用缝隙分割水泥，使其看起来像石头，这是在造假。”[30] 材料的真实性也体现在威廉·罗宾逊（William Robinson）对法国公园的评价。在参观巴黎肖蒙山公园（Parc des Buttes-Chaumont）时，罗宾逊指责了人造岩石的使用。我们看到的“不是真正的石头，而是堆在石头上的灰泥……虽然从洞里可以长出一些植物，但整体上光秃秃的特征却无法被掩盖”。[31] 请看巴黎肖蒙山公园栏杆的图片（图 3.5）。根据景观历史学家安·科马拉（Ann Komara）的说法，工程师让-查尔斯·阿道夫·阿尔方（Jean-Charles Adolphe Alphand，1817—1891 年）“模仿原木或树枝的样子设计了贯穿公园的钢筋混凝土楼梯立柱和扶手”。[32]

图 3.5
肖蒙山公园栏杆，法国巴黎

哪些是罗宾逊不赞成的呢?

阿尔方在巴黎的设计完成 50 多年后，钢筋混凝土被使用更多是因为其表现潜力，而不是其模仿能力。在巴黎举行的现代装饰和工业艺术国际展览会上（1925 年），罗伯特・马利特 - 斯蒂文斯与雕塑家简・马特尔（Jan Martel）和乔尔・马特尔（Joel Martel）合作，在他们的“现代生活花园”（Jardin de l' habitation modern）中，用混凝土板制作了树木，以充分探索钢筋混凝土的广泛用途。然而，这些树没有得到很好的评价，因为评论家认为它们是一个不幸的笑话。[33] 请看罗伯特・马利特 - 斯蒂文斯的混凝土树的图片（图 3.6）。

这种混凝土的使用与肖蒙山公园的栏杆有何不同?
哪一个更诚实呢?

在 20 世纪现代建筑师和景观设计师一直保持着对“材料真实性”的关注，因为设计师不相信幻象，特别是历史幻象。对材料的诚实使用成为现代建筑的一个原则，早期对现代风景园林的思考也是如此。在《现代景观中的花园》（*Garden in the Modern Landscape*，1938/1948 年）一书中，滕纳德主张：

图 3.6
现代生活花园（1925 年），罗伯特・马利特 - 斯蒂文斯和简・马特尔，公有领域版权，法国巴黎

“只要不试图掩盖材料，就不会出现人工的痕迹。大多数混凝土铺装的目的是替代石材；在铺设疯狂或随意的线路中甚至鼓励欺骗，铺装这种材料的道路或露台在任何环境中都有一种拙劣的不合适的氛围。”[34] 滕纳德更喜欢圣安山庄的铺装，“它没有假装自己是别的东西；每块混凝土板的纹理和形状都像机器一样精确和规则，没有试图使它们看起来更像自然形成的。”[35]

极简主义雕塑家在他们的作品中也避免幻象和个人表达，而是通过对红砖或工业产品等建筑材料的布置消除艺术家的手工痕迹。艺术评论家罗莎琳德·克劳斯在描述卡尔·安德烈（Carl Andre）和唐纳德·贾德等艺术家的极简主义作品时解释说：“这些艺术家反对雕塑幻象主义，这一幻象主义将一个材料转换成另一个的能指，将雕塑对象（客体）从真实的（字面意思的）空间和场所抽离到隐喻的空间和场所，例如把石头雕刻成一块肉。”[36] 极简主义艺术家对非传统艺术材料的选择也试图改变传统的转译实践——意义的创造者从艺术家转变到观众。

> 对于极简主义艺术来说，“意义”并不是艺术作品内在的东西，而是源于艺术家的思想，通过构图体现。甚至没有什么“艺术性”的惯例、细节或事件会促使我们考虑艺术品可能会具有内在的内容。相反，任何意义都是在我们对它的反思性理解中积极创造出来的。[37]

材料真实性的重要性

材料的诚实使用与它们的建构和表现能力有关。因此，对设计师来说，了解这些能力是特别有价值的。正如弗兰姆普顿所建议的，材料建构的构造可以形成设计的诗意层面。他指出：“我指的不是单纯揭示材料的构造技术，而是它的表现潜力。构造可以说是建筑的诗学，因而它是一种艺术，但在这方面，艺术的维度既不是具象的，又不是抽象的。”[38] 从本质上讲，使用材料进行建造是景观表现的最基本特征。

此外，通常情况下景观项目的场地已经有了材料特征，例如场地的土壤和基岩。通过使用和重塑或揭示场地材料，你可以传达一些关于场地设计之前的信息，这个主题将在下一节讨论。这种做法也可以减少设计对环境系统的影响，这个问题将在本章的最后一节“后果主义”中详细讨论。

材料真实性的实际应用

构造表达

材料拥有一种与它们的特性有关的构造逻辑与物理能力，可以在设计中得到表达。材料的强度、浮力、弹性，或者它在切割或打磨时的角度都是一种构造表达。松散的材料有安息角（休止角），这在佩德拉·托斯卡公园（Pedra Tosca Park）得到了体现。请看 RCR（Rafael Aranda，Carme Pigem，Ramon Vilalta）建筑事务所设计的公园（图 3.7）。该公园位于奥洛特火山区域，该区域的地质非常特殊，有 40 个火山锥和大量的熔岩流。[39] 佩德拉·托斯卡公园曾经是农场，需要清理掉场地内 1.5~2 米厚的玄武岩巨石层才能使土地适于耕种。设计师利用这些凝固的火山熔岩和考登钢（或耐候钢，因为它会迅速氧化产生铁锈，实际上会强化材料）来定义新公园的入口和出口方式，并以此来表达该地区的文化和自然历史。

景观设计师朱利安·拉克斯沃西（Julian Raxworthy）指出："墙壁的细节出奇地简单：大约 500 毫米宽的钢板以栅栏式排列，高约两米，中间有

图 3.7
佩德拉·托斯卡公园（2004 年），RCR 建筑事务所，公有领域版权，奥洛特火山自然公园，西班牙加泰罗尼亚

75 毫米的缝隙，透过这些缝隙可以看到后面堆积的岩石。”

你能看出构造的表达含义吗？
通过这种材料的安息角，成堆的岩石表达了什么？
什么决定了钢板间缝隙的大小？

地貌动因

请看福格特景观事务所（Vogt Landscape Architects）设计的位于瑞士巴塞尔的诺华园区公园（Novartis Campus Park）内的台地景观（图 3.8）。设计团队在设计过程中通过大量的实地考察、地图分析和模型制作，在莱茵河谷的堤坝上发现了一处由罕见的冰川沉积物组成的“隐藏景观”。福格特景观设计公司试图寻找表达这种材料的动因，并将设计构想为“史前莱茵河上游山谷的模型”[41]。台地景观作为仿效山谷地貌的小尺度缩影，供公园使用者观赏。[42] 台地的建造利用了从公园下方的停车场挖掘出来的黏土和莱茵砾石，台地中布置出通道作为公园的道路。当材料稳定后，设计师用蚀刻和凿切的方法在台地陡坎上表现出丰富的砾石肌理。[43]

图 3.8
诺华园区公园的台地景观（2006—2016 年），福格特景观事务所，图片由克里斯蒂安 · 福格特提供，瑞士巴塞尔

这些质感和刻痕是如何产生冰川纹路效果的？

石材面层

面层（aspect）是一种因不同处理工具和自然色彩而产生的材料变化效果。设计师可以通过不同的表面处理方法来展示石材的不同条纹和脉络。请看奥雷·布尔广场（Ole Bull Plass）的图片（图 3.9）。这是一个以挪威卑尔根的小提琴家和作曲家奥雷·布尔（Ole Bull）命名的公共广场，由景观设计师阿尔内·塞伦（Arne Saelen）设计。广场的设计采用了两种类型的石材——带有粉色脉络的当地灰色片麻岩和粉色花岗岩，以及七种不同的面层处理——“自然面、粗表面（菠萝面）、细表面（荔枝面）、火烧面、机割面、打磨面、抛光面”，创造出一种微妙多样的色泽和肌理。[44]

你能看出雨水是如何使广场的石材面层变得更漂亮的吗？

图 3.9
奥雷·布尔广场（1993 年），阿尔内·塞伦，图片由阿尔内·塞伦提供，挪威卑尔根

材料暗示

材料可以暗示或关联到人们可能看不到的场地情况。请看纳尔逊·伯德·沃尔茨（Nelson Byrd Woltz）为马里兰州的北贝塞斯达市场（North Bethesda Market）设计的台阶（图 3.10）。首席设计师托马斯·L. 沃尔茨（Thomas L. Woltz）表示，该地区位于沉积基岩之上，但鉴于该地的城市状况，人们很少意识到它的存在。为了暗示这块三叠纪时期的基岩，纳尔逊·伯德·沃尔兹选择了从当地采掘的石材进行铺设。

图 3.10
北贝塞斯达市场的台阶（2008—2010 年），纳尔逊·伯德·沃尔茨，图片由埃里克·皮亚塞基 /OTTO 罗克维尔提供，美国马里兰州

可能有很多景观设计师使用当地开采的岩石，但楼梯的细部设计是如何突出这种材料暗示的？

人造，但非仿造

景观设计师克劳德·科米尔经常把他的景观称为“人造，但非仿造”。仿造对于科米尔来说是故意使用材料来欺骗，让一个物体看起来像另一个东西。

例如人造草坪就是仿造的。对于科米尔来说，“人造的仍然指真实的东西……比如森林里的树冠，即使它是由玻璃纤维制成的天蓝色的树冠。”[45]

请看蒙特利尔会议中心入口处克劳德·科米尔的《口红森林》（*Lipstick Forest*）图片（图 3.11）。通过并置两种看似遥远的现象——树木的端庄之美和化妆品迷人的暗示以及树脂的黏度，《口红森林》展示了景观不仅仅是遥远的视觉愉悦。森林里利用巨大的树脂树干来模仿附近公园里树木的形态，参考了蒙特利尔口红之吻（Montréal Lipstick Kiss）的标志，树干被刷成光滑的粉红色来体现“刚刚涂上”的样子。

图 3.11
口红森林（2002 年），克劳德·科米尔，图片由让-弗朗索瓦·韦齐纳（Jean-François Vézina）提供，加拿大蒙特利尔会议中心

你知道这些不是仿造树，而是人造树吗？
仿造树看起来会是什么样子？

材料真实性的讨论

到了 20 世纪 80 年代，景观设计师们开始拒绝“材料的真实性”等现代的原则。例如 1986 年，玛莎·施瓦茨设计的马萨诸塞州剑桥拼接花园（Splice

Garden）中使用了整齐的塑料灌木、塑料花朵，并用尼龙草皮包裹金属体来模仿修剪整齐的树篱。事实上，在某些情况下只有使用仿造材料才是可行的，这就促使设计师们在设计过程中从意想不到的地方汲取灵感。例如，在纽约现代艺术博物馆的屋顶上，景观设计师肯·史密斯（Ken Smith）不能使用活的植物或沉重的材料，所以他使用了 185 块塑料石头、560 棵人造黄杨、玻璃和回收的橡胶地膜建造了伪装花园（Camouflage Garden）。这种材料的构成灵感竟来自他的滑板裤的迷彩图案！[46]

你认为“材料真实性”的立场，会因为道德优越感而过于沉重吗？

正如之前在“材料真实性的实际应用”部分提到的，克劳德·科米尔喜欢把仿造材料和人造材料区分开来。对科米尔来说，如果塑料被塑造成植物的样子，或者混凝土铺面被印成石头的样子，这就是假的（仿造的）。用塑料做成粉红色球是人造的，因为它是真实的合成材料，可以很容易地被塑造成这种形状。然而，有时因为预算或材料稀缺性没法使用一种特定的材料，也有可能出于道德原因导致设计师选择仿造材料（例如仿制皮草）。

在景观和花园设计中有一个长期的传统，即应用材料表现其他事物。传统的日本花园中有很多这样的材料。例如，在日本的枯山水园林中用沙子或砾石指代水，把它们耙成波纹状，也让人想到水的波浪。在西方园林中也可以看到用来表现其他事物的材料。然而，哲学家斯蒂芬妮·罗斯澄清说，这并不是让人产生错觉的例子。在参观枯山水园林时，你不会误以为可以在沙子里游泳。同样，在参观斯托赫德花园（Stourhead Garden）时，你不会真的认为中央湖是地中海。但在维吉尔的史诗《埃涅阿斯纪》（*The Aeneid*）中，这片湖就暗指地中海，而《埃涅阿斯纪》也正是花园的中心主题之一。罗斯将这种体验描述为一种双重性，即“我们同时意识到物理和虚拟的花园”。[47] 正如在《空间实践》一章中讨论的错觉空间，有一些设计元素或技术正是用来创造错觉的。例如，“哈哈”（haha）给房子里的人一种错觉，以为远处吃草的动物是花园的一部分。事实上，“哈哈”一词的词源被认为是来自意识到自己即将从挡土墙上掉下来时的惊讶。

用不同的方式来处理材料会让设计师从不同的角度来思考材料。安博戴水道事务所（Ramboll Studio Dreiseitl）在波特兰特纳温泉公园（Tanner

Springs Park）的设计中使用回收铁轨来建造墙壁，其布置方式让这种坚硬的材料看起来像柔软的布料。请看特纳温泉公园的图片（图 3.12）。

图 3.12
波特兰特纳温泉公园（2010 年），安博戴水道事务所，美国俄勒冈州波特兰市

你怎么想？

材料真实性的主要阅读材料

William Robinson, *The Parks, Promenades and Gardens of Paris, Described and Considered in Relation to the Wants of Our Own Cities*. 威廉·罗宾逊，《巴黎的公园、长廊和花园，根据我们自己城市的需要来描述和考虑》

John Ruskin, *The Seven Lamps of Architecture*. 约翰·罗斯金，《建筑的七盏明灯》

Christopher Tunnard, *Gardens in the Modern Landscape*. 克里斯托弗·滕纳德，《现代景观中的花园》

重写本的理论基础

> 英格兰的地表就像一个重写本，一个被反复书写和擦除的文件，而破译它是考古学领域的工作。有关的特征当然是道路和田野边界、树林、农场和其他居住地，以及人类劳动的其他产品，这些都是刻在土地上的字母和文字。[48]
>
> (Osbert Guy Stanhope Crawford, Archaeology in the Field, 1953)

在这里，考古学家奥斯伯特·盖伊·斯坦霍普·克劳福德采用了重写本（palimpsest）这个词来描述景观。

他为什么把风景比作书写的文本？

重写本一词最早与景观相关的用法之一是弗雷德里克·威廉·梅特兰（Frederic William Maitland，1850—1906 年）在 19 世纪将一份英国景观法令的地图描述为“绝妙的重写本”。[49] 通过把这张地图当作重写本来研究，他得以解释历史上的聚居模式，特别是日耳曼人与凯尔特人社区的对抗。重写本指的是古代在羊皮纸或牛皮纸等材料的表面上书写、擦除和再书写的做法。随着时间的推移，书写表面积累了以前文本的微弱痕迹，被称为“旧文本”（scriptio inferior）或“写在下面的文字”（underwriting），后来学者们对这些文字进行了解释。考古学家加文·卢卡斯（Gavin Lucas）认为，“重写本”一词强调了书写的物质方面，以及铭刻充满记忆的物质行为。无论是被掩盖的文本，还是覆盖上的文本（scripto secunda），都是场地关于物质的故事的一部分。事实上，景观“重写本囊括了铭文和擦除的双重过程”。[50]

由于景观是过去文化和自然事件的物质证据，克劳福德的比喻被研究景观的考古学家和地理学家采用，特别是那些用英语工作的人。[51] 这些研究梳理出一系列层次来表示景观中的自然和文化变化。正如奥斯卡·奥尔德雷德（Oscar Aldred）所指出的，“重写本对事件的物质积累有一种特殊的视角，就像线性时间一样事件按顺序发生，一层又一层地叠加积累在它们自己以前的影子之上。”[52]

虽然重写本理论最初被用来描述乡村景观，但它也被用来分析 20 世纪为城市景观设计的纪念物和纪念碑。在对柏林、布宜诺斯艾利斯和纽约市的记忆实践的分析中，德国比较文学教授安德里亚斯·胡塞恩（Andreas Huyssen）认为，公共记忆的形成就像“重写本”一样，是有选择的，而且选择的过程大部分是为了服务于政治和全球背景下的城市特质的形成。胡塞恩特别将柏林作为城市景观的重写本。

> 也许没有任何一个西方大城市像柏林这样强烈地、自觉地承载着 20 世纪的历史印记。这个城市的文本在那个暴力的世纪里被书写、擦除和重写，它的可读性既依赖于建成空间的可见标记，也依赖于被创伤性事件压抑和撕裂的图像和记忆。[53]

设计师们也将材料重写本发展为一种分析方法和设计途径。无论哪一种用法，景观作为羊皮纸，都承载着自然和文化的变化在空间和时间上留下的印记。自然变化可能包括冰川留下的岩石，而文化变化可能包括构筑物的增加或土壤的减少。当然，自然和文化这两类活动随着时间的推移而相互影响。例如，人类对森林的砍伐增加了土壤侵蚀和洪水，这就促使了堤坝的建立。对重写本来说最关键的是要考虑这些分层变化的同时性和它们的相互作用。

重写本的重要性

重写本提出了一个概念，即景观设计是多重时空中对事件和人工制品的物质展示。这一理论对于那些将场地历史信息的传达作为设计要点的项目来说特别有帮助。地理学家维达尔·白兰士（Paul Vidal de La Blache，1845—1918 年）认为，重写本意味着从“整个地球表面或是局部区域环境来理解事物的对应性和关联性”。[54]

重写本也是景观设计师彼得·拉茨（Peter Latz）设计方法的基础理论。正如乌多·魏拉赫尔所揭示的：

> 彼得·拉茨从经验中知道景观的各个层面完全不受干扰是罕见的。景观的每一个新用途都在一定程度上干扰了已经存在的东西，并赋予了

它自己特有的结构，这些结构本身就表现为一个信息层。历史和当代具有什么样的特质，它们是否仍然完整或支离破碎，它们是否可以被完善或修复，或者用新的信息层完全取代它们是否更有意义，这些都是景观设计师在设计时必须不断解决的问题。[55]

重写本的实际应用

残余性

残余性是由奥尔德雷德提出的一种思考景观的累积层和移除层的方式。“残余性取决于其网络化积聚中的关系，以及残余元素与其他实体聚集在一起时的工作方式。”[56] 与设计师相关的残余性的应用是强调材料和元素的可改变性，以便将来使用。“如何依据残余性保持可识别的材料形式，同时进行变化的能力，也许是景观中需要探索的一个关键问题。”[57] 请看位于德国安珀特绍森的拉茨事务所（Latz + Partner）的花园墙图片，他们精心保留了场地的物质记忆（图 3.13）。

图 3.13
彼得和安妮莉丝 · 拉茨的花园墙（1991 年），拉茨事务所，图片由莫妮卡 · 尼科利奇提供，德国安珀特绍森

正如魏拉赫尔所叙述的，“安珀特绍森的一系列围墙和挡土墙显然是由重复使用的建筑垃圾、旧屋顶瓦片、用过的铺路石、不成形的混凝土块、漂白的木板和类似的东西制成的。”[58] 而且根据重写本理论，这些材料向花园里的游客传达了一些信息。魏拉赫尔认为，这些残余的材料“讲述了它们自己的故事，不能被忽视——可能是在回忆仍然用手工制砖的日子，也许是在抱怨精心建造的谷仓被拆除，批评旧棚子的日益无用”。[59]

这些材料如何表达了有关场所历史的信息？

揭示的重写本

有时场地的重写本特征可能以旧文本（scriptio inferior）的形式隐藏起来，而设计师的任务就是将这个隐藏的维度作为新文本(scripto secunda)揭示出来。景观设计师迪特尔·基纳斯特（Dieter Kienast）设计的 K 花园（K Garden）就是一个揭示隐秘重写本的美丽例子。请看迪特尔·基纳斯特在苏黎世的花园里的夯土墙图片，这片墙长 10 米（33 英尺），厚 60 厘米（2.4 英寸），高 2.5 米（8.2 英尺），它用层层夯实的黏土建成（图 3.14）。基纳斯特说，“这些土壤层次隐藏在各种深浅的棕色里，这面墙显示了一幅可爱的多变的图画，它的颜色和结构随着一天和一年的时间而变化。因此它是土壤形象的承载者，后者通常隐藏不见。”[60] 魏拉赫尔也补充说，纯粹的土壤不仅是一种建筑材料，而且是一种具有自己固有的历史、神话和意义的媒介，它与花园中的所有其他元素相互作用，并对周围小气候的变化作出敏感的反应：每当空气中的湿度上升，墙壁就会立即加剧其色彩的自然变化。

你能看见土壤分层吗？
夯土墙如何表达土壤的结构？

未来的重写本

物质重写本不仅参照过去，它们也可以投射到遥远的未来。请看泰勒·卡尔多·莱利恩（Taylor Cullity Lethlean）与汤金·祖莱卡·格里尔（Tonkin

图 3.14
K 花园的夯土墙（1994 年），基纳斯特·福格特合作伙伴（Kienast Vogt Partner），图片由乌多·魏拉赫尔提供，瑞士苏黎世

Zulaikha Greer）设计的位于澳大利亚堪培拉的 100 片森林的图片（图 3.15）。澳大利亚国家植物园占地 250 公顷，是为了纪念 2003 年堪培拉发生的一场大规模毁灭性火灾而建。每片森林都由来自世界各地的濒危树种或具有民族植物学意义的单一树种组成。“每片森林的面积为 2~3 公顷，在起伏的地形上以网格形式排列。”[62]

虚构的重写本

作为一种工作方法，重写本使景观设计师能够选择展示哪些元素或隐藏哪些元素。景观设计师丽贝卡·克林克（Rebecca Krinke）认为，重写本还能让设计师为场地增添虚构的内容。她写道：“把场地想成是一个重写本，可以让设计师利用场地的历史层来揭示场地的各个方面，甚至增加一层新的自明的虚构内容。”[63] 换句话说，虚构的重写本使设计师能够用新的构筑物进行干预，它们可能不是来自场地，但它们可以激发出富有想象力的阐释。

图 3.15
堪培拉国家植物园 100 片森林（2011 年），泰勒 · 卡尔多 · 莱利恩和汤金 · 祖莱卡 · 格里尔，图片由泰勒 · 卡尔多 · 莱利恩和约翰 · 戈林斯（John Gollings）提供，澳大利亚堪培拉

请看由 MVVA 事务所（Michael Van Valkenburgh Associates）设计的泪滴公园（Teardrop Park）的冰水墙（图 3.16）。现有的场地以前是哈德逊河岸边的填海土地。冰水墙由大块的蓝色石头连续层叠而成，这片从地面拱出的高 9 米、长 56 米的石墙可能会引发人们各种各样的解释。澳大利亚堪培拉的艺术家安 · 汉密尔顿（Ann Hamilton）、约翰 · 戈林斯（John Gollings）和 MVVA 事务所以及迈克尔 · 默塞尔（Michael Mercil）共同参与了这个项目。他们将这面墙描述为"回顾哈德逊河谷的自然历史，这些断面也可能让人想起采石或者砌筑的过程。但这片石墙和这些过程都没有关系"。[64] 泪滴公园是为儿童设计的，其目的是让景观的材料成为儿童玩耍的对象和想象力的源泉。

设计中虚构墙的意向，这会激发孩子们对它想象吗，比如假设它是一座山或一条龙？

冰水墙的概念草图

冰水墙在施工中

冰水墙的采石场模型

冰水墙的建成场地

图 3.16
泪滴公园的冰水墙概念图，MVVA 事务所，美国纽约

重写本的讨论

重写本反对将场地视为一块白板（tabula rasa）的设计过程。因此，许多景观设计师对重写本有持续的兴趣。GROSS.MAX 的景观设计师埃尔科・霍夫曼（Eelco Hooftman）认为：“我们从来没有一个白板，现有场地总是在其改造过程中需要一个新的篇章……我认为这个想法不仅是重新设计，而是要把一些组构（fabric）回收并在新的项目中加以利用。”[65] 的确，设计的重写本概念可以通过其材料对过去和未来进行富有质感的描绘。然而，这个理论也要求设计师做出批判性的决策。

重写本涉及覆盖的和被覆盖的材料，设计者往往像策展人一样，选择哪些材料将被展示给人们，哪些材料将被隐藏。对于有政治争议的景观，这可能会给那些被掩盖在重写本中的个人和社会团体带来问题。这种情况有可能造成布伦达・本德（Brenda Bender）所说的“所有者重写本”，即那些有权力的人最终决定对历史和文化材料的适当解释。[66] 当本德提到巨石阵的“所有者重写本”观点及遗产产业对其拨款时，一波后殖民研究学者已经批评了“所有者重写本”，特别是那些关于北美原住民的“所有者重写本”。

例如 18 世纪由方济会在加利福尼亚创建的教会花园。今天，这些翻修过的花园，包括它们的小教堂、广阔的花园、铭碑、纪念碑和废墟，都被保留下来，成为田园牧歌式的教育休闲场所，供那些愿意支付少量费用参观的游客参观游览。人类学家伊丽莎白・克莱德 - 里德（Elizabeth Kryder-Reid）对这些传教士花园的历史及其目前的设计特点进行了后殖民主义的批判，发现翻新后的花园元素的作用是将传教士花园置于更广泛的加州历史的起源中，覆盖了纪念物和基督教遗存，同时抹去了教会花园作为强迫劳动的场所的历史遗产。事实上，这些教会助长了西班牙人对加利福尼亚地区原住民的殖民。通过讲述这段被掩盖的压迫历史，克莱德 - 里德"提供了一个替代方案，挑战当代文化遗产实践中的权力不平衡，并为沉默的声音和观点打开了空间"。[67]

为什么教会花园是一个所有者的重写本？

你会在这些花园中加入什么材料来使它们的信息更平衡？

如果设计中仅通过留下的物件来表达某个个体或群体，一旦这些物件难以被察觉，那么是否意味着这些个体或群体也可能不被表达？

重写本的主要阅读材料

Osbert Guy Stanhope Crawford, *Archaeology in the Field.* 奥斯伯特・盖伊・斯坦霍普・克劳福德，《田野上的考古学家》

Andreas Huyssen, *Present Pasts: Urban Palimpsests and the Politics of Memory*. 安德里亚斯・胡塞恩，《现在的过去：城市重写本和记忆政治》

后果主义的理论基础

> 更确切地说，就像物质性和道德性最终凝聚在一起。这一点非常重要，因为如果你开始重新设计城市、景观、自然公园、社会，以及基因、大脑和芯片，任何设计师都不允许躲在事实的旧有保护之下……通过拓展设计，使其与一切相关，设计师也就接过了道德的衣钵。[68]
>
> (Bruno Latour, "A Cautious Prometheus? A Few Steps toward a Philosophy of Design," 2008)

拉图尔在设计史学会的演讲中强调了材料的道德性。道德是伦理的实践，而这一立场最好的解释是后果主义。后果主义的规范性理论在环境伦理和公共政策中得到了新的关注，正如拉图尔所认为的，它与设计密切相关。此外，后果主义在物质性方面与风景园林有着直接的联系，因为它认为“相对于行为者可能采取的任何其他行为的后果的价值而言，行动者行为的对与错仅仅取决于该行为的后果的价值”。[69]

后果主义经常与义务论伦理学（deontological ethics）形成对比，在义务论伦理学中，行动和决定的前提是符合道德规范，或者遵守一系列的规则。哲学家伊曼纽尔·康德（Immanuel Kant，1724—1804 年）在义务论伦理理论的发展中发挥了重要作用。康德认为，“唯一无懈可击的是良好的意愿。”[70] 换句话说，一个行为或决定的正确或错误取决于行为者或决策者的动机。行动者的意图是道德评价的基础，“正确的行为是以责任感为动机的行为。”[71] 例如，今天是你的生日，我送你一只小猫给你一个惊喜。然而，小猫的皮毛和皮屑让你咳嗽和喘息，还出了一身的皮疹。后果主义者会说，考虑到这一行为的结果，它并不好，因为它让你产生了过敏反应。鉴于为你提供生日礼物的必要性和我的良好意图，道德主义者会说我没有错。我的意图是好的，因为我遵守了给朋友送生日礼物的规范。功利主义是一种后果主义，在 19 世纪景观设计师受到功利主义的影响。功利主义认为“一个有道德的人应该把他 / 她的行为建立在为最多的人争取最大的善（快乐）的基础上”。[72] 哲学家杰里米·边沁（Jeremy Bentham，1748—1832 年）和约翰·斯图亚特·密尔（John Stuart Mill，1806—1873 年）主张功利主义是社会和政治改革的关键，例如废除奴隶制。事实上，边沁影响了景观设计师和作家约翰·克劳迪厄斯·劳登（John Claudius Loudon，1783—1843 年），他将功利主义带入了他对植物学、园艺和景观园林的推广，将其作为一种社会改革。劳登提出了花园理论（theory of gardenesque），反对这些领域的知识专属于上层社会受过教育的精英。劳登的特殊改革方案试图通过对中产阶级进行植物知识、园林设计，甚至城市规划方面的教育来改良他们，因为他相信这些知识能促进最大的善。他还认为中产阶级将在未来代表英国社会的大多数人，他不仅通过书籍，还能通过日益流行的期刊出版物——杂志来接触这些人。因此，如同功利主义，劳登是在为最多的人服务。[73]

功利主义最终被后果主义所取代，因为功利主义因其对善的狭义解释而受到谴责。大多数后果主义的支持者拒绝了所有的价值都可以被浓缩为一个单一的效果的想法。反过来，后果主义者提出了一个更加多元的价值理论，取得一系列成果。古典功利主义也因其享乐主义而受到批评，因为它将快乐视为唯一的内在善，将痛苦视为唯一的内在恶。

后果主义的重要性

从场地的细节特征到材料的全球运输，在不同规模上景观设计师所使用的材料对于生命体和无生命体的福祉都是不可或缺的。因此，我们往往在后果主义的前提下使用材料。材料的选择、提取、运输、组装以及生产通常是景观设计项目中伦理决策的核心。根据物质性的定义，它与项目材料的后果紧密相连：你认为项目能增进什么？答案是材料的状态、性能，以及贡献。物质性的后果主义可以帮助我们做出最佳产出的决定。

20 世纪 80 年代末，规划师兼建筑师彼得·奥伯兰德（Peter Oberlander）将一份报告交到了景观设计师科尔内利娅·哈恩·奥伯兰德的手中。他说："科内莉亚，这份文件将改变你的工作方式。"[74] 这份报告是由布伦特兰委员会撰写的《我们共同的未来》（*Our Common Future*）。它证明了在全球范围内努力实现可持续发展的必要性，这项工作将涉及社会的所有部门，包括风景园林在内。彼得·奥伯兰德说得没错，它确实影响了许多行业，特别是当人们清楚知道了气候变化的影响的时候。事实上，拉图尔指出，"维持生命所必需的元素没有一个是理所当然的。"[75] 设计对自然系统和过程的影响被认为是如此重要，以至于诸如"生态足迹"和"碳中和"这样的测量已经成为设计工作和评估设计的景观的性能的核心。景观设计师已经开发了自己的工具包、评估包、检查表和建模程序预测设计的影响。甚至还制定了一些道德规则，如绿色评级系统和最佳实践手册、能源与环境设计先导评价标准（LEED）和生命建筑挑战（Living Building Challenge），以促进遵循设计决策对环境系统损害最小的原则。虽然这些法律规范的制定最初是从材料开始的，但现在它们涉及整个建造过程。思考下科尔内利娅·哈恩·奥伯兰德的工作，她要求 CK Choi 建筑和景观的承包商将他们每天的午餐盒分拣并回收利用！

鉴于今天可用的材料种类繁多，你认为是否有可能真正确定材料选择和使用的最佳结果？

我们真的能知道今天设计的材料将如何影响长期结果吗？

除了对自然系统和过程的影响，材料也会影响到人类的健康和福祉，你将在本节末尾的“后果主义的讨论”中回到这一问题。

后果主义的实际应用

移置

1967 年，艺术家罗伯特・史密森考察了美国新泽西周边的工业用地。巨大规模的土壤和岩石运动激发了他的兴趣。他也对用于提取和运输这种材料的机械很着迷，其中包括挖掘机、钻头、炸药和翻土机—将钢齿耙装在拖拉机后面。[76] 这些观察启发了他的系列作品“非场地”（Non-Site）。“从某种意义上说，场地是我们没有真正意识到的地球或地面的物理的、原初的现实……与其将什么东西添加在景观上，我认为不如将场地移到室内有趣，移到非场地，一个抽象的容器。”[77] 如 1968 年展出的“非场地”，用了五个逐渐缩小的木箱，以强迫透视的方式排列，每个箱子里都装有大块的来自新泽西州富兰克林矿的石灰石。[78] 伴随着这些箱子还有对富兰克林矿区的平面图，并标记出材料的收集地点。史密森的作品通过移置（displacement）在场地和非场地之间创造了一种辩证关系。这种辩证关系不仅改变了位移的对象和它原来的环境，而且改变了它被移置到哪里——博物馆。对史密森来说，“地球对我来说不是自然，而是博物馆。我的想法不是拟人化的。它与人和物质有关，而不是人和自然。”[79]

“非场地”揭示了景观设计所选择的材料不仅改变了项目场地，而且通过开采这些岩石、土壤或者植物材料，也转化了其他场地。请看“你在这里花园”（You Are Here Garden）的图片，这是加拿大魁北克省梅蒂斯河畔的梅蒂斯花园节的一个作品（图 3.17）。设计师布鲁斯・马修斯（Bruce Matthews）和塔科・岩岛（Taco Iwashima）从花园节场地的附近区域切割了一块方形的野生草地，并将其移植，创造了自己的花园（在节日结束后，它被放回了原来的位置）。在花园的入口处垂下了一块塑料防水布，上面显示了（被切割的）草地上光秃秃的方块土壤的图像。

这是否让你思考在为景观选择材质时会发生什么移置？
你认为这个项目的效益是什么？或有什么不好的影响？

图 3.17
国际花园节，梅蒂斯花园/雷福德花园，“你在这里花园”（2002年），克里斯托弗·布鲁斯·马修斯和塔科·岩岛，图片由米歇尔·拉韦迪耶尔提供，加拿大魁北克，格兰梅蒂斯

操作者

人类学家克洛德·列维-施特劳斯用“修补术”（bricolage）一词来描述一种思考和制作的方法，即对现有材料或发现的物品进行组装和操作。列维-施特劳斯试图将“修补匠”（bricoleur）与追求最佳解决方案和新材料以解决问题的工程师区分开来。对列维-施特劳斯来说，与工程师相比，

> “修补匠”善于完成大量不同的任务；但与工程师不同的是，他并不把任何一项任务置于次要位置，而为实现项目目的，认为原材料的可得性和工具的构思和获取更为重要。他的工具世界是封闭的，他的游戏规则始终是利用“手头的任何东西”，也就是说，利用一套总是有限的、多样化的工具和材料，因为它所包含的东西与当前的项目，或者实际上与任何特定的项目没有关系，而是所有情境的偶然结果，不停更新

或丰富库存，或基于以前的建造或拆解留下来的东西不断维护。[80]

金特·福格特提出了第三个术语，即操作者（operator）。在福格特看来，"修补匠——通常是收藏家——以高超的技巧组合预先存在的材料，工程师的行为是理性的。在我们的例子中，他为景观建立规则，确定目标，并寻找实现这些目标的最佳方法。"[81] 操作者"擅长这两种方法，并根据现有项目运用每一种方法"。[82] 请看由 D.I.R.T. 工作室设计的费城城市户外（Urban Outfitters）公司总部的庭院（图 3.18）。这个地方以前是一个海军造船厂，美国最早的造船厂之一。为了避免成吨的混凝土、沥青和砖头埋入填埋场，并纪念 150 年来在船厂工作的人们，D.I.R.T. 工作室的朱莉·巴格曼抢救了这些材料，并将其再生为景观方案的一部分，收获了"珍贵的残骸以供再利用"。[83]

图 3.18
城市户外景观（2005—2011 年），首席设计师朱莉·巴格曼，D.I.R.T. 工作室创始人兼负责人；项目景观设计师大卫·希尔（David Hill）和项目经理珍·特罗姆佩特（Jen Trompetter），二者都属于 D.I.R.T. 工作室，美国宾夕法尼亚州费城

你能看出巴格曼是如何像一个修补匠或操作员一样工作的吗？

收获者

在为加拿大耶洛奈夫的立法议会大厦设计景观时，科尔内利娅·哈恩·奥伯兰德开发了一种从现场收获植物作为植物材料来源的方法。她在建筑施工前从现场收集植物组织和种子，把它们带到温哥华种植，当它们生长成熟时，再送回耶洛奈夫现场重新栽种。奥伯兰德还在伊努维克的东三校（East Three School）采用了这种技术。伊努维克位于北极圈以北 200 公里处，其生长季节极短，冬季有大约 30 天完全是黑夜，而且与耶洛奈夫一样，这里没有苗圃。奥伯兰德从已经在现场生长的植物上收集种子和组织，从而能够收获在北极的恶劣条件下生长的植物[84]（图 3.19）。

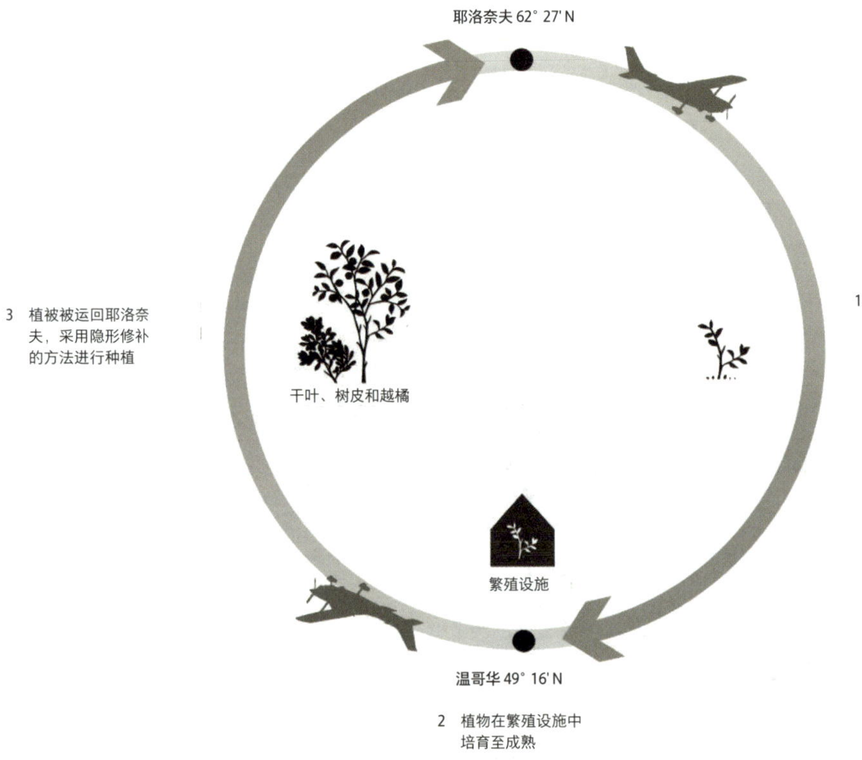

图 3.19
耶洛奈夫的立法议会大厦的种植方法，科尔内利娅·哈恩·奥伯兰德，图表由布莱恩·贝萨（Bryan Beça）提供，加拿大耶洛奈夫

你认为使用这种植物材料方法的后果是什么？

生物仿生学

生物仿生学通过模仿生物实体和过程创造材料、结构和系统。虽然这个理论对许多学科来说是新的，但在景观设计中已经运用了很长时间。例如，园丁、建筑师和国会议员约瑟夫·帕克斯顿爵士（Sir Joseph Paxton）在 1851 年将亚马逊王莲（Victoria amazonica）的结构作为他设计水晶宫的灵感来源。

帕克斯顿对睡莲的有机结构印象深刻，并将他的女儿安妮放在睡莲的莲叶上，以展示其强度。[85] 根据玛格丽特·弗兰德斯·达比（Margaret Flanders Darby）的说法，“帕克斯顿从睡莲中学到的是，叶子或屋顶巨大的水平表面可以通过温室屋顶系统的沟脊式构造提供的额外刚度得到支撑。”[86] 空心的铸铁支撑柱也用作排水沟，将雨水输送到地面。由于屋顶安装了块状的玻璃板，所以阳光在上午和下午都可以照射进来。

设计中的生物仿生学通常与它所模仿的生命机理相类似。请看塞缪尔·舍夫勒（Samuel Scheffler）、特雷西塔·科克伦（Teresita Cochran）以及本杰明·惠勒·豪斯（Benjamin Wheeler Howes）的太阳能常春藤（图 3.20）。使用可打印的太阳能电池板，连接到铁丝网上，电池板的形状和颜色类似于常春藤植物的叶片。这些太阳能电池板也与常春藤有着相似的功能。常春藤将来自太阳的光能转化为化学能，使其能够生长；而太阳能常春藤则将太阳能与逆变器或电池相连，为人们提供能源。[87]

图 3.20
生长（GROW），一种太阳能常春藤产品，在“设计和弹性思维”展览中展出，现代艺术博物馆，图片由肯尼·路易提供，https://creativecommons.org/licenses/by/2.0/

你知道为什么这是生物仿生吗？
你能想到选择这种材料而不是常春藤植物的后果吗？

生物设计

工业生态学认为，工业过程可以“被设计成类似于生态系统，其中每个废品都成为另一个过程的原材料”，生物设计受此启发，探索生命有机体的过程，试图生产出更可持续的材料。[88] Evocative Design 是一家生物材料公司，它们的材料产品是通过种植来实现的。通过在农业废弃物中培养菌丝体等母体，即真菌中发现的线状分支结构，Evocative Design 可以生产许多类型的材料，如结构复合材料和砖块。在为建筑公司 The Living 提供咨询时，Evocative Design 用废弃的玉米秆和蘑菇废料在 3M 公司开发的模具中种植砖块。由于砖的生产是碳密集型的（烧制砖需要大量的能源，在很多情况下是用煤），所以种植的砖比烧制砖产生的碳和使用的水更少。请看 Hy-Fi，由 The Living 为 2014 年纽约现代艺术博物馆分馆（MoMA PS1）举办的青年建筑师项目设计（图 3.21）。展览结束后，一个“当地的非营利组织绿色建造（Build It Green）将对这些砖块进行堆肥，并将其变成肥料”。[89]

图 3.21
Hy-Fi（2014 年），青年建筑师项目，现代艺术博物馆分馆，图像由大卫·本杰明（David Benjamin）提供，美国纽约长岛

基于菌丝体的生物材料可以塑造成任何形状，你认为他们为什么想创造传统烧制砖的形式？

后果主义的讨论

在环境伦理学领域，后果主义者对实际行为后果与预期行为后果存在分歧。实际行为后果主义者说，道德上正确的行为是指行为后果的实际价值（例如，选择现成的当地材料将减少运输）大于选择任何其他材料的后果的实际价值。预期行为后果主义者说，道德上正确的行为是指行为后果的预期价值（例如，选择经森林管理委员会认证的木材）大于其他行为后果的预期价值。哲学家阿夫拉姆·希勒（Avram Hiller）和伦纳德·卡恩（Leonard Kahn）指出，"当人的行为后果可以可靠地预测时，实际后果和预期后果之间的差异很小。"[90] 当涉及更复杂的情况时，例如 100 年后气候将如何变化及其影响，差异可能是巨大的。

> 实际行动后果主义者会根据 100 年后实际结果的价值来判断政策制定的对与错。预期行为后果主义者会根据我们当前对这些行为后果价值的预期来判断我们现在制定政策的对与错。[91]

在这个意义上，景观设计师是典型的预期行为后果主义者。在大多数情况下，奖项是在当下颁发给项目的预期结果，而不是在景观建成 100 年后。

后果主义者的另一个关注点是：什么构成了一个好的或坏的后果？通常情况下，好的或坏的后果与福祉、自由和平等的状态以及后果的程度有关。风险和相对风险，也是后果主义的相关因素。越来越多的风险规避在景观设计中发挥了重要的作用，特别是在北美和英格兰。前面我讨论了材料在儿童发展中的重要作用。然而，"风险"一词已经从一个中性术语，即给定结果的概率，变成等同于不良事件及其原因的术语。[92] 由于感知到风险，许多材料和元素已从为儿童设计的景观中移除。这种材料包括基本的景观元素，如植物、沙子和建筑材料。

然而，儿童需要冒险才能成长，冒险会对儿童健康产生积极影响。[93] 风险不是危险，风险没有明显的效益。风险或冒险游戏指的是“一种情况，在这种情况下，孩子可以识别和评估挑战，并决定采取行动步骤”。[94]例如，爬树会促使孩子评估树枝的高度和强度，而这些是标准化设备所不需要考虑的。儿童心理学家艾伦·桑德塞特（Ellen Sandseter）提出了冒险游戏的新兴理论。她把冒险游戏定义为惊心动魄的、令人兴奋的游戏，并包括可能的身体伤害。[95]冒险游戏的类型包括在高度、速度、靠近危险元素（如悬崖、树木、水、火）和使用危险工具（刀、锯和斧头）的地方玩耍。桑德塞特认为，在景观中消失或迷路也应该是风险游戏的一种形式。

你小时候能够冒险吗？

后果主义的主要阅读材料

Avram Hiller, Ramona Ilea, and Leonard Kahn, *Consequentialism and Environmental Ethics*. 阿夫拉姆·希勒，雷蒙娜·伊莱亚和莱昂纳德·卡恩，《后果主义和环境伦理》

Bruno Latour, “A Cautious Prometheus? A Few Steps toward a Philosophy of Design (with Special Attention to Peter Sloterdijk).”布鲁诺·拉图尔，《谨慎的普罗米修斯？迈向设计哲学的几步（特别关注彼得·斯劳特戴克）》

Samuel Scheffler, ed. *Consequentialism and Its Critics*. 塞缪尔·舍夫勒，《后果主义及其评论家》

注释

1. Udo Weilacher, *Between Landscape Architecture and Land Art* (Basel: Birkhäuser, 1996), 14.
2. Marc Treib and Dorothée Imbert, *Garrett Eckbo: Modern Landscapes for Living* (Berkeley: University of California Press, 2005), 77–93.
3. Bruno Latour, “Agency at the Time of the Anthropocene,” *New Literary History* 45, no. 15 (2014): 1–18.
4. Erwin Viray, “Why Material Design?” *Material Design: Informing Architecture by Materiality* (Basel: Birkhäuser, 2011), 8–9 (8).
5. Steve Hinchliffe, “‘Inhabiting’ – Landscapes and Natures,” *The Handbook of*

Cultural Geography, eds. Kay Anderson, Mona Domosh, Steve Pile, and Nigel Thrift (Thousand Oaks, CA: Sage, 2002) 207–226 (217).

6. George Novack, *Origins of Materialism: The Evolution of the Scientific View of the World* (New York: Merit, 1965), 24.
7. Joyce Hill Stoner, "Definitions of Material Culture," *Miscellaneous Objects*, accessed 21 January 2016, http://miscellaneousobjects.blogspot.ca/2008/07/definitions-of-material-culture.html.
8. Tim Richardson, *Futurescapes: Designers for Tomorrow's Outdoor Spaces* (New York: Thames & Hudson, 2011), 50.
9. Elizabeth K. Meyer, "Post-Earth Day Conundrum: Translating Environmental Values," *Environmentalism in Landscape Architecture*, ed. Michel Conan (Washington, DC: Dumbarton Oaks, 2000), 187–244 (196).
10. Richard E. Ripple and Verne Norton Rockcastle, *Piaget Rediscovered* (Ithaca, NY: Cornell University, 1964), 8.
11. Robert Smithson "Frederick Law Olmsted and the Dialectical Landscape," *Artforum* (February 1973), 62–68.
12. Michael Bérubé, "Materialism," *New Keywords: A Revised Vocabulary of Culture and Society*, eds. Tony Bennett, Lawrence Grossberg, and Meaghan Morris (Malden, MA: Blackwell, 2005), 210–211.
13. Ibid.
14. Christopher Henry, "Stone River – Jon Piasecki," *ArchDaily*, 13 October 2011, accessed 6 April 2015, www.archdaily.com/?p=173867.
15. Marshall McLuhan and Lewis H. Lapham, *Understanding Media: The Extensions of Man* (New York: MIT Press, 1964; 1994), 7.
16. Mark Federman, "What is the Meaning of The Medium is the Message?" accessed 21 January 2016, http://individual.utoronto.ca/markfederman/article_mediumisthemessage.htm.
17. Interaction Awards 2014, "Avena+ Test Bed – Agricultural Printing and Altered Landscapes, Royal College of Art," accessed 21 January 2016, http://awards.ixda.org/entry/2014/avena-test-bed-agricultural-printing-and-altered-landscapes/.
18. Tafline Laylin, "Benedikt Groß Brings Digital Printing to Precision Farming," *Inhabit*, 23 August 2013, accessed 21 January 2015, http://inhabitat.com/benedikt-gros-brings-digital-printing-to-precision-farming/avena-test-bed-by-benedikt-gros-6/.
19. Stan Allen, "Points and Lines," *SCI-Arc Media Archive*, 24 February 1999, accessed 21 January 2016, http://sma.sciarc.edu/video/stan-allen/.
20. Stan Allen, "Introduction: Practice vs. Project," *Practice: Architecture, Technique and Representation* (Amsterdam: G+B Arts International, 2000), xiii–xxv (xiii).
21. Philip Bethge, "New Branch of Architecture: Grow Your Own Skyscraper," *Spiegel International*, 22 July 2009, accessed 21 January 2016, www.spiegel.de/international/germany/new-branch-of-architecture-grow-your-own-skyscraper-a-636716.html.
22. Ibid.
23. Thomas Schropfer, "Modulating: Transformation by Shaping and Texturing," *Material Design: Informing Architecture by Materiality* (Basel: Birkhäuser, 2011), 88–105 (99).
24. Robert McAnulty "What's the Matter with Material?" *Log*, No. 5 (Spring/Summer 2005): 87–92 (89).
25. Ibid.
26. Ibid., 90.
27. Jeffrey Kastner and Brian Wallis, *Land and Environmental Art* (London: Phaidon Press, 1998) 32.

28. Jane Gillette, “Can Gardens Mean?” *Landscape Journal* 24, no. 1 (2005): 85–97 (82).
29. David Leatherbarrow, “Material Matters,” *Architecture Oriented Otherwise* (New York: Princeton Architectural Press, 2009), 69–94 (91).
30. John Ruskin, *The Seven Lamps of Architecture* (London: Smith, Elder, and Co., 1849), 48.
31. William Robinson, *The Parks, Promenades and Gardens of Paris, Described and Considered in Relation to the Wants of Our Own Cities* (London: John Murray, 1869) 61.
32. Ann Komara, “Concrete and the Engineered Picturesque: The Parc des Buttes Chaumont (Paris, 1867),” *Journal of Architectural Education* 58, no. 1 (2004): 5–12 (9).
33. See Dorothée Imbert, *The Modernist Garden in France* (New Haven, CT: Yale University Press, 1993), 38.
34. Christopher Tunnard, *Gardens in the Modern Landscape* (London: The Architectural Press, 1938; 1948), 103.
35. Ibid.
36. Rosalind Krauss, “The Double Negative: A New Syntax in Sculpture,” *Passages in Modern Sculpture* (New York: The MIT Press, 1977; 1981), 243–288 (266).
37. Jonathan Vickery, “Organizing Art: Constructing Aesthetic Value,” *Museums in the Material World*, ed. Simon Knell (New York: Routledge, 2007), 214–229 (222).
38. Kenneth Frampton, *Studies in Tectonic Culture: The Poetics of Construction in Nineteenth and Twentieth Century Architecture* ed. John Cava (Cambridge, MA: MIT Press, 1995), 2.
39. *Field Guide to the La Garrotxa Volcanic Zone* (La Garrotxa Volcanic Zone Natural Park, Catalonia, Spain, 2012), 65.
40. Julian Raxworthy, “Parc de Pedra Tosca in Les Preses, Spain,” *Topos* 55 (2006): 91–94, 92.
41. Günther Vogt, *Miniature and Panorama: Vogt Landscape Architects, Projects 2000–12* (Zurich: Lars Müller, 2012), 135.
42. Ibid., 175.
43. Alice Foxley, *Distance & Engagement: Walking, Thinking and Making Landscape* (Zurich: Lars Müller, 2010), 206.
44. Arne Saelen, *Urban Landscapes: Arne Saelen* (Barcelona, Spain: Loft, 2012), 120.
45. Lori Fazari, “Don’t Tell Him It’s Fake,” *Globe and Mail*, 27 April 2007, accessed 10 June 2015, www.theglobeandmail.com/life/dont-tell-him-its-fake/article684437/.
46. Susan Hines, “Ulterior Exterior MoMA’s New Roof Garden Is Cloaked with Meaning rather than Plants,” *Landscape Architecture*, November 2005, accessed 10 June 2015, https://www.asla.org/lamag/lam05/november/feature3.html.
47. Stephanie Ross, *What Gardens Mean* (Chicago, IL: University of Chicago Press, 1998), 179.
48. Osbert Guy Stanhope Crawford, *Archaeology in the Field* (London: Phoenix House, 1953), 51.
49. Frederic William Maitland, *Domesday Book and Beyond: Three Essays in the Early History of England* (Cambridge: Cambridge University Press, 1907), 15.
50. Gavin Lucas, *Understanding the Archaeological Record* (New York: Cambridge University Press, 2012), 115.
51. Hayden Lorimer, “Caught in the Nick of Time: Archives and Fieldwork,” *The Sage Handbook of Qualitative Geography*, eds. Dydia DeLyser, Steve Herbert, Stuart Aitken, Mike Crang, and Linda McDowell (London: Sage, 2010), 248–273.
52. Oscar Aldred, “Time for Fluent Landscapes,” *Conversations with Landscape*, eds. Karl Benediktsson and Katrin Anna Lund (Farnham: Ashgate, 2010), 59–78 (70).

53. Andreas Huyssen, *Present Pasts: Urban Palimpsests and the Politics of Memory* (Stanford, CA: Stanford University Press, 2003), 51–52.
54. Geoffrey J. Martin and Preston E. James, *All Possible Worlds: A History of Geographical Ideas* (New York: John Wiley, 1993), 193.
55. Udo Weilacher, *Syntax of Landscape: The Landscape Architecture of Peter Latz and Partners* (Basel: Birkhäuser, 2008), 26.
56. Aldred, "Time for Fluent Landscapes," 59–78 (66).
57. Ibid., 68.
58. Weilacher, *Syntax of Landscape*, 28–29.
59. Ibid., 29.
60. Dieter Kienast, "Between Tradition and Innovation," *Dieter Kienast* (Basel: Birkäuser, 2004), 64–66 (65).
61. Udo Weilacher, "The Garden as the Last Luxury Today," *Contemporary Garden Aesthetics, Creations and Interpretations*, ed. Michel Conan (Washington, DC: Dumbarton Oaks, 2007), 81–95 (89).
62. Bustler, "Taylor Cullity Lethlean wins Landscape of the Year Award for the Second Year in a Row," 7 October 2014, accessed 12 June 2015, www.bustler.net/index.php/article/taylor_cullity_lethlean_wins_landscape_of_the_year_award_for_the_second_yea/.
63. Rebecca Krinke, "Overview: Design Practice and Manufactured Sites," *Manufactured Landscapes: Rethinking the Post-Industrial Landscape*, ed. Niall Kirkwood (London: Spon Press, 2001), 128.
64. Ann Hamilton, "Teardrop Park," accessed 21 January 2016, www.annhamiltonstudio.com/public/teardroppark.html.
65. Eelco Hooftman, "GROSS. MAX," Landscape Architecture Core? *Harvard Design Magazine* no. 36 (2013): 68–69 (68).
66. Brenda Bender, "Contested Landscapes: Medieval Time to Present," *Material Culture: Critical Concepts in the Social Sciences*, ed. Victor Buchli (London: Routledge, 2004), 42–51.
67. Elizabeth Kryder-Reid, "Marking Time in San Gabriel Mission Garden," special issue on Time, eds. Sonja Duempelmann and Susan Herrington, *Studies in the History of Gardens & Designed Landscapes: An International Quarterly* 34, no. 1 (2014): 15–27 (19).
68. Bruno Latour, "A Cautious Prometheus? A Few Steps toward a Philosophy of Design (with Special Attention to Peter Sloterdijk)," Keynote lecture for the Networks of Design meeting of the Design History Society, Falmouth, Cornwall, 3 September 2008, 6.
69. Avram Hiller and Leonard Kahn, "Introduction: Consequentialism and Environmental Ethics," *Consequentialism and Environmental Ethics*, eds. Avram Hiller, Ramona Ilea, and Leonard Kahn (Abingdon: Routledge, 2014), 1–16 (3).
70. Larry Alexander and Michael Moore, "Deontological Ethics," *The Stanford Encyclopedia of Philosophy* (Spring 2015 Edition), ed. Edward N. Zalta, accessed 21 January 2016, http://plato.stanford.edu/archives/spr2015/entries/ethics-deontological/.
71. Daniel Holbrook, "The Consequentialistic Side of Environmental Ethics," *Environmental Values* 6, no. 1 (1997): 87–96 (92).
72. Tani E. Bellestri, "Utilitarianism," *Green Issues and Debates: An A-to-Z Guide*, eds. Howard S. Schiffman and Paul Robbins (Thousand Oaks, CA: Sage, 2011), 475–477 (477).
73. Heath Schenker, "Women, Gardens, and the English Middle Class in the Early Nineteenth Century," *Bourgeois and Aristocratic Cultural Encounters in Garden Art, 1550–1850*, ed. Michel Conan (Washington, DC: Dumbarton Oaks, 2002),

337–360.
74. Susan Herrington, *Cornelia Hahn Oberlander – Making the Modern Landscape* (Charlottesville: University of Virginia Press, 2013).
75. Latour, "A Cautious Prometheus?" 9.
76. Robert Smithson, "A Sedimentation of the Mind: Earth Projects,"*Artforum* (September 1968): 82–91 (83).
77. Robert Smithson, "Symposium," *Earth Art*, ed. Nina Jager (Ithaca, NY: Andrew Dickson White, Museum of Art, 1970), 63–79 (67).
78. Kastner and Wallis, *Land and Environmental Art*, 44.
79. Ibid.
80. Claude Lévi-Strauss, *The Savage Mind*, trans. George Weidenfeld (London: Weidenfeld and Nicolson, 1962; 1966), 17.
81. Günther Vogt, "Shadows of Landscape," Landscape Architecture's Core? *Harvard Design Magazine* no. 36 (2013): 130–135 (131).
82. Ibid.
83. Julie Bargmann, "Dirt Studio's Brooklyn Navy Yard Visitors Center," accessed 21 January 2016 www.dirtstudio.com/#bny.
84. Susan Herrington, "Designing above the Arctic Circle," *Journal of Landscape Architecture* 8, no. 2 (2013): 44–51.
85. Margaret Flanders Darby, "Joseph Paxton's Water Lily," *Bourgeois and Aristocratic Cultural Encounters in Garden Art, 1550–1850*, ed. Michel Conan (Washington, DC: Dumbarton Oaks, 2002), 255–283 (265).
86. Ibid., 273.
87. William Bostwick, "The Ripple Effect: Solar Ivy," *Metropolis Magazine* (March 2010): 104.
88. William Myers, *Bio Design: Nature, Science, Creativity* (New York: Museum of Modern Art, 2012), ii.
89. Avinash Rajagopal, "Behind The Living's 100% Organic Pavilion for MoMA PS1," *Metropolis*, 10 February 2014, accessed 24 June 2015, www.metropolismag.com/Point-of-View/February-2014/MoMA-PS1/.
90. Hiller and Kahn, "Introduction: Consequentialism and Environmental Ethics," 5.
91. Ibid., 5–6.
92. Sven Ove Hansson, *The Ethics of Risk: Ethical Analysis in an Uncertain World* (New York: Palgrave Macmillan, 2013).
93. Mariana Brussoni, Rebecca Gibbons, Casey Gray, Takuro Ishikawa, Ellen Beate Hansen Sandseter, Adam Bienenstock, et al., "What is the Relationship between Risky Outdoor Play and Health in Children? A Systematic Review," *International Journal of Environmental Research on Public Health* 12 (2015): 6423–6454.
94. David Ball, Tim Gill, and Bernard Spiegal, *Managing Risk in Play Provision: Implementation Guide* (London: Play England, 2012), 120.
95. Ellen Sandseter and Leo Kennair, "Children's Risky Play from an Evolutionary Perspective: The Anti-phobic Effects of Thrilling Experiences," *Evolutionary Psychology* 9 (2011): 257–284.

第 4 章　语言

从最广泛的意义上说，“语言一词指代任何意义的整体（系统），无论是语言的、音乐的、视觉的、手势的……我们说的是建筑语言、音乐语言或风景语言。”[1] 本章将设计理论作为一种语言，作为一种通过设计进行交流的手段。景观可以通过设计传达思想的想法引发了人们关于景观可以被阅读或解释为文本的猜测，这反过来又引发了关于解释和意义的辩论。如果设计师可以传达思想，人们如何从景观中解读这些思想？如果他们的解释与设计师的意图不同怎么办？景观是否可以有意义或它们必须有意义？如果风景可以有意义，那么构建这种意义的规则是什么？正如哲学家保罗·里克尔（Paul Ricoeur，1913—2005 年）所说的：

> 如果真的解释文本的方式并非一种，那么认为所有解释都均等并且可能被同化为所谓的经验法则的论断就是不正确的……总是有可能支持或反对解释，对抗解释，在它们之间进行仲裁，并寻求达成一致，即使这种一致一直超出我们的能力范围。[2]

事实上，当景观设计被视为一种语言时，景观理论就达到了其能最自我批评的阶段，因为关于语言和意义的辩论是人文学科争论的核心。

类型学的理论基础

请看由美国国家公园管理局记录的位于南卡罗来纳州沙利文岛上历史悠久的房屋类型（图 4.1）。

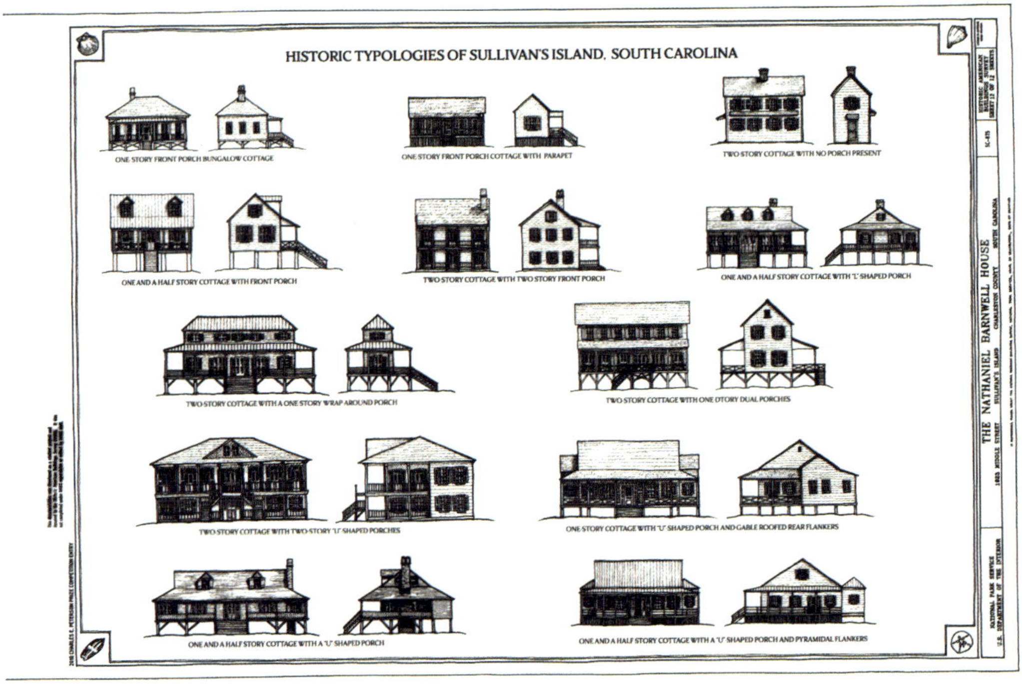

这幅图中比较和对比了什么？
类型学研究是怎么一回事？

图 4.1
南卡罗来纳州沙利文岛历史房屋类型，国家公园管理局（2010 年），公有领域版权

类型学是按类型对人工制品进行分类，这些类型可以按不同的类别进行分组——形式、历史、主题等。建筑和风景园林的类型学或分类系统可以追溯到 18、19 世纪人们对百科全书和字典的狂热。建筑理论家安托万 - 克里索斯托姆 · 卡特勒梅尔 · 德 · 昆西（Antoine-Chrysostôme Quatremère de Quincy，1755—1849 年）和约翰 · 克劳迪厄斯 · 劳登（John Claudius Loudon，1783—1843 年）试图提供一种有组织的语言来代表设计的环境。例如，劳登就撰写了大量与景观相关的主题广泛的百科全书，包括农业、植物、乔木和灌木、园艺和建筑方面。根据建筑理论家西尔维娅 · 拉文（Sylvia Lavin）的说法，这一时期对建筑百科全书和词典的吸引力是由于人们越来越相信语言是一种人工系统，它不是由上帝创造的，而是由理性思维发明的。[3] 因此，卡特勒梅尔 · 德 · 昆西对历史建筑的分析根据他的类型理论进行了分类，该理论与神学无关，也不受时间发展或文化事件的影响。

类型的理论或类型学后来在 20 世纪 60—80 年代之间被建筑师复兴，作为对现代建筑的批判。随着对现代设计原则的幻想破灭（据称这些原则从功能中衍生出来，忽略了历史先例），建筑师朱利奥·卡洛·阿甘（Giulio Carlo Argan）、阿尔多·罗西（Aldo Rossi）、拉斐尔·莫尼奥（Rafael Moneo）、豪尔赫·西尔韦蒂（Jorge Silvetti）和艾伦·科洪（Alan Colquhoun）等将城市空间类型的历史发展视为设计的源泉。例如，拉斐尔·莫尼奥认为，“现代运动的理论家拒绝了 19 世纪所理解的类型的概念，因为对他们来说，这意味着固定不动，意味着对创造者施加的一系列限制，他们认为，创造者应当能够完全自由地行动。”[4] 与将类型学作为一系列限制的观念相反，这些建筑师将类型学视为设计的源泉。

阿尔多·罗西在他的《城市建筑》一书中引用卡特勒梅尔·德·昆西的话，将类型与模型区分开来，并指出：

> “类型”一词与其说是复制或完美模仿事物的形象，不如说是元素自身必须作为模型规则的理念。……从艺术的实践操作角度理解的模型是一个必须按原样重复的对象；相反，类型是一种对象，人们可以根据它构思出完全不相似的作品。[5]

对于罗西来说，类型的规则规定了建筑设计的基本原则。他假设：“类型学将自身呈现为对无法进一步简化的元素类型的研究……简化的过程是必然的、合乎逻辑的操作，没有这个前提就谈不上形式的问题。”[6] 因此，建筑师不仅可以使用类型来分析建筑环境，还可以生成新环境。

从这个意义上说，设计中的景观类型学并不意味着复制设计类型，而是提炼它们的规则或内在逻辑。以常见的农业类型——果园为例，这是一个有意种植的树木区域，通常包含果树或坚果树。在许多文化中，果园以低密度的规则网格布局，为每棵树提供光照和空气，并便于维护和收获。它们也可以以五点梅花形排法（quincunx）或沿着斜坡的轮廓布置，树木的确切间距将取决于它们的种类和果园所在的位置。由于这是一种农业类型，一致的树木布局和间距将决定每单位面积的最大树木数量。树木对空气、水、光和人类通道的需求通过它们具有这种规则化布局的事实得到满足，或者可以称为果园的内在逻辑。采用类型学作为设计方法的关键起点是从这种内在逻辑开始的。

风景园林学界也探讨了类型学在设计中的作用。受西尔维娅·克劳夫人（Dame Sylvia Crowe）和玛丽·米切尔（Mary Mitchell）的著作《景观的模式》（*The Pattern of Landscape*，1988 年）[7] 的启发，景观规划师和林务员西蒙·贝尔（Simon Bell）撰写了《景观：模式、感知和过程》（*Landscape: Pattern, Perception, and Process*，1999 年）。[8] 贝尔特别关注我们对自然模式的感知（如螺旋、曲折、爆炸、分支、打包和开裂），以及它们如何在人们创造的模式中被表达。重要的是，他强调了长期过程如何塑造这些类型的模式。他指出：

> 模式类型也由湍流或涡流等流体动力学决定……这些模式在液体中很容易观察到。其他流体有压力或能量，不是直接可见的，而是通过间接证据推断出来的，例如木材的应力断裂、风产生的沙丘或骨骼结构，它们对压力作出反应，并不断进化，从而最大限度地减少材料的使用。[9]

为了强调文化类型之间的联系，景观设计师辛西娅·格林（Cynthia Girling）和肯尼思·赫尔凡德（Kenneth Helphand）撰写了《庭院、街道、公园：郊区开放空间设计》（*Yard, Street, Park: The Design of Suburban Open Space*），以帮助设计师和规划师通过使用不同尺度、形成网络的类型学参与新社区的设计。[10] 他们对基本街区景观类型的分析从私人庭院到社区，再到游乐场，以及通过车辆、自行车和行人运动的走廊连接的地方和区域公园系统。

类型是景观设计师的灵感来源。风景园林学教授克莱门斯·斯滕伯根（Clemens Steenbergen）在《景观构成》（*Composing Landscapes*，2008 年）中强调了类型的转换潜力。他写道，在作为设计过程的转换中可以区分三个连续的动态阶段：分解（研究历史材料并分离可用元素）；处理（它们再次面临给定的现状条件和新的项目策划）；综合（创建新的功能和视觉空间关系）。[11]

再回到果园的例子呢？如果按照这三个步骤，你可能会设计什么？

类型学的重要性

类型学关注设计学科的语言，无论是风景园林、建筑还是城市设计。虽然这些类型会重叠——例如，广场在风景园林和城市设计中都很常见，但让学生了解这些类型很重要。建筑理论家艾伦・科洪指出，“我们并没有摆脱过去的形式和这些形式的可用性……如果假设我们是这样的，那么就失去了对想象力以及与他人交流的能力一个非常活跃部分的控制。”[12] 这句话证明类型学作出了两种不同但同样有价值的贡献：对内而言在设计过程中，对外而言是体验设计的公众。

类型学关注风景园林的特定类型和这些类型的内在逻辑，但它并不“提倡回归到一种不假思索地接受传统的建筑”，[13] 而是一种类型的转换。通过这种方式，类型学探索可以批判性地运作。哲学家、语言学家和评论家罗兰・巴特（Roland Barthes）认为，“对于一个社会来说，没有什么比对自己的语言进行分类更重要的了”，并且“语言从来都不是无辜的”，[14] 豪尔赫・西尔韦蒂在他广为流传的文章《阴影之美》（“The Beauty of Shadows”，1977 年）中提出了“来自内部的批评”。[15]“来自内部的批评”使用了建筑语言，但它也颠覆了其传统的语言用法。对于西尔韦蒂来说，这种批评不应该是一句话或简单的评论——它应该影响你对世界的看法。这种做法不仅使设计师能够反思和批判语言，还可以创造出新的、意想不到的联想，揭示“作品的某些意义，否则这些意义会被意识形态的面纱所掩盖。”[16] 这就是阴影之美，因为就像语言一样，阴影从光线中投射出一种形式，它并不是它所描绘的对象的精确复制品。

此外，重要的是，非设计人员通常很容易理解类型。他们以前很可能体验过果园或小巷，虽然可能不知道两旁种满树木或高大灌木的人行道被称为巷道（allée），但他们知道这种空间类型通向某个地方。类型学的设计方法对学生也很有价值，能够提供设计的出发点，特别是对于城市项目。正如城市设计师大卫・沃尔特斯（David Walters）和艺术家琳达・布朗（Linda Brown）所说：“它有助于在项目开始时快速建立可行的城市形态和空间模式，建立一个可以通过现场环境的微妙之处加以丰富的框架。”[17]

类型学的实际应用

形态类型

城市理论家、画家和建筑师卡米洛·西特（Camillo Sitte，1843—1903 年）是最早批评现代城市类型的人之一，例如公寓楼街廓系统，以及城市中心位置为纪念碑或喷泉的广场的强制几何形状。[18] 他对他生活的时代所建造的开放空间表示遗憾，并争辩说："它们通常没有其他目的，只是考虑到更多的空气和光线，或者在连片的房屋中造成一定的中断，最多提供更自由地欣赏大型建筑的视野。"[19] 有趣的是，西特的批评使他对整个欧洲的城市空间类型进行了形态学研究。该研究在 1889 年出版了图书《根据艺术原则进行城市规划》（*Der Städtebau nach seinem künstlerischen Grundsätzen*）。

西特偏爱中世纪和文艺复兴时期渐进发展的城市开放空间。为了让读者相信它们的价值，他展示了这些时期众多城市广场的平面图，展示了它们的相似之处，以及在实际应用中如何塑造它们的形式。例如，他发现这些老广场的中心没有喷泉、雕像或其他纪念碑。他解释说，这些广场不仅是用于社交空间（每家每户来这里取水），而且还充当了穿过空间的通道。由于广场最初没有铺砌，人和马的行迹形成了纵横交错的车辙路径。

> 所以当安装一处喷泉时，显然不会选址在较深的车辙中间，而是设置在位于交通线之间的安全岛上。如果社区逐渐发展并壮大起来，那么广场将被分级和铺设，但喷泉仍然在原处……人们可以理解为什么喷泉和纪念碑不位于交通的主轴上，不在广场的中间，也不与中央门户对齐。[20]

西特的作品于 1945 年开始以英文出版，他极大地影响了后现代城市设计师、景观设计师和建筑师。然而，景观设计师创造的许多类型都使用了植物，它们会随着时间的推移而改变，从而改变原始类型。

风景园林中的类型学如何解释这些变化？

请看由施魏因鲁伯景观建筑事务所（Schweingruber Landscape Architects）和胡巴彻和黑勒建筑事务所（Hubacher and Haerle Architects）设计的欧利克公园（Oerliker Park）的图像（图 4.2）。该公园位于瑞士苏黎世北部的前工业用地，其设计考虑了（随着时间推移的）形态变化。设计师创造了一个开放空间系统和森林，同时采用了源于森林管理的办法——项目初始建造后的战略干预——作为他们设计的一部分。公园的景观设计师规划了由 700 棵欧洲白蜡树（*Fraxinus excelsior*）、104 棵银桦树（*Betula pendula*）、64 棵野樱桃（*Prunus avium*）、40 棵枫香树（*Liquidambar styracifluua*）和 33 棵公主树 / 毛泡桐（*Paulownia tomentosa*）组成的网格。[21] 选择这些树木是因为它们的耐寒性，以及它们的生长模式和对比色。考虑到树苗枝干纤细，以行距和株距 13 英尺（约 4 米）将其栽种在公园中央开放空间周围。

公园森林管理计划中的一个项目是通过移走一些树木来增加公园内部的额外空间。从 2015 年到 2025 年，公园南部将移走 350 多棵树，保留的树

图 4.2
欧利克公园（2001 年），施魏因鲁伯 · 祖劳夫景观建筑事务所、胡巴彻和黑勒建筑事务所，图片由 Grün Stadt Zürich 提供，https://creativecommons.org/licenses/by-sa/3.0/deed.en，瑞士苏黎世

将按照五点梅花形排法分布。2025 年之后，只要再移走不到 100 棵树就能创造出额外的开放空间。

你知道移走的树木可以有哪些用途吗？

园林类型

园林设计历史悠久，园林类型的年代记录揭示了园林各种各样的形式。园林历史学家汤姆·特纳（Tom Turner）划分了从古埃及到后现代风格的 24 种园林类型。[22] 意大利文艺复兴时期的园林，以其直线、轴向空间和线性水道而闻名，是螺旋藻喷泉（Spirulina fountain）的起点，螺旋藻喷泉由 Bureau A 设计，位于瑞士日内瓦（图 4.3）。值得一提的是，16 世纪意大利花园的重力水道启发了他们的设计。根据 Bureau A 的说法，“喷泉的形式和尺寸借鉴了 1550 年在意大利弗拉斯卡蒂建造的阿尔多布兰迪尼别墅（Villa Aldobrandini）的瀑布。”[23]

图 4.3
螺旋藻喷泉（2015 年），Bureau A，图片由 Bureau A 提供，瑞士埃沃公园（Parc des Evaux）

“喷泉兼作螺旋藻的繁殖地，螺旋藻是一种营养丰富的蓝绿藻。”[24] Bureau A 使用可捕获微藻的织物过滤器来收集藻类。螺旋藻可用于制作冰沙、蘸酱、布丁和果汁。

哪些元素保持不变，它们改变了哪些元素？
你知道为什么喷泉里的水是绿色的吗？

小脚 / 大脚

景观设计师俞孔坚以“缠足”比喻欧洲的装饰性景观，用女性自然生长的脚比喻他的乡土农业类型学，提出了中国风景园林的“大脚”革命。俞孔坚说：“过去一千年的大部分时间里，中国女孩被迫缠足，以便嫁给城市精英，因为她们天生的‘大’脚与乡土人民和乡村生活联系在一起。”[25] 他指责这种小而功能不全的脚（被缠足的妇女几乎不能走路）的美学很像 19 世纪从欧洲传入中国城市的设计类型——这些景观是装饰性的，以观赏植物和假石为特色，没有生态功能。他指出，“在 20 世纪之前，由享有特权的城市少数群体定义的审美化的景观现在受到群众的热切追捧，他们的农民祖先一直在努力成为城市居民。这些农民工就像‘大脚’女孩一样，都渴望‘缠足’。”[26]

作为替代方案，俞孔坚提出了一种大脚美学，即设计景观从乡土农业类型中汲取灵感，这些农业类型不仅在作物种植中发挥作用，同时以生态方式运作。例如土人景观设计的湖南省武陵江黄龙洞剧场（图 4.4）。图

图 4.4
黄龙洞剧场景观（2010 年），俞孔坚 / 土人景观，图片由俞孔坚提供，中国湖南省

像中的路径为圩田的边缘。圩田景观是水坝系统的替代方案，水坝系统阻挡了武陵河冲积平原的水流，但具有破坏性。土人景观的设计借鉴了可追溯到公元前 2200 年至 2100 年的非常古老的中国农业用水管理系统。[27] 这种重力灌溉系统允许水流流经农田，这样在减少洪水影响的同时还稳定保持了水稻所需的水深。

你能看出这个景观是俞孔坚“大脚”理论的一个版本吗？

音乐厅（在背景中）似乎借用了类似的想法，你知道为什么大厅的屋顶是倾斜的吗？

圩田景观不是中国独有的，还有其他乡土圩田吗？

阿勒西娅图像

建筑师克里斯蒂安·诺伯格 - 舒尔茨（Christian Norberg-Schulz，1926—2000 年）在他广为人知的著作《场所精神：通往建筑现象学》（*Genius Loci: Towards a Phenomenology of Architecture*，1980 年）中发展了阿勒西娅图像（Aletheic image）理论。[28] 与同时代的其他设计师一样，他并不满意现代主义中技术官僚的一面，他试图将建筑建立在场所精神（genius loci）的概念之上。诺伯格 - 舒尔茨早期将现象学与设计联系起来的尝试涉及他的拓扑学理论，[29] 该理论指的是建筑和风景园林的历史作品在生活中的空间组织。诺伯格 - 舒尔茨认为通过对历史遗迹的物理探索能揭示其拓扑学的意义。例如，意大利托斯卡纳的众多圆形山顶城镇之一的切托纳就是拓扑学的一个例子。当你沿着城镇的主要街道蜿蜒前行时，你会随着身体的运动追踪城镇本身的地貌。

诺伯格 - 舒尔茨的阿勒西娅图像理论旨在激发基于自然格局的新设计。阿勒西娅指的是海德格尔对希腊术语 aletheia 的使用，意味着真理是一种揭示或发现的相遇。诺伯格 - 舒尔茨认为波希米亚山脉的岩石露头为波希米亚建筑的曲线立面提供了阿勒西娅图像，因为它们具有相似的形式品质。[30] 类似于被自然雕刻的岩石，建筑的外墙采用相同的方式塑造，具有弯曲的边缘。

请看位于密苏里州圣路易斯的由纳尔逊·伯德·沃尔茨景观建筑事务所（Nelson Byrd Woltz Landscape Architects）设计的城市花园的图像

（图 4.5）。公园距离密西西比河仅几个街区，它由三部分组成的设计构思让人想起密西西比河的三种不同农业或冲积模式。北部区域包含 168 米长的密苏里石灰岩拱墙，代表了密西西比河雕刻的石灰岩河断崖。洪泛区域受 100 多个垂直喷水器的水流控制，这些喷水器可供儿童玩耍。而低地区域有一面 351 米长的蜿蜒座椅墙，让人想起这条河最显著的特征之一。

你认为蜿蜒的座椅墙提供了河流的阿勒西娅图像吗？

原型

心理学家卡尔·荣格（Carl Jung，1875—1961 年）提出了无意识的两个概念层面——个人和集体。根据荣格的说法，“个人层面结束于婴儿期的最早记忆，而集体层面则包括婴儿期之前的时期，即祖辈生活的残余。”[31] 荣格认为集体无意识的内容具有普遍性的原型，在历史和文化中反复出现。

图 4.5
城市花园（2009 年），纳尔逊·伯德·沃尔茨景观建筑事务所，美国密苏里州圣路易斯

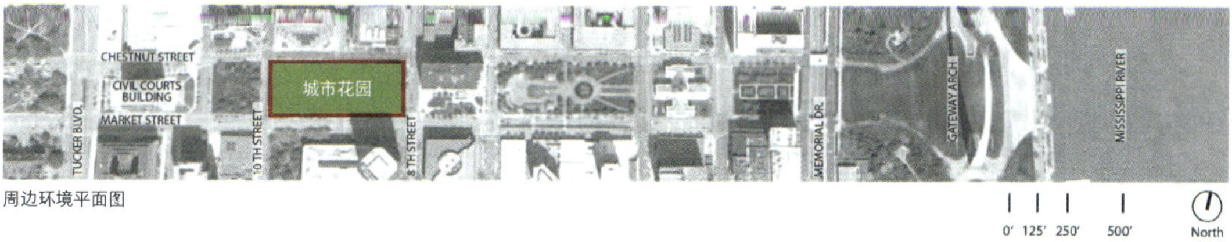

周边环境平面图

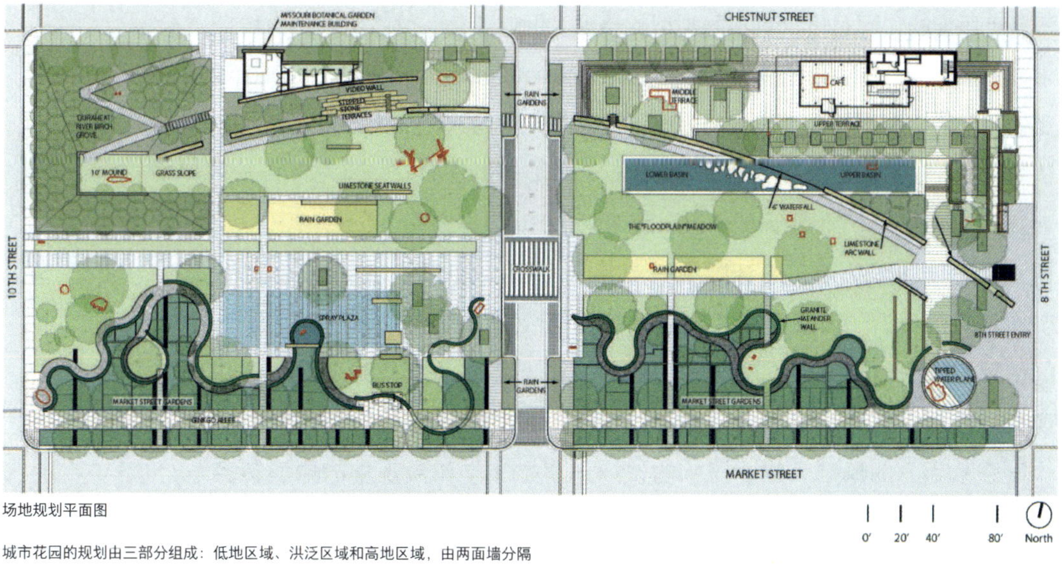

场地规划平面图

城市花园的规划由三部分组成：低地区域、洪泛区域和高地区域，由两面墙分隔
设计元素体现了河流景观的抽象概念

这些荣格原型可以在人格中表现出来。聪明的老人就是这种人格原型的例子——你可能在《哈利・波特》系列中的阿不思・邓布利多或《指环王》中的甘道夫身上见过他。然而，荣格也提出了转型原型（transformational archetypes）的想法。这些不是人格，而是典型的情况、地点、方式和手段，象征着所讨论的转型。对于荣格来说，“就像人格一样，这些原型是真实的和真正的符号，不能被详尽地解释为记号或讽喻。之所以说它们是真正的符号，是因为它们是模棱两可的，充满了隐晦的意义，取之不尽用之不竭。”[32] 有趣的是，荣格在塔罗牌的意象中发现了这些转型原型的符号。

虽然弗洛伊德将创作艺术视为升华过程的一部分，但荣格认为集体无意识对艺术家来说是启发灵感的。在世界中遇到的原型可能会因潜在记忆（cryptomnesia）而引发集体无意识的记忆丢失，这意味着存储了记忆，但忘记其来源。荣格提供了一个例子，说明无意识是如何影响人类心灵中的意识。一位教授和一个学生走过一个农场，突然，不知为何，“他童年生活的形象开始涌现。”[33] 困惑的教授和学生一起走回农场，发现鹅的气味是这次打岔的根源。他小时候曾在一个饲养鹅的农场生活过，鹅的独特气味给他留下了深刻的印象。他成年后再闻到这种气味时，便产生了童年生活的记忆图像。荣格推断说，即使我们没有有意识地记住一种特定的气味，“也会无意识地吸入‘气味’。”[34]

虽然我不完全相信荣格给出的塔罗牌例子，但景观在潜意识中交流的想法是有可能的，而且肯定有不同类型的景观，例如迷宫，可以跨越时代和文化。景观设计师杰弗里・杰利科爵士（Sir Geoffrey Jellicoe，1900—1996 年）受到原型的启发，将景观设计视为一种在潜意识中与人们交流的方式。他还认为这项活动应该保密。“如果可以的话，不要告诉任何人，因为这是一个潜意识传递给另一个潜意识的信息，而理智会破坏这些东西。”[35]

最近，原型在景观设计师金・威尔基（Kim Wilkie）的工作中发挥了作用。请看金・威尔基在北安普敦郡鲍顿公园（Boughto Park）设计的俄耳甫斯（Orpheus）的图像（图 4.6）。倒置的金字塔形草阶下沉到现有地面以下 7 米，那里有一个能映射出天空的方形水池。俄耳甫斯是“灵感歌手”的原型人物，而水的使用一直是文学和景观中的原型转换方法。《每日电讯报》（*Telegraph*）的一位记者本对威尔基的设计方案持怀疑态度，尤其是他在倒金字塔旁边创建的斐波那契符号（Fibonacci symbol）。然而，当这位记者参观公园时却惊呼：

> 但是，然后……你停下脚步，这个 50 米见方的非凡深坑在顶部打开，倾斜的阶地通向底部的方形黑色水池。有时你知道自己正置身于伟大的作品中，而这就是其中之一。部分是因为尺度，部分是因为奥林匹斯山与哈德斯的倒置，是天堂与地狱的平衡，还是生与死的沉思？我无法说清是什么触动了感官开关，让我停止了与朋友的交谈，不再担心被雨淋湿，放弃对斐波那契的嗤之以鼻。它比一切都重要，不仅在身体上，而且还在精神上。[36]

图 4.6
俄耳甫斯（2009 年），金·威尔基，图片由金·威尔基提供，英国北安普敦郡

你认为俄耳甫斯为什么会让那个记者产生这样的反应？

类型学的讨论

类型学已经受到许多不同角度的批评。建筑师琳达·施内克洛斯（Lynda Schneekloth）和凯伦·A. 弗兰克（Karen A. Franck）指出，在设计过程中

类型的使用过于依赖复制特定类型的图像，而不是使用类型学（或分类）作为创建新形式和空间的起点。他们说，

> 类型非常有用。它向我们解释了世界，对我们来说很有意义。我们通过类型构建和阐释接受世界的知识时，通常并不考虑类型。类型是暗示性的而不是真实的。这是它的力量，也是它的问题。事实上当它既没有涉及分类的本质，也没有努力生成形式和去改变空间实践的时候，我们就假设是真相，并试图接受。[37]

城市设计师亚历克斯・沃尔（Alex Wall）认为正式的类型学不足以描述和回应当前的城市状况。例如，当代城市主义与西特的传统城市不同，传统城市拥有一个中心为核心，并且有别于乡村，而当代城市主义是多中心的，并且在区域和全球空间中相互连接。沃尔指出，“与构成当代大都市的基础设施、网络流、模糊空间和其他多形态条件相比，广场、公园、区域等熟悉的城市类型没有多大用处或意义不大。”[38] 沃尔还指出，这些传统的城市类型往往适应有限的项目，而事实上，城市环境的扩展和密集化需要对多样化的项目进行分层。景观设计师吉尔・德西米尼（Jill Desimini）在描述斯托斯城市景观公司在底特律的作品时提出了“发展类型学”的概念。这些类型是物理的和功能的，它们与土地利用有关，根据德西米尼的说法：

> 它们突破传统分区类别的界限，将具体的愿景和绩效指标包括在内……有五个大类：社区开放空间（包括传统的休闲和公民开放空间），创造动物和动物栖息地的生态景观，解决全市雨水需求的蓝绿基础设施，扩大现有农业和能源业务的工作和生产景观，以及庆祝城市闻名的艺术和活动设施的过渡景观。[39]

这些发展类型的形式在底特律城市景观的现有形式上映射出来。这些形式的特点不仅体现在城市废弃的基础设施、建筑物和工业设施，还体现在其大规模的网格状街道系统和低洼的湖床平原，这些平原是以前古老的湖泊和冰川的沉积物。

类型学的主要阅读材料

Karen A. Franck and Lynda H. Schneekloth, *Ordering Space: Types in Architecture and Design*. 凯伦・A. 弗兰克和琳达・施内克洛斯，《空间秩序：建筑和设计的类型》

Cynthia L. Girling and Kenneth I. Helphand, *Yard, Street, Park: The Design of Suburban Open Space*. 辛西娅・格林和肯尼思・赫尔凡德，《庭院、街道、公园：郊区开放空间设计》

Aldo Rossi, *Architecture of the City*. 阿尔多・岁西，《城市建筑》

Clemens Steenbergen, *Composing Landscapes: Analysis, Typology and Experiments for Design*. 克莱门斯・斯滕伯根，《景观构成：分析、类型学和设计实验》

语义学的理论基础

> 对于古代和现代的许多哲学家来说，人是"表现性的动物"，即符号性的动物，其独有的特征是创造和操纵符号——代表或代替其他事物的事物。[40]
>
> (William J. Mitchell, Critical Terms for Literary Study, 1990)

在这里，米切尔（William J. Mitchell）声称人类是独一无二的，因为他们倾向于表现和表达生活，而不仅仅是像其他动物一样生活。

其他动物会表现或表达生活吗？
人类通过什么方式来表现或表达？

米切尔的主张可以追溯到新康德主义（neo-Kantian）哲学家恩斯特・卡西尔（Ernst Cassirer，1874—1945 年）的工作，他认为人类在生成符号方面不同于其他动物，并且符号的创造对生活的所有领域都很重要，包括从语言和神话到艺术和科学。由于符号无处不在，卡西尔建议它们应该取代理性，成为文化的统一结构。[41] 符号如何作为一种语言来间接传递经验，在卡西尔的理论中也有所体现。他认为：

> 语言世界和艺术世界为我们提供了这种先于逻辑的结构化的直接证据，提供了这种先于概念工作并成为其基础的“印章形式”（stamped form）的直接证据……我们已经以语言为例阐明了这一点，但它同样适用于艺术的有机本质。雕塑、绘画和建筑似乎有一个共同的对象。[42]

对于卡西尔来说，符号形式先于概念和知识，因此符号提供了语义学中的关键问题——意义的研究。语义学被认为是符号学和语言学的先驱和分支。[43] 符号因表现性在体验中起到作用的另一个重要维度是它们将感官和智力理解混合的性质。在描述画在纸上的线条的视觉体验时，卡西尔说：

> 这种体验绝不是由纯粹的感官数据、亮度和颜色等光学特性组成的……作为感官体验，它始终是一种意义的载体，并且为这种意义服务。但恰恰在其中，它能够执行非常不同的功能，并通过它们代表非常不同的意义世界。[44]

卡西尔对符号、语言和意义的哲学兴趣影响了众多艺术，以及艺术史和艺术批评。在瓦尔堡学院（Warburg Institute），卡西尔的学生欧文·帕诺夫斯基（Erwin Panofsky，1892—1968 年）将这种对符号价值和语义学的关注带到了艺术史中。[45] 在《图像学研究：文艺复兴艺术中的人文主题》（*Studies in Iconology: Humanistic Themes in the Art of the Renaissance*）一书中，帕诺夫斯基反驳了基于形式主义的分析，并彻底改变了艺术史的学术研究。帕诺夫斯基特别针对沃尔夫林的形式主义解释，认为艺术的内容在整个历史中保持不变，只是形式方面根据风格而变化。帕诺夫斯基的方法试图解释文化不断变化的象征价值，他认为这会突破只进行形式分析的艺术史学家的樊笼。

像侦探一样，帕诺夫斯基追索象征价值的内在意义，他声称，“这支撑和解释了可见事件及其无形的意义。”[46] 为了实现这一目标，他提出了形式的综合分析，研究意义积累中的图像、故事和象征。他指出：“通过将这种分析的结果从日常生活转移到艺术作品中，我们可以在其主题或含义上区分出三个相同的层次。”[47] 这些层次包括原始或自然主题（前图像学描述，pre-iconographical description）、次要或传统主题（图像学分析，iconographical analysis）和内在意义或内容（图像学综合，iconographical synthesis）。[48]

以斯塔德利皇家水上花园（Studley Royal Water Garden）为例（图 4.7），前图像学描述包括识别池塘的形式、线条和颜色，表现了天空的“镜子”，以及在约克郡这个凉爽的雨天中池塘阴沉的“气质”[49]。图像学分析需要将这些描述认知为斯塔德利皇家水上花园的月亮和新月池。在约翰·艾斯拉比（John Aislabie，1670—1742 年）被开除出议会后，斯塔德利皇家水上花园月亮和新月池的设计成了他的主业。[50] 艾斯拉比是约翰·詹姆斯的《园艺理论与实践》（*Theory and Practice of Gardening*，1712 年）英语版本的订阅者。这本书解释了规则式花坛花园的设计、安装和维护，并从 1718 年开始影响了斯塔德利皇家水上花园的布局。[51] 通过图像学综合，艾斯拉比运用简单的词汇形式向内敛克制的威利斯英格兰（Williamite England）花园致敬，而不是在像斯陀园（Stowe）这样的花园中表现出的夸张的辉格价值观①。[52]

图 4.7
斯塔德利皇家水花园，英格兰北约克郡

你看到分析的不同阶段了吗？

① 辉格价值观（Whig values）指的是 19 世纪早期至中期（1834—1854 年）美国辉格党所持有的政治原则和信念。辉格党是为反对安德鲁·杰克逊总统及其民主党而成立的，主张国家发展、现代化和经济保护主义的计划。

基于符号的使用及其语义可供性，哲学家纳尔逊·古德曼（Nelson Goodman，1906—1998 年）在《艺术语言：符号理论的方法》（*Languages of Art: An Approach to a Theory of Symbols*，1968 年）中将这些理论转移到美学中。[53] 古德曼的非语言形式，例如图片、音乐、舞蹈和建筑涉及不同的符号系统。这些作品具有“不同的功能，与所指的世界有着不同的关系。因此，艺术作品需要解读，解读它们就等于理解它们所指的内容、方式和规则体系”。[54] 语言与非语言指称（refer）不同，但正如哲学家詹妮弗·罗宾逊（Jennifer Robinson）所指出的那样，“艺术作品现在通常被理解为有意义的实体，具有认知价值，需要解释而不是被动欣赏。”[55] 她还指出，古德曼和将在后结构主义中读到的理论家一样，坚持认为，“语言和艺术不仅反映了一个先前存在的世界，而且有助于创造新的世界。”[56]

古德曼职业生涯的成就体现在《艺术语言：符号理论的方法》。他于 1985 年转向建筑分析，在景观设计师劳里·奥林的帮助下，他完成了《建筑的意义》（“How Buildings Mean”）一章的撰写。[57] 古德曼指出“建筑暗示、表达、唤起、援引、评论、引用；是句法的、字面的、隐喻的、辩证的；是模棱两可甚至自相矛盾的！”[58] 他不相信所有的建筑都是有意义的，而是试图发现一些建筑作品表达意义时如何像艺术品一样运作。

语义学的重要性

景观如何表达意义，这在 20 世纪 80 年代对许多不同的从业者来说变得很重要。在某种程度上，这种兴趣来自对艺术家创作的土方工程、大地艺术和公共艺术的接触。这些艺术运动是更广泛的概念艺术运动的一部分，该运动将艺术作品的概念或潜在思想置于其形式或模仿特征之上。正如你在《材料》一章中所读到的，大地艺术家极大地影响了景观设计师，因为他们经常与景观设计师共享相似的材料调色板，例如地形、水、太阳、阴影、植物、岩石、混凝土、人造物体等。此外，大地艺术家注重对作品文脉的诠释，并以此作为作品意义的来源。

对意义的关注也源于对过度规范的设计方法的不满，这种方法导致了景观在美学上的单调。1983 年，景观设计师乔治·哈格里夫斯撰写了一份关于风景园林未来的简短宣言，批评了他认为的传统设计过程：

（a）了解场地（强调自然现象）；（b）适配土地利用的功能项目；（c）美化它……对于城市广场，有金色 / 深棕色配色方案，带有不对称的平面图案，结合了竖向变化，并始终以一个景物（水、雕塑等）为中心。公园的场地必须是英国如画派的：土丘（通常是错误的比例）；空间上丛植的植物；色彩缤纷的林下；当然还有曲线的水景……无论进行了多少场地分析，风景园林的建成作品都可归入几个简单的类别。[59]

他总结说，在未来：

象征主义、神秘主义和人文主义的表达将成为人们关注的焦点。时间、自然和文化将作为物理媒介和主题。光、影、天空、雨、植物、泥土、碎片、各种类型的人，以及强化和抽象场地特征的人造元素将成为更简单、更容易接受的构成和非构成的焦点。[60]

五年后，在奥林广为人知的文章《风景园林中的形式、意义和表达》（“Form, Meaning and Expression in Landscape Architecture”）中，他批评了忽视形式与其意义之间联系的设计实践。他认为这种工作提供了“充其量是第二手或第三手的情感或艺术遭遇”。[61] 奥林描述了帕诺夫斯基如何为分析过去的艺术的语义解释奠定基础，以及这种方法如何与景观设计相关。他认为，与绘画和建筑等非语言艺术的交流解释类似，景观也可以被解码并传递意义。

哈格里夫斯和奥林对当代风景园林的批评都引发了争论，但他们也扩展了设计的概念——超越作为设计起源的功能主义气泡图，走向探索景观表达和交流能力的设计新概念。

古德曼自己对意义在艺术和建筑中的重要性的解释也强调了这些实践如何构建世界，并为它们的创造作出贡献。他通过询问，对“建筑的意义”作出了总结：

为什么建筑如何以及何时有意义很重要？我认为建筑作品或任何其他

> 艺术作品本身就是如此，因为它融入了我们总体上观看、感觉、感知、构想和理解的方式……一座建筑比其他大多数作品更能从物理上改变我们的环境；但此外，作为一件艺术品，它可以通过各种意义的途径，告知和重组我们的整个体验。与其他艺术作品一样——也与科学理论一样——它可以提供新的洞察力，促进理解，并参与我们对世界的不断改造。[62]

语义学的实际应用

外延

古德曼的外延概念涉及描述和表现。对于古德曼来说，“它涉及所有贴标签的行为，任何方式将任何类型的符号应用于对象……建筑物不是文字或图片，通常不描述或描绘。然而，在一些建筑作品中，表现确实以显著的方式出现。”古德曼发现最常见的是通过“建筑物的突出部分”进行表现，而不是整体。[63] 在外延中，语义运动体现在“符号成为它作为标签所指称的事物”。[64] 例如，他在巴塞罗那的安东尼·高迪的圣家族大教堂（Antoni Gaudí's Sagrada Família）的塔楼中发现了外延的应用，因为塔楼代表了附近的山脉。对于古德曼来说，“当我们在几英里外的蒙特塞拉特（Montserrat）遇到逐渐变细的锥形山脉时，发现塔楼是一种惊人的表现形式。”[65] 圣家族大教堂的一部分，特别是塔楼，指称这座加泰罗尼亚山脉（Catalonian mountain）的一部分，特别是其山峰的地貌。因此，要知道圣家族大教堂的塔楼意味着什么，需要理解它们从这些当地山脉获得的参考（图 4.8、图 4.9）。

直接例证

根据古德曼的说法，“无论一座建筑是否表现任何东西，它都可以例证或表达某些属性……这是建筑传达意义的主要途径之一。”[66] 向（与外延）相反的方向发展，例证“从符号转移到应用于它或它所拥有的属性的某些标签。”[67] 古德曼使用了一种织物样本来解释直接例证。一块布样展示了布料的某些方面，不是它的尺寸或剪裁，而是它的质地和颜色。古德曼还看到了建筑中的直接例证。他描述了一座其结构对人们是公开可见的建筑作为其结构特征的例证。[68] 该结构确实支撑着建筑物并体现了这一事实。

图 4.8
圣家族大教堂，安东尼·高迪，图片来自安东尼·高迪，https://creativecommons.org/licenses/by-sa/1.0/deed.en，西班牙巴塞罗那

图 4.9
蒙特塞拉特附近的山脉，图片来自荷兰的托雷罗，https://creativecommons.org/licenses/by-sa/3.0/deed.en，西班牙加泰罗尼亚

虽然古德曼使用了建筑物的功能，即结构作为例证，但它不一定总是功能。请看由施瓦茨·史密斯·迈耶景观建筑事务所（Schwartz Smith Meyer Landscape Architects, Inc.）和 PWP 景观建筑事务所（PWP Landscape Architecture）在多伦多设计的约克维尔公园村（Village of Yorkville Park）（图 4.10）。该公园位于一个 19 世纪的村庄（现在是多伦多的一部分），村庄以其维多利亚时代的排屋而闻名。受维多利亚时代在收集箱中收集昆虫和植物等自然界标本的做法的启发，他们将公园划分为单独的部分，每个部分都展示了加拿大的景观类型。在例证加拿大地盾（占地 800 万平方公里的前寒武纪大陆地盾）的区域，他们在公园里放置了一大块这种基岩地层。这块岩石是从安大略省北部（northern Ontario）分块提取的，运到多伦多并重新组装。

图 4.10
约克维尔公园村（1994 年），施瓦茨·史密斯·迈耶景观建筑事务所和 PWP 景观建筑事务所，图片由特纳·威金顿（Turner Wigginton）提供，加拿大多伦多

你能看出这块石头是如何像古德曼描述的织物样本吗？
通过体验这个公园，你是否可以了解加拿大地盾的某些方面？
加拿大地盾的哪些方面是你在这个公园里无法知道的？

隐喻例证

根据古德曼的说法，隐喻例证（metaphorical）是另一种表现方式，因为“并非建筑物所指的所有属性（或标签）都在它真正拥有的属性中。”[69] 例如，他指出，一座建筑物可能在没有部署任何乐器的情况下充满爵士风。该建筑的设计将某些东西（音乐流派的有力节奏和即兴创作）比作与之无关的东西（高层公寓楼），从而突出了二者之间的相似之处。

请看由古斯塔夫森・格思里・尼科尔（Gustafson Guthrie Nichol）设计的千禧公园卢里花园（Lurie Garden，Millennium Park）（图 4.11）。有着时装设计背景的凯瑟琳・古斯塔夫森经常使用与人类形态相关的隐喻，但这些形态是由泥土或植物做成的。[70] 古斯塔夫森通过编写与芝加哥相关的单词和短语列表开始了她的设计过程。正如谢丽尔・肯特（Cheryl Kent）所复述的那样，“其中一个是卡尔・桑德堡（Carl Sandburg）1914 年著名诗歌《芝加哥》（*Chicago*）中的‘大肩膀之城’（City of Big Shoulders）。”[71] 古斯塔夫森利用身体的隐喻和芝加哥的景观历史创造了一系列区域：肩膀树篱（The Shoulder Hedge）、光明板块（The Light Plate，西部定居前的草原）、黑暗板块（The Dark Plate，芝加哥大火前的树木）和裂缝（The Seam，过去与现在的交会处）。古斯塔夫森认为大多数人不会理解这些隐喻，他们是一种“为花园赋予形状和连贯性”的方式。[72] 然而，查尔斯・瓦尔德海姆（Charles Waldheim）确实做出了这些联想。他将肩膀树篱描述为“肌肉发达的”且“似乎在支撑着盖里（Gehry）音乐馆的闪闪发光的头饰”。[73] 他还指出，与其他板块一起，“它们合在一起就像一个肌肉发达的铠甲躯干。”[74]

你能在肩膀树篱中看到这个比喻吗？
你会称它为“像肉身一样”（corporeal-like），就像古德曼发现了一座爵士乐建筑一样吗？

图 4.11
千禧公园卢里花园的肩膀树篱（2004 年），古斯塔夫森·格思里·尼科尔，图片由辛西娅·格林提供，美国芝加哥

暗示

古德曼认为暗示是通过建筑的特征做出的一连串参照，暗示了其他的建筑案例，这些案例可能相互矛盾或相互加强。使例证成为一种暗示的原因是通过设计的特征（组织、颜色等）在其他设计的其他特征中形成的参照链。古德曼举了迈克尔·格雷夫斯（Michael Graves）建筑的一部分作为暗示埃及或希腊建筑的例子。[75] 这也可能发生在风景园林中。请看克劳德·科米尔在海斯特科姆花园（Hestercombe Gardens）置入的蓝棒花园（Blue Stick Garden）（图 4.12）。科米尔最初是为加拿大梅蒂斯花园的国际花园节设计的，他试图暗示由埃尔西·雷福德（Elsie Reford）在历史悠久的雷福德花园（Reford Gardens）（位于节日场地旁边）设计的花境。雷福德基于爱德华时代的花园艺术家格特鲁德·杰基尔（Gertrude Jekyll）的伟大花境进行设计。他用木棍代替多年生植物，科米尔的花园由 3500 个花园木棍组成。每根木棍的三边涂成蓝色，第四边涂成橙色。当你第一次走进蓝棒花园时，你会被蓝色所包围，这是木棍的集体色调。然而，当你转身离开并看到木棍的橙色一侧时，整个花园都会变成橙色。

图 4.12
国际花园节，梅蒂斯花园 / 雷福德花园，蓝棒花园（2004 年），Claude Cormier + Associés 公司，图片由伊万 · 马尔蒂斯提供，梅蒂斯花园 / 雷福德花园，海斯特科姆花园，英国萨默塞特

蓝棒花园的哪些部分暗示了雷福德和杰基尔的花园？
蓝棒花园的运动路线和颜色与这些花园有何不同？
你如何看待蓝棒花园在海斯特科姆花园里的复兴？

感官意义

古德曼的语义学理论包括视觉之外的感官体验。感官体验，如气味和触觉，有助于对景观的认知解释，而且由于景观通常在室外，有着变化的温度、光线、气味和风等感官强烈的环境，它们可以成为意义的优越载体。发展心理学家让 · 皮亚杰（Jean Piaget，1896—1980 年）是最早将感官体验确定为我们的概念知识的关键来源和发育中的儿童理解意义的基石的心理学家之一。最近有关成人意识生物学基础的神经学研究也发现，我们的感官有助于我们的理性思考，挑战了知识不能来自感觉这一观念。

马克 · 特雷布（Marc Treib）也强调了感官体验对意义的贡献：

> 过去，感官上的愉悦就曾为特定的意义服务。例如，日本在插花中挑选和排布鲜花时所表现出的品位，或者是支撑了众多的反宗教改革的艺术和建筑所具有的宗教体验的狂喜。感官体验感动了观看者，使他或她反思宗教意义以及一个人在宇宙中的位置——确实是强大的力量。[76]

将感觉作为意义载体的一种常见策略是强调某一种感觉的输入，而不是其他感觉，例如声音花园或气味花园。请看野口勇设计的加州情景（California Scenario）的图片（图 4.13）。他的设计代表了加利福尼亚州的六个不同地理区域：森林步道、土地利用、沙漠土地、水源、水的使用、能源喷泉，以及利马豆精神（向南加州的农业遗产致敬）。该设计因没有为游客提供足够的遮阴而受到批评。我认为暴露在阳光下是场景的一部分。它与野口勇试图表达南加州景观的意图有关。感觉皮肤上的热度是其意义的一部分。

你怎么看？

图 4.13
加州情景（1982 年），野口勇，图片由马克·特雷布提供，美国加利福尼亚州科斯塔梅萨

语义学的讨论

花园和景观是否可以或必须有意义引发了劳里・奥林（Laurie Olin）、马克・特雷布（Marc Treib）、简・吉列（Jane Gillette）和我之间的激烈辩论。[77] 简而言之，奥林试图探索景观设计师如何通过设计工作来创造意义。奥林在描述景观设计师理查德・哈格（Richard Haag）的两个项目——西雅图煤气厂公园（Gas Works Park）和布洛德保护地（Bloedel Reserve）时指出，"目前许多最好的作品都是对过去的表现形式的有效性及其现在如何延续的探究，以及成为他们自己新的和健康的创作。"[78] 我同意这个想法，但特雷布持怀疑态度，尤其是对那些有意寻求能够传达想法的景观设计。他坚持认为，"设计师在设计中的意图可能会或可能不会被那些体验过这个地方的人注意、欣赏或理解。"[79] 吉列同意特雷布，但进一步补充说，园林是一种次等的意义传递者，尤其是与文学相比。

古德曼（他没有参与辩论）指出，"即使建筑物确实有含义，这可能与它的建筑式样无关。任何设计的建筑物都可能代表它的某些原因或影响，或者代表在其中或在其场地上发生的某些历史事件。"[80] 景观也是如此。想想与 1963 年肯尼迪总统遇刺有关的草丘。尽管事实上它只是德克萨斯学校图书存放处的停车场和榆树街之间的草丛，但它已进入国际公众意识。

此外，重要的是要记住，景观设计师所传达的意思不一定是正确的。为了确定景观和园林的含义，我们需要考虑设计界和园林或景观的使用者在构建意义时的不同观点。他们都有不同的意图，很可能会从一个花园中挖掘出不同的解释。对于许多景观设计师来说，景观的使用者提供了"最正确"的解释。非专业人士可能不会按照设计师的意图解释景观，但这并不会使景观变得毫无意义。相反，它提出了多种解释。在比较不同的解释时，有很多关于人类想象力的知识需要学习，特别是在公共景观方面。

传统上是评论家在撰写园林的意义。因为风景园林杂志对从业者、学者和学生起到教育作用，评论家经常会在他们对作品的分析中描述设计师的意图。然而，这些意图并不是作为唯一正确的含义呈现出来。相反，通过从设计师的角度揭示花园的意图和意义，其他人可能会受到启发，并考虑类似的方法。正如评论家所解释的那样，景观的意义是有价值的，因为它可以将风景园林作品置于实践领域，使观众更加丰富和多样化。这一意义理论与哲学家亚瑟·丹托（Arthur Danto）的艺术本体论不谋而合。对于丹托来说，当某种东西嵌入艺术评论家和理论家关于艺术的话语中时，它就是艺术。换句话说，借助这种话语，从事景观工作和写作的设计师构建了意义。

特雷布认为景观设计师应该少考虑在他们的景观中传达意义，并更多地参与创造令所有感官愉悦的风景。吉列同意这一点，并认为这是设计师的一项重要任务。我认为设计师可以通过他们的设计作品进行交流，但他们也可以提供令人愉悦的地方作为其意义的一部分。愉悦不需要从传达想法的景观中分离出来。四位评论家似乎都同意景观的重要性，这与景观的意义不同。归根结底，赋予景观的意义往往是它们随着时间的推移而受到珍视和维护的原因。景观体验的时间延绵通过记忆赋予了意义。这是一个可以使景观具有重要性的过程，这是特雷布强调的一点。

语义学的主要阅读材料

Ernst Cassirer, *The Logic of the Cultural Sciences: Five Studies*. 恩斯特·卡西尔，《文化科学的逻辑：五项研究》

Nelson Goodman, *Languages of Art: An Approach to a Theory of Symbols*. 纳尔逊·古德曼，《艺术语言：符号理论的一种方法》

Stephanie Ross, *What Gardens Mean*. 斯蒂芬妮·罗斯，《花园意味着什么》

Marc Treib, editor, *Meaning in Landscape Architecture & Gardens: Four Essays, Four Commentaries*. 马克·特雷布，《风景园林与花园的意义：四篇论文，四篇评论》

符号论的理论基础

> 我们能够从烟雾中推断出火的存在，从潮湿的地方推断出雨滴的落下，从沙滩上的足迹推断出特定动物的经过，等等。[81]
>
> (Umberto Eco, Theory of Semiotics, 1976)

你认为意大利哲学家和小说家翁贝托·埃科（Umberto Eco）的这句话是什么意思？

埃科认为这个世界充满了推理。具中一些推理是有意的，其中一些是无意的，还有一些是自然发生的，例如作为降雨指示的潮湿的部位。对于埃科，“存在着必须被视为符号行为的推理行为。”[82] 符号学是表意理论，它涉及“产生意义的过程以及已经产生的意义”。[83] 换言之，它涉及对符号和象征的研究以及它们在意义解释中的应用，并以语言为典型实例。语言学家和哲学家诺姆·乔姆斯基（Noam Chomsky）将符号学研究追溯到启蒙时代哲学家的工作。[84] 然而，将符号论视为一项独特的事业的是费迪南德·德·索绪尔（Ferdinand de Saussure，1857—1913 年）。他提出假设，“既然语言是一个符号系统，语言学应该是更大的符号科学的一部分”，而不是哲学的一个子范畴。[85] 在 19 世纪的最后几十年，索绪尔向他的学生介绍了“符号学”这一术语。你将在有关“结构主义”的一节中阅读到更多关于索绪尔的内容。

符号论（semiotics）和符号学（semiology）都关注语言的使用，根据不同理论家的观点，语言可以由听觉、文字、电影、广告、景观、汽车、建筑等构成。符号论和符号学的一个特点是语言的随机性。你正在阅读的这本书与它被称为“书”这一事实无关。窗外的树与“树”这个词没有任何关系。说英语的人只同意称这种多年生木本植物为树。一些学生发觉这一真相令人吃惊，因为除非你会说双语，否则你并不总是意识到语言中意义的随机分配——将一棵树称为“一棵树”似乎很自然。

符号论和符号学之间有一些关键的区别。“与研究符号系统及其组织（例如交通代码、手语）的符号学不同，符号论关注的是意义是如何产生的。”[86] 通过无意的和自然的符号，符号论极大地扩展了其应用范围，从语言学扩展到“可以使接收者产生另一个想法的所有感觉刺激”[87]。哲学家查尔斯·桑德斯·皮尔斯（1839—1914 年）显著地推进了符号论的这种扩展观点。皮尔斯提出了他自己版本的意指，主要体现在解释项（interpretant）、再现体（representamen）和对象（object）的三元或三部分系统中。对于皮尔斯来说，

> （这是）一类非常广泛和重要的三元特征（组成）表现。表现是能产生某种心理效应的事物特征，它可以代替另一事物。具有这种特征的事物，我称其为再现体。心理效果或思想，是它的解释项；它所代表的事物，是它的对象。[88]

因此，解释项是使用其他符号来定义符号的有情感的事物，再现体是由对象决定的符号，对象就是它所要表达的意思。

例如，你（解释项）遇到野口勇的加州情景广场。你会看到各种雕塑形式、植物和水道（再现体）。由于你是景观设计专业的学生，你知道这是加州情景，以及这些元素代表了加州地理（对象）的各个方面（图 4.14）。

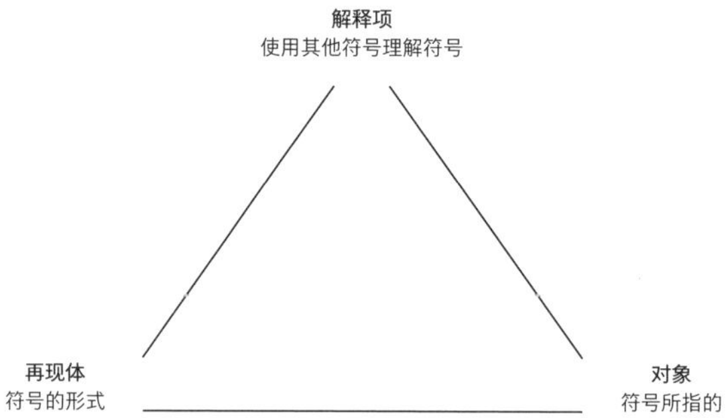

图 4.14
查尔斯 · 桑德斯 · 皮尔斯的符号学三元

皮尔斯的体系不同于索绪尔的二元对立或格雷马斯方阵（Greimas square）（在结构主义部分讨论），不仅在于它的图解形式，而且在于解释在意义中所起的重要作用。例如，并不是每个人都会像你那样解释加州情景。尽管很多人都知道这里的景观代表着加州，甚至有人带着孩子去那里了解了该州的地理，在 Yelp 网站上快速搜索的结果显示了许多不同的解释，但多元化的解读是件好事。关键是野口勇的目标（描绘加利福尼亚的地理）指导了设计的形式和材料，这反过来又促使人们解读景观。

为了理解符号载体（再现体或能指）与符号所代表的东西（对象或所指）之间的关系，许多符号学家使用了哲学家约翰 · 斯图亚特 · 米尔斯（John Stuart Mills）的术语——外延和内涵。外延意味着符号载体从字面上拥有这些属性。然而，除了字面意义之外，词语还带有情感、政治和文化联想，而这正是内涵所要解决的问题。内涵意思是那些使语言显得自然的各种幻想和神话。例如，绿色意味着绿的属性（新鲜、可持续、年轻和天真），并指称拥有这些属性的所有事物和人（鳄梨、景观设计师、克娄巴特拉后悔年轻时与凯撒大帝的交往）。

翁贝托 · 埃科（Umberto Eco）扩展了外延和内涵的概念以包括他的符号功能理论，符号的功能依赖于社会文化文脉而具有不同的含义。1986 年，埃科发表了论文《功能与符号：建筑的符号论》（“Function and Sign: The Semiotics of Architecture”），提出“所有的文化现象实际上都是符号系统，或者文化可以被理解为交流——那么，毫无疑问，其中最具挑战性的领域是建筑学”。[89] 埃科描述了建筑学的三种语义代码：技术代码（梁、地板、柱等）、句法代码（空间类型）和语义代码（涉及外延意义和内涵意义）。通过解释王座指示座位，但意味着王权，他展示了建筑如何通过传达“可能的功能”来进行指示[90]，并通过象征意识形态或社会学类型来基于这一功能进行暗示。一个房间可能指示一个聚集的地方，但它意味着“居住的意识形态（公共房间、餐厅、客厅）”。[91] 在景观设计中，由成熟橡树组成的巷道（allée）指示让我能够从花园的一个位置移动到另一个位置。由于树木的尺度巨大，同样也意味着宏伟。它也可能意味着一种园林类型，即规则式的花园。如果这些树是英国橡树，它们在意识形态上意味着继承的财富，因为这些树生长缓慢，它们的成熟表明它们是很久以前种植的。

内涵也可能涉及修辞格，这是作家和艺术家常用来激发读者或观众想象力的修辞手法。修辞格是一个词或一个短语，其含义与其字面含义不同。修辞格与传统的词汇外延不同。“我们脑海中画面的生动程度通常取决于比较。我们试图想象的东西是用我们熟悉的其他事物来描绘的，我们被要求把一件事当作另一件事来思考。”[92] 诗歌使用修辞格来帮助读者形象化一个想法或感觉。景观设计师安妮·惠斯顿·斯皮尔恩（Anne Whiston Spirn）在《景观语言》（*The Language of Landscape*）中指出，修辞格有助于景观的设计和解释。斯皮尔恩说：“景观是生活的场景，是文明的建筑，是意义的载体。它是语言。”[93]

符号论的重要性

符号论很重要，因为作为风景园林的学生，你将负责创作能够指示甚至给其他人以暗示的设计作品。卡蒂·林斯特伦（Kati Lindström）、汉内斯·帕朗（Hannes Palang）和卡莱维·库尔（Kalevi Kull）强调皮尔斯的符号模型在景观研究中特别有用，因为它包括物理符号、对象或意义以及我们对它的理解的三方面，它们描述了景观设计的意义创造的过程。[94] 他们指出，“景观像语言一样，由符号组成，即独立的、可识别的、有意义的单位。”[95] 他们还认为，符号论“为讨论景观在象征和物质方面与不同社会群体的关系提供了良好的方法论基础。它还提供了一个可靠的描述性框架，用于理解不同群体……可能生活在相同的物理基础上的不同景观中”。[96] 因此，皮尔斯的符号论也包括解释项在创造意义中的作用。

与罗兰·巴特一样，埃科认为符号论对于以多种文化形式进行表现是有价值的。重要的是，巴特和埃科都批判性地使用了符号学和符号论。巴特使用符号学来揭示他那个时代的神话，而埃科使用符号论在他的非虚构和虚构作品中作为揭示预先存在的文化体系和意识形态记号（code）的工具。在《符号论理论》中，埃科认为，“文本的解释者有义务挑战现有的规则并提出解释性的假设，作为一种更全面、试探性和前瞻性的编码形式。”[97]

埃科的第一部小说《玫瑰的名字》（*The Name of the Rose*）以侦探小说的风格写成，时间是 1327 年，它的主人公是来自巴斯克维尔的方济各会修士威廉（William），以及他的来自梅尔克的阿德索（Adso）前往意大利修道院讨论神学问题的助手；然而，一系列的死亡迫使威廉使用他不可思议的解析能力来破案。为探索解释、作者身份和意义争论的问题，埃科创作了一个关于历史和神学的阴谋以及应用符号论分析的故事。“阅读和解释符号的能力在整个叙事中作为与威廉密切相关的主题反复出现。”[98] 对于埃科来说，威廉必须解读符号才能破解谋杀案。然而，威廉从未破解谋杀案；因此，真相永远不会被发现。事实上，“《玫瑰的名字》要求我们质疑解释，并接受不太确定的答案，”[99] 这是埃科符号论的一个标志。

虽然斯皮尔恩没有引用埃科的《玫瑰的名字》，也没有引用格特鲁德·斯坦（Gertrude Stein）的名言“玫瑰之为玫瑰，正因为它是玫瑰”，或者莎士比亚的“名字里有什么？我们称之为玫瑰的东西”。她的章节“一朵玫瑰不仅只是一朵玫瑰：景观诗学”暗示了文学与景观的意义之间的联系。斯皮尔恩展示了在文学中使用的工具（例如修辞格）在景观设计中创造意义的潜力。斯皮尔恩将这些工具视为将景观概念拓展超越建筑周边环境的方法。她认为，“景观本身具有潜在的修辞力量，而不仅仅是作为建筑物的背景或框架。未能认识到这一点是很常见的。除了少数几个专门针对文字游戏（拟声词）的修辞和比喻之外，在风景园林中都存在。”[100] 你将在以下符号论的实际应用中阅读有关斯皮尔恩理论的精选示例。

符号论的实际应用

重音

根据斯皮尔恩的说法，景观设计中的“重音”（emphasis）可以为景观的意义提供线索。她指出，“对一件事放置重音需要淡化另一件事的重要性，这会引发问题，为什么要强调一件事而不是另一件事？目的是什么？”[101] 在诗歌中，重音是通过重复单词或短语来实现的。虽然斯皮尔恩告诫不要使用过多的重音，但她揭示了许多不同的技术来实现重音，例如位置、框景、头韵、节奏、夸张和扭曲。

请看游牧工作室（Nomad Studio）在圣路易斯当代艺术博物馆庭院中设计的“绿色清漆”（Green Varnish）的图片（图 4.15）。一层翘曲的景天属植物几乎填满了 200 平方米的空间。游牧工作室的景观设计师威廉・E. 罗伯茨（William E. Roberts）和劳拉・桑丁（Laura Santin）正试图传达我们如何“粉饰”或掩盖和忽视有关环境的不便的真相，例如气候变化。根据罗伯茨和桑丁的说法，“绿色清漆探讨了用礼貌之美隐藏不方便现实的必要性。绿色织物优雅地掩盖了所有不合时宜的事实。”[102]

图 4.15
绿色清漆（2015 年）
游牧工作室，图片由 David Johnson 拍摄、威廉・E. 罗伯茨和 CAM 提供，美国密苏里州圣路易斯

在皮尔斯的符号论中，“绿色清漆”中的解释项、再现体和对象是什么？

你认为扭曲和夸张是如何在这里起作用的？

“绿色清漆”卷起的边缘是如何暗示下面有什么东西的？是覆盖什么东西的行为吗？

墙上写着：“我们否认生活在一个消失的景观之中。”

你认为他们需要引用语句来进一步传达他们的想法吗？

异常

对于斯皮尔恩来说，异常是与其背景、时间或顺序不协调的景观。斯皮尔恩提供了几种不同类型的异常，包括一个倒装，它“是重音、幽默或优先级的正常或预期顺序的倒置”。[103] 一个倒装可以给一个短语或句子赋予意义（重要性）。《星球大战》中的人物尤达经常这样做。在《星球大战5：帝国反击战》中，尤达告诉卢克·天行者，“发光的生物是我们，而不是这种粗俗的东西。”

你认为尤达听起来是无所不知的吗，如果他说“我们是发光的生物，而不是这种粗俗的东西”？

我第一次看到帕特里克·布朗克设计的西班牙马德里当代艺术博物馆（Caixa Forum）的垂直花园时，就被这座七层楼高的建筑侧面出现的众多灌木和草丛迷住了。我见过很多山茱萸科植物（四照花）（*Cornus sanguinea*），但没有这样从垂直表面生长出来的。它促使我思考通常看待植物的方式。请看马德里当代艺术博物馆的垂直花园（Caixa Forum Museum Vertical Garden）的图片（图 4.16）。

你认为随着绿墙变得越来越普遍，它们会失去作为异常的特性吗？

图 4.16
当代艺术博物馆的垂直花园（2007 年），帕特里克 · 布朗克，西班牙马德里

异常的另一个例子是不合时宜（过时的事或人）。对于斯皮尔恩来说，不合时宜指在当前文脉下对历史形式的重新解释。不合时宜被用来引起人们对历史及其与当前时代的联系的关注。莎士比亚的戏剧通常出现在与最初创作时不同的时期。例如，斯特拉特福莎士比亚音乐节在 2005 年举办了《如你所愿》（*As You Like It*）音乐会，但布景和服装可以追溯到 20 世纪 60 年代，音乐由裸体淑女合唱团（Barenaked Ladies）安排和演奏。意图是揭示，一部写于 1599 年的喜剧的主题呼应了人类历史的其他时期。

请看美国纽约皇后区的柯蒂斯“50 美分”（Curtis “50 cent”）杰克逊社区花园，由景观设计师沃尔特·胡德（Walter Hood）设计（图 4.17）。胡德问自己：“你能在工人阶级社区建造一个看起来像是属于富裕社区的花园吗？如果你给他们花坛，如果你给他们一些看起来需要照顾的东西，会发生什么？”[104]

胡德的灵感来自于爱之园（the Garden of Tender Love）的雕花以及波塔格花园（the Potager garden）花坛上的五颜六色的莴苣和蔬菜，这两个花园都位于法国维朗德里城堡（Château de Villandry）的花园中。有趣的是，维朗德里在 20 世纪被设计用来重建文艺复兴时期的花园。约阿希姆·卡瓦洛（Joachim Carvallo）在维朗德里设计了三个主要花园（Potager、Ornamental 和 Water），以代表动物、仆人和主人的等级社会地位。[105] 正如景观历史学家伊丽莎白·巴洛·罗杰斯（Elizabeth Barlow Rogers）所观察到的那样，“花园的布局反映了卡瓦洛自己对阶级等级和社会秩序的信念。”[106] 在“50 美分”花园中，胡德将花园词汇（“Potager”菜园）与花园类型（“Ornamental garden”观赏花园）结合在一起。

图 4.17
柯蒂斯“50 美分”杰克逊社区花园，沃尔特·胡德，图片由胡德设计工作室提供，美国纽约皇后区

你能看出胡德在他的公园设计中如何表示这两个分隔的花园吗?

你认为胡德的言外之意是什么?

你认为他试图在自己的不合时宜中消除这些分歧吗?

胡德也可能暗示了花园赞助商的一些事情，因为柯蒂斯 · 杰克逊是说唱歌手。

讽喻

在斯皮尔恩对隐喻的分析中，她将讽喻视为一种已在景观设计中使用多年的修辞格。讽喻是一种扩展的隐喻，其中隐藏的含义被揭示，以唤起描述正确和错误行为原则以及人类本性特点的故事。社会学家米歇尔·科南（Michel Conan）认为，人们在文艺复兴和巴洛克花园（如蒂沃利和凡尔赛花园）中的移动是对花园设计和布局所提供的讽喻场景的反思。他认为他们的设计有助于帮助参观者“反思他们的选择并发现线索，使他们能够重构与他们的决定相关的隐喻意义”。[107]

请看在伦尼米德由杰弗里·杰利科爵士（Sir Geoffrey Jellicoe）设计的约翰·F. 肯尼迪纪念馆（John F. Kennedy Memorial）的图片，设计采用了讽喻（图 4.18）。这一英亩土地可以俯瞰伦尼米德的田野，1215 年，《大宪章》（*Magna Carta*）在此封缄，作为纪念，这块土地也被永久赠与美国。对杰利科来说，“路径序列是人类生命、死亡和精神体验的讽喻”，因为游客从黑暗的林地中一直走到光明里的山坡上就像是一次冒险的旅程。[108] 讽喻始于一条被修剪的草皮小径穿过一片低矮的草地。它的修剪指向以前的访客留下的心愿线路。这条小径通向检票口，在那里你进入一片阴暗的林地和一条由 6 万块花岗岩组成的陡峭小路，“生命的野生树林”。[109] 在山顶，一座石碑迎接着游客。杰利科坚持将“石头上的刻字覆盖了整个表面，因此与其说是石头上的铭文，不如说是石头本身的表达，它就像石头在说话一样”。[110] 附近的一棵美国猩红橡树“每年 11 月都会红得像在燃烧，仿佛是在向人类的暴力精神致敬”。[111] 在北面，另一条石板路连接着台阶，通向两个纪念碑式的座位，可以看到伦尼米德和泰晤士河的景色。该景观象征着“讽喻中希望景观的开启”。[112]

图 4.18
约翰 · F. 肯尼迪纪念馆（1965 年），杰弗里 · 杰利科爵士，英国伦尼米德

你能看出杰利科的设计是如何试图讲述生与死的讽喻吗？
你认为那些对杰利科的意图一无所知的人会在他的设计中读出什么吗？

悖论与讽刺

斯皮尔恩发现世界与景观悖论相协作。悖论是指使用那些乍看之下相互矛盾，但仔细观察它们可能是真实的并导致更深层次的含义的观点。[113] 讽刺和悖论“密切相关，并且经常结合在一起。二者都是二元论，但讽刺对比了表面意义和潜在现实”。[114] 景观设计师肯 · 史密斯用讽刺来评论当代文化。根据评论家尼娜 · 拉帕波特（Nina Rappaport）的说法，史密斯将景观设计作为一种文化批评形式，并“提供了对当代生活的讽刺观点，他的作品充满对形式、材料和纹理的微妙操纵，鼓励观察者通过感知他们的环境以发现新的意义”。[115] 对于拉帕波特来说，讽刺总是通过史密斯作品中意义之间的游戏被暗示。

请看位于纽约市由肯·史密斯设计的壁花（Wallflowers）的图像（图 4.19）。壁花是一个正在进行的人造花项目，史密斯最开始在他纽约市阁楼的浴室中开发，多年后，他在库珀休伊特国家设计博物馆的外墙上安装了一个扩展版本。根据史密斯的说法，丝制的花用安全别针固定在巨型花朵上，这些巨型花朵是他和他的同事从色彩鲜艳的防腐蚀织物上剪下的。[116] 然后将这些花连接到荧光橙色建筑围栏的稀松布上，该围栏覆盖在工业巨头安德鲁·卡内基（Andrew Carnegie）的前豪宅的外立面。史密斯声称，他的许多客户都希望在他们的花园里种花，而“壁花是我试图调查针对花卉的文化兴趣的持久性，基于我长期以来对设计模拟自然作为一种艺术形式的兴趣。”[117]

图 4.19
库珀·休伊特三年一度的壁花（2007 年），肯·史密斯景观建筑事务所，图像由肯·史密斯提供，美国纽约

用景观材料来做花有什么讽刺意味?
这个项目是否让你对色彩鲜艳的防腐蚀织物的潜力有不同的看法?

符号论的讨论

与结构主义和其他基于语言的理论一样，符号论因其非历史立场而受到批评。社会学家多米尼克・斯特里纳蒂（Dominic Strinati）认为，“代码和符号不是普遍给定的，而是在历史和社会上针对它们背后的特定利益和目的……意义是从历史上不断变化的代码、惯例和符号系统中产生的。”[118] 杰利科的纪念碑现在的意义与肯尼迪总统遇刺一年后的意义不同。胡德特意使用了该市经济困难地区一位富有医生的花园中的花园母题。刺绣花坛（parterre de broderie）并不自然地表示财富和地位；他们的关系在本体论上是随机的，因为它是由特定文化指定的，然而，胡德的做法绝非武断。他知道，在西方文化中，这些刺绣花坛与富有的欧洲花园主人有关。因此，景观如何作为符号工具是随机的，但为什么这样做，则不是。

在风景园林领域，设计中的符号论有许多支持者。例如，风景园林教授卡斯滕・约根森（Karsten Jorgensen）认为，景观体验中潜藏着故事和神话。他将符号论视为景观设计的宝贵策略，并指出：

> 设计室外空间成为一种符号行为：景观设计师制造“陈述”，该区域的未来用户将对此作出回应。因此，在符号论语境中，景观元素不再仅仅是构成风景园林的“手段”或“建筑材料”，而是形成了可用于在一个区域内做出某些陈述的表达“库”。[119]

凯瑟琳・豪维特（Catherine Howett）在她的文章《系统、符号、情感：新景观美学的来源》（“Systems, Signs, Sensibilities: Sources for a New Landscape Aesthetic”）中提出，从符号论中提取的理论可以应用于景观设计，以挖掘设计的交流维度。豪维特指出，“更好地了解可用的符号系统将有助于在我们设计的景观中营造恢复活力、焕然一新的意象。”[120] 她认为，对符号系统的这种理解将引导设计师超越传统的构图方式（通常再现田园风光）。

她将理查德・哈格（Richard Haag）设计的西雅图煤气厂公园（Gas Works Park）描述为传达这种新美学的景观示例。西雅图煤气厂公园是最早的后工业园区之一，它保留了庞大的工业结构作为其以前用途的符号。对于豪维特，“哈格的计划迫使人们不仅要考虑这种过时技术的遗迹所具有的积极的视觉和空间兴趣的程度，还要考虑对它服务了 50 年的社区可能的意义。”[121]

哲学家玛西娅・穆尔德・伊顿（Marcia Muelder Eaton）认为，符号论对于风景园林中的理论和应用问题的跨学科方法具有重要意义。她认为，景观的功能就像自然语言中的符号，也像反映文化差异的符号。她指出，景观在很大程度上表明了特定文化或亚文化更普遍的价值观。[122] 然而，她警告说，在使用符号论来发展风景园林的新形式和美学时，设计师必须与她试图与之交流的公众共享相似的语言和价值观。例如，哈格在西雅图煤气厂公园设计中保存的结构预示着一种新的后工业景观设计语言，如你所知，这种语言在世界范围内得到了重复。然而，在煤气厂公园的早期，居住在公园附近的公众并不理解或不喜欢这种新语言。这种态度已经改变，但需要一段时间。

符号论的主要阅读材料

Umberto Eco, *Theory of Semiotics*. 翁贝托・埃科，《符号学理论》

Charles Sanders Peirce, *Charles Sanders Peirce: Collected Writings*. 查尔斯・桑德斯・皮尔斯，《查尔斯・桑德斯・皮尔斯：文集》

Anne Whiston Spirn, *The Language of Landscape*. 安妮・惠斯顿・斯皮尔恩，《景观的语言》

结构主义的理论基础

> 美学和科学、艺术与生态、文化与自然、建筑和景观、城市和国家、公立和私立、理性和感性、男性和女性、男人和女人，为什么景观设计师如此频繁地成对描述世界和他们的工作？两者任一、这个或那个、非此即彼，或许这种依赖成对、二元术语的趋势反映了景观设计师参与塑造和形成土地的活动的基本属性——“自然”——以适应人类的使用并体现文化价值。还是这种特质是更大的社会规范的属性？将世

界构建成二元结构意味着什么？[123]

(Elizabeth K. Meyer, "The Expanded Field of Landscape Architecture," 1997)

在这里，迈耶指出了思考和描述世界的一个常见比喻——二元术语。

你认为将世界构建成二元结构意味着什么？
你能想到一个将二元思维作为其设计一部分的风景园林项目吗？

作为一个理论框架，结构主义认为一组关系构成了我们的思想结构，并且这种结构可以在语言和其他社会和文化现象中找到。费迪南德·德·索绪尔创立了结构语言学，为其他领域，特别是符号论（符号和符号及其使用和解释的研究）中使用的结构主义的基本分析奠定了基础。[124] 索绪尔将语言的基本结构分析为一个符号系统。在他的《普通语言学教程》（*Course in General Linguistics*）中，（基于学生笔记）他假设符号包括能指与所指的关联。[125] 这个过程称为意指。能指是意义的传递者，所指就是它的意思。索绪尔主要关注文字和声音，他主要关注意向性语言。然而，他关于符号的基本前提被应用到其他领域，从而将能指扩展到包括文化和物质事物，以及无意和有意的行为。[126] 罗兰·巴特在著作《神话学》（*Mythologies*，1957 年）中用一束红玫瑰的例子来解释意指。他分析了当代小资产阶级文化的神话，并将它们呈现为一个符号系统（你将在下一节的“后结构主义”中读到这个系统）。在他的语言例子中，玫瑰是能指；所指是一束红玫瑰的含义或内容，在西方文化中是激情的意思。它们合一起等于这个符号——意指激情的玫瑰（passion-weighted roses）[127]（图 4.20）。

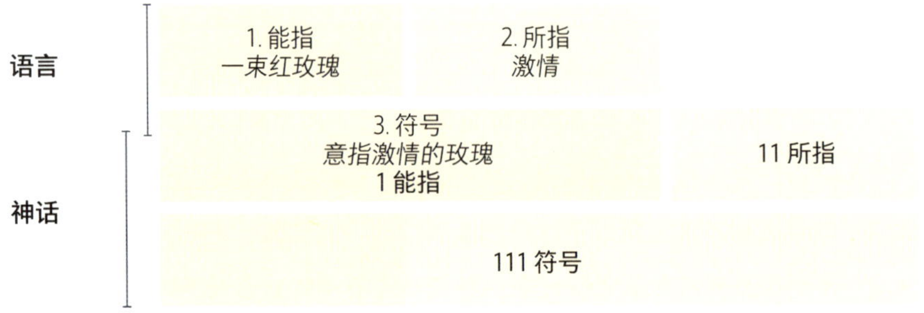

图 4.20
罗兰 · 巴特的语言意义

关于结构主义的意义，关键在于意义的关系质量和符号的随机性。玫瑰并不自然地表示激情，它们是由文化指定的，所以符号是文化建构的。费迪南德・德・索绪尔指出，“例如，礼节虽然经常充满某种自然的表现力，但仍然受到规则的约束；正是这条规则而不是手势的内在价值迫使人们使用它们。”[128] 一束红玫瑰在许多西方文化中意味着激情，但肯定不是所有文化。在一个不习惯将红玫瑰送给亲人的文化中，这可能是一种侮辱。该理论的一个重要结论认为，能指和被指之间的关系是随机的，所以符号是随机的。[129] 索绪尔所说的随机并不意味着“对能指的选择完全由演讲者决定……我的意思是它是无动机的，即随机的，因为它实际上与所指没有自然的联系”。[130] 符号是随机的这种想法通常被归因于解构（deconstruction），但实际上它可以追溯到索绪尔。

索绪尔还认为，你识别符号的方式是关系性的，因为它的产生来自它与其他事物的差异。对于索绪尔来说，“众所周知，这些概念纯粹是有区别的，不是由它们的内容主动定义的，而是由与系统其他术语的关系（差异）被动定义的。”[131] 符号是通过异同的网络来理解的。因此，在英语中，我知道坐在脚下的毛茸茸的生物是“狗”，因为它不是猫，它不是人类，它不是外星人，等等。由于结构分析倾向于关注差异，因此二元结构被关注，即符号最基本的对立。

打开	关闭
进	出
上	下

费迪南德・德・索绪尔影响了人类学家和民族学家克洛德・列维 – 施特劳斯（1908—2009 年），你在《材料》 章中读到过他。列维 施特劳斯在从语言对神话进行的研究中将结构主义带入了他关于文化和心灵的理论，这从根本上改变了人类学以及其他领域。他在著作《生与熟》（*The Raw and the Cooked*，1969 年）中提供了结构分析最持久的例子之一。根据列维 – 施特劳斯的说法，“从民族志学的经验开始，我一直致力于制定心理模式清单，去除明显随机的数据以达到某种秩序，保持一种必然性变得明显的水平，作为任意性错觉的原因。”[132] 列维 – 施特劳斯试图揭示致使他观察到的神话的无意识和隐藏的心理结构或模式。他力求“不展示人如何在神话中思考，而是展示神话如何在人们不知情的情况下控制人的思维方式”。[133]

通过分析巴西和玻利维亚的波罗罗人以及其他南美国家部落的神话思想结构，他认为人们通过二元对立来理解世界。列维－施特劳斯想要“在自然和文化、连续和离散的对立面之间建立同构的存在”。[134] 通过识别不同人群所共有的不同的二元对立结构（生的和熟的或湿的和干的），列维－施特劳斯渴望揭示对所有人类至关重要的基本和普遍结构。生是处于自然状态的东西；熟是文化对它的改良。所有文化在准备食物时都有生和熟的状态；有些文化会生吃一些食物，而另一些文化会吃同样的熟的食物，例如鱼。列维－施特劳斯对他们吃的东西并不感兴趣，而是对这种二元结构如何存在于所有文化中感兴趣。

结构主义的重要性

结构主义影响了许多研究领域，包括风景园林。1979 年，罗莎琳德 · 克劳斯在她的文章《扩展域中的雕塑》（“Sculpture in the Expanded Field”）中改编了克莱因四元群（Klein Group），这是一种用于结构分析的图解方法。在这篇文章中，克劳斯试图解释 20 世纪 60 年代和 70 年代出现的大地艺术，因为她声称，“雕塑已经进入了一个绝对的无人区：它是建筑物上或建筑物前面不是建筑物的东西，或者是在景观中但不是景观的东西。”[135] 参考艺术家玛丽 · 密斯（Mary Miss）的《周界、亭阁、陷阱》（*Perimeters/Pavilions/Decoys*，1978 年），克劳斯意识到她不能再依赖克莱门特・格林伯格建立的形式主义批评方法或标准的历史方法，这些方法只是对艺术品的时间发展进行了分类。克劳斯建议“从逻辑结构的角度看待历史过程的可能性”以替代“精心制作的家谱树”，[136] 这可能解释了这项工作。因此，克劳斯没有描述密斯可能如何受到以前艺术家（精心制作的家谱）的影响，而是转向了结构主义。

克劳斯使用基于克莱因四元群的符号方阵，但是你可以用结构主义符号学家阿尔吉达斯 · 格雷马斯（Algirdas Greimas）发明的方阵来热身，他开发的格雷马斯方阵揭示了意义是如何从符号中产生的，其主要是对符号（S）及其对立、矛盾和否定的识别（图 4.21）。它基于以下前提：

S_1 是打开的符号；

S_2 是关闭的符号；

$-S_1$ 是未打开的符号；

$-S_2$ 是未关闭的符号。

S_1 和 S_2 是对立的，因为开和闭对立，它们的轴向运动很复杂，因为某物怎么可能同时闭合和打开？

$-S_1$ 和 $-S_2$ 是对立的，因为不开放和不封闭是对立的，它们的轴向运动是中性的，因为不开放和不封闭的事物二者都不是。

S_1 和 $-S_1$ 是矛盾的，因为开放和不开放是同一个想法的矛盾。
S_2 和 $-S_2$ 是矛盾的，因为封闭和不封闭是同一个想法的矛盾。
S_1 和 $-S_2$ 是互补的，因为开放和非封闭是互补的状态。
S_2 和 $-S_1$ 是互补的，因为不开放和封闭是互补的状态。

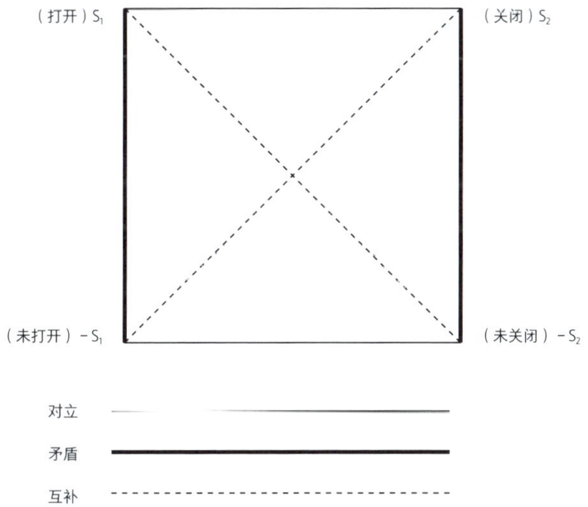

图 4.21
符号方阵的基础

受这种结构主义方法论的启发，克劳斯指出，“可以说，雕塑不再具有积极性，现在属于从非建筑的附加范畴到非景观的附加范畴。用图解的方式来表达现代主义雕塑的界线，即非 / 既非（neither/not）的附加，看起来是这样的。”[137]

克劳斯从中立的对立面开始：

非景观
非建筑
雕塑

谈到克莱因四元群，她认为，“通过这种逻辑扩展，一组二进制文件被转化为一个四元场，它既反映了原始对立，同时又打开了它。它变成了一个像这样的逻辑扩展的领域。”[138] 我添加了一些我认为可能符合克劳斯术语的建筑作品的例子（图 4.22）。

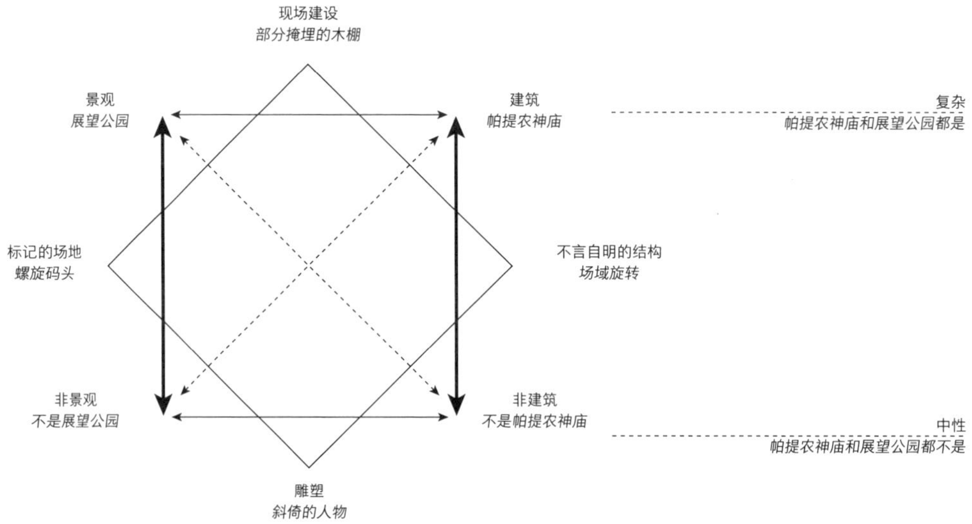

图 4.22
克劳斯的克莱因群例子

因此，克劳斯没有将新大地艺术定义为针对特定媒介的作品（这是格林伯格的媒介特异性所提出的方法），而是创造了一个二元对立、矛盾和互补的场域，从字面上和隐喻上扩展了艺术领域。克劳斯不仅将这一结构主义场域视为一种分析方法，而且还将其视为艺术生产的工具。她认为，“这个场域为特定艺术家提供了一系列扩展的和无限的相关位置，可以占据和探索，并提供不受特定媒介条件支配的工作组织方式。”[139]

多年后，克劳斯在反思她使用从结构主义借来的图解方法时，强调了克莱因四元群的生成潜力。

> 但我正在绘制的宇宙不仅仅是一个二元对立或轴；它是一个四元场域，一个正方形。它的逻辑是生成的对立可以在图的整个表面上保持稳定，并延伸到其他两个角落……这张图，当然是克莱因四元群。对于列维－施特劳斯、格雷马斯和一般的结构主义者来说，克莱因四元群的有趣恰恰在于这种改写的特性，结果是一些看似文化实践的随机细节……作为一组有序的转换，一个单一的逻辑重述，产生一对对立的方式涌现出来。[140]

虽然尚不清楚景观设计师是否将克莱因四元群图作为其设计过程的一部分，但克劳斯对二元对立作为分析和设计起点的兴趣影响了各种各样的设计师和学者。

伊丽莎白·K. 迈耶写了一篇影响深远的文章《风景园林的扩展领域》（“The Expanded Field of Landscape Architecture”）。她承认克劳斯的方法，并试图探索一种景观设计途径，将思想扩展到二元对立之外。“必须允许风景园林使用一种语言。首先，避免二元论，并在文化与自然、男人与女人、建筑与景观的边界之间运作；其次，使我们可以质疑风景园林知识所基于的前提。”[141] 她认为这种途径将促进景观过程和设计过程之间更细微的合作，其中“场地和设计师是合作者”。

景观设计师凯伦·麦克洛斯基指出，克劳斯的文章以及她在文章中介绍的艺术家“在重振‘景观’的理论和概念基础方面非常有影响力——术语、方法和围绕场地构建的表现”。[142] 事实上，在克劳斯 1979 年写作时，用彼得·沃克的话说，许多景观设计师都在反对“大量平庸的开发工作，其规模庞大已成为以市场为导向的郊区开发盲目扩张的象征”。[143] 这些不抱幻想的景观设计师将目光投向了艺术界，尤其是土方与大地艺术，它们并没有被明确定义为雕塑、建筑或风景园林。正如《风景园林杂志》的编辑在 2013 年所观察到的，风景园林扩展领域的新可能性一直持续到 21 世纪。[144]

结构主义的实际应用

距离 / 参与

对金特·福格特而言，结构主义，尤其是列维 施特劳斯的作品，在其事务所的设计过程中发挥了重要作用。[145] 通过描述“一种结构化的思维方式：感知是人类与有生命的和无生命的自然之间复杂相互作用的产物”[146]，福格特的作品以科学家和诗人、研究人员和搜索者、设计和分析、全景和缩影、距离和参与——最终合成二元的景观设计作品。

请看位于巴塞尔的诺华校园绿地（Novartis Campus Green）的图片（图 4.23）。景观设计师爱丽丝·福克斯利（Alice Foxley）将其称为“石灰岩台地和种植地形”的混合公园和广场[147]，它的灵感来自瑞士高山地区格拉纳兰（Glarnerland）的喀斯特景观实地考察。福格特的事务所近距离（参与）

并通过航空测绘（远距离）研究了这一景观。喀斯特是由可溶性岩石层（如石灰石）溶解而形成的水文地质构造。在瑞士，喀斯特地貌的特征是地上为广阔的石灰岩铺面地表，而地下则是巨大的由沟渠和大洞穴形成的水流湍急的网络。[148] 福格特将喀斯特的原理“转化为一种混合语言，将地质地形和纹理与精确的建筑几何学相结合”，置入模糊了分析和设计的物理模型之中。[149]

图 4.23
诺华校区绿地（2010 年），福格特景观建筑事务所，图片由金特·福格特提供，瑞士巴塞尔

你看出建成项目是如何模糊地质地形和建筑几何形状的吗？

熟悉 / 陌生

波普艺术利用了熟悉和陌生的二元认知。这个词是由艺术家理查德·汉密尔顿（Richard Hamilton）在 1957 年创造的。在给建筑师艾莉森·布鲁克斯（Alison Brooks）和彼得·史密森（Peter Smithson）的一封信中，汉密尔顿写道，波普艺术“流行（为大众设计），瞬态（短期解决方案）、消耗性（容易被遗忘）、低成本、大规模生产、年轻（针对年轻人）、恶作剧、性感、花哨、迷人、大生意”。[150]

波普艺术一直是丹尼斯·斯科特·布朗和罗伯特·文丘里等建筑师以及景观设计师的丰富资源，因为它利用了为大众设计的物品。阿德里安·高伊策（Adriaan Geuze）声称“我喜欢波普艺术，因为它是关于大众社会的。毕竟我在任仕达工作，那里大约有 600 万人生活在一个很小的区域内。每一平方米都修建过十次以上”。[151] 事实上，玛莎·施瓦茨、克劳德·科米尔、肯·史密斯和阿德里安·高伊策都以熟悉和陌生的方式创造了花园和景观。

“洞察意义的机制”，翁贝托·埃科认为，“流行操作包括选择文明的一个特定方面，符号、物体和图像，并将其置换”。[152] 他指出，“一个物体存在：这个物体在它的正常语境中；有一个意义。我把它放到另一个语境中，它改变了它的含义……俄罗斯形式主义者称之为‘ostranenie’，可以翻译为‘制造陌生’，我们立即被迫用不同的代码来阅读它。”[153] 埃科提供了几种置换方法，包括倍增，例如安迪·沃霍尔（Andy Warhol）的《玛丽莲》（*Marilyn*）中所示的具有变化的连续复制，以及将“真实的物体插入到另一个被操纵的语境中”。[154]

这正是玛莎·施瓦茨在她的临时装置“百吉饼花园”中所做的，请看图 4.24 中的花园。如你所见，这个住宅院子的树篱围着 96 个上漆的百吉饼（盐和裸麦粉粗面包的混合物），铺设在通常用于水族馆的彩色砾石地面上。百吉饼花园出现在 1980 年 1 月《景观建筑》杂志的封面上。在她的文章中，她解释说百吉饼是“本地制造、耐阴、便宜且维护成本低”。[155]

施瓦茨如何将真实转移到另一个被控制的语境中？

图 4.24
百吉饼花园(1979 年)，玛莎·施瓦茨，图片由艾伦·沃德（Alan Ward）提供，美国波士顿

组合 / 聚合

巴特在索绪尔的理论中确定了两个语言轴：组合和聚合（或联想）。组合平面是对句法（控制句子结构的规则或原则）的分析。它“是语言链中符号的组合，其中每个术语的价值来自其与之前和之后的对立”。[156] 聚合平面涉及对符号系统的分析，其中的符号以联想为基础。

请看图 4.25，它显示了组合轴是如何水平运行的，所以意义是通过能指的位置来实现的，这里指动词和名词。特纳帮助瓢虫与瓢虫帮助特纳有着不同的含义，当然，莫希特抓到美洲狮和美洲狮抓到莫希特是不同的。聚合轴垂直运行，意义来自一组类型相似但却有差异的能指（signifiers）、人、动词和动物。巴特还认为，这些差异也传达了有关不同文化背景和习俗的信息。特纳可能在花园里，辛尼亚可能在动物园里，莫希特可能在森林里，多姆可能在他家附近。这是因为许多西方文化将瓢虫与花园、豹与动物园、美洲狮与森林、遛狗与社区联系在一起。

图 4.25
组合和聚合分析

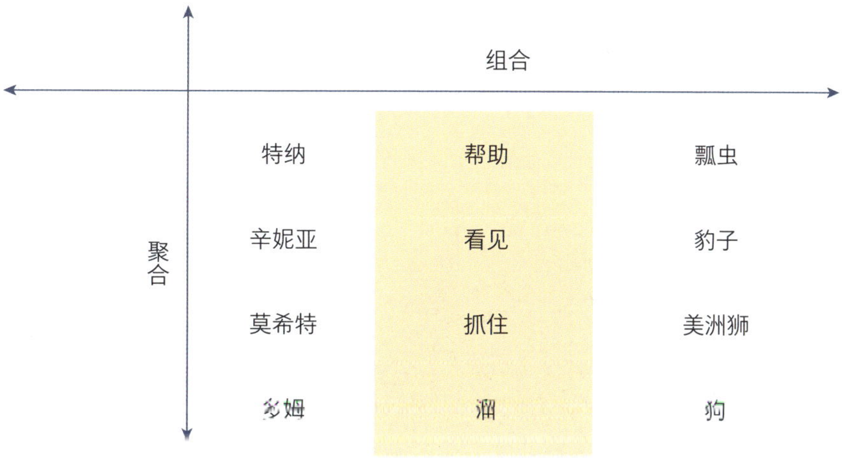

众所周知，巴特将他的理论应用于日常生活体验中，从时尚到美食再到建筑。他指的是建筑物中的组合和聚合，并指出：

> 每个语言单元就像古代建筑物中的柱子，柱子与建筑物的其他部分存在真实的邻接关系，例如楣梁（组合关系）。但如果这个柱子是多立克柱式的，它就会唤起我们与其他建筑柱式的比较，爱奥尼亚式或科林斯式。这是一种潜在的散布关系（联想关系）。[157]

沿着类似的思路，请看位于意大利瓦尔苏加纳阿特·塞拉（Arte Sella）的植物教堂（Cattedrale Vegetale）的图片（图 4.26）。2001 年，艺术家朱利亚诺·毛里（Giuliano Mauri）将 80 棵鹅耳枥树苗排列在一系列木框架中，每个框架构成教堂中殿的柱子。随着时间的推移，木框架会给鹅耳枥树塑形，但这些枯木最终会腐烂，留下树木形成中殿。

你能看出鹅耳枥树和框架是如何在一个组合实例中用作语言单位的吗？
你能把与意大利教堂的联想关系看作是聚合实例吗？

结构主义的讨论

图 4.26
植物教堂（2002 年），朱利亚诺 · 毛里，图片由帕瓦提供，https://creativecommons.org/licenses/by-sa/3.0/it/deed.en，意大利瓦尔苏加纳

评论家们质疑结构主义者坚持共时性方法，侧重关系的系统性关联，而忽视了历时性方法，即通过因果链或历史过程强调历史发展。例如，文学评论家特里・伊格尔顿（Terry Eagleton）就警告不要采取严格的结构主义方法。伊格尔顿辩称：

> 对于最严格的结构主义形式来说，它们是普遍的，嵌入在超越任何特定文化的共性思维中，列维 – 施特劳斯怀疑这种思想植根于人类大脑本身的结构。简而言之，结构主义是令人毛骨悚然的非历史：它声称思维的法则是分离——平行、对立、倒置等——在与人类历史的具体差异相距甚远的普遍性水平上移动。[158]

列维 - 施特劳斯对结构主义的使用也被批评为忽视了人们在自己的世界中赋予意义的力量，“并试图以不同的方式改变它们。就像不考虑历史就无法理解文化一样，不考虑人类的能动性也不可能理解文化。”[159] 回到红玫瑰的意义，如果我真的想要，我可以发起一项给情侣送一束雏菊的运动，不是吗？

这是列维 - 施特劳斯与萨特的理论斗争中的一个争论点。虽然这两位知识分子在辩证法过程中有着相似的兴趣，但萨特的存在主义（existentialism）反驳了与列维 - 施特劳斯的结构主义标签相吻合的两个主要主题——历史和自由。列维 - 施特劳斯的结构主义反对人类学中使用的历史和进化方法。对于人权律师伯纳德・E. 哈考特（Bernard E. Harcourt）来说，“列维 - 施特劳斯的结构主义提供了一种重视其他文化，尤其是非西方文化的理论途径……通过研究和赞美非西方文化，列维 - 施特劳斯提供了一个说明他者价值的活生生的例子。”[160] 从这个意义上说，列维 - 施特劳斯试图证明你和南美洲的部落人民是一样的，因为你们共享人类思维的普遍结构。然而，根据伯纳斯科尼、萨特的说法：“首先要表明的是，如果人们将现有社会视为既定事实，那么人们就会忽视创造该社会的历史，尤其是忽视人类通过他们的活动创造社会的程度……社会是一套人际关系，最好将个人理解为是由这些关系构成的，而不是反过来。”[161] 因此，对萨特来说，研究非西方人是不够的，因为如果我们忽视西方人历史上如何将非西方人表述为“他者”，我们将无法从创造“他者”等范畴，以及“他者”如何将自己从这个范畴中解放出来等问题中学习。

这突出了萨特提出的关于列维 - 施特劳斯结构主义中的自由问题。对于萨特来说，列维 - 施特劳斯将自我降格为社会中的行动者（agent），以便追求对个人重新制定的普遍结构的研究。结构主义也是对优先考虑个人经验和选择的存在主义的一种回应。“与从共享意义的主体间性开始的结构主义形成鲜明对比的是，存在主义的出发点是个体意义的赋予者”[162]，并考虑到与他人的关系。萨特认为，你和我作为人类共有的不是人类思想的不变结构，而是自由，以及一旦你意识到你的“自欺”（bad faith）时对自由的责任。萨特的术语“自欺”是为了逃避对自由的责任而对自己撒谎。[163] 萨特通过“热情的服务员”解释了自欺理论，就像一个对食物的评论过分热情，快速在你的腿上铺了一个餐巾，以及有着不受控制的服务渴望的服务员。对于萨特来说，这些行为是服务员的典型特征，它们并不是作为人类的服务员对餐厅或顾客或所提供的食物的实际想法。“萨特认为如果我们不为所有人寻求自由，那我们就是‘自欺’，因为这相当于在自由的本质上自欺欺人。”[164]

在风景园林中，迈耶最终告诫不要二元对立，尤其是人和自然，因为当将女性编码为自然时，它们在性别上有细微差别。[165] 正如我在《论风景》中所论证的那样，“女性——自然编码”已经使女性在社会中的角色合法化，也将其限制在了被解释和保护的“他者”中。当女性与自然保持一致时，她们可能会被排除在文化之外。[166] 事实上，如今人们常常认为二元分类具有压迫性；想想那些质疑男性和女性最基本的二元术语的变性运动。正如迈耶所指出的，二元术语应该导致混合状态，它们应该“允许我们质疑我们风景园林知识所基于的前提”。[167] 这些目标正是后结构主义者所拥护的。

结构主义的主要阅读材料

Roland Barthes, *Elements of Semiology*. 罗兰·巴特，《符号学要素》
Rosalind Krauss, “Sculpture in the Expanded Field.” 罗莎琳德·克劳斯，《扩展领域中的雕塑》
Ferdinand de Saussure, *Course in General Linguistics*. 费迪南德·德·索绪尔，《普通语言学教程》

后结构主义的理论基础

后结构主义不是一个统一的理论或思想学派，而是由个人提出的一系列评论的叙词。提出叙词的人中有些原本曾是结构主义者，如罗兰·巴特。许多评论家被认为是后结构主义者，但本节的讨论聚焦在米歇尔·福柯、雅克·德里达（Jacques Derrida）和加亚特里·查克拉沃蒂·斯皮瓦克的理论上。正如前缀“post”所暗示的那样，后结构主义批判性地扩展了符号学对意义的研究——关于语言的，关于符号随机性的，关于你没意识到的社会中的结构事实的，这些差异性和相似性形成了结构。然而，后结构主义也反对结构主义的许多信条（图 4.27）。

后结构主义思想的起源通常被认为是哲学家弗里德里希·尼采（Friedrich Nietzsche，1844—1900 年）。

> 尼采对真理的批判，对权力的解释和差异关系的强调，以及对哲学话语中风格问题的关注，这些成为后结构主义者工作的核心主题，因为他们将注意力从人文科学转向了哲学批判分析。[168]

图 4.27
结构主义与后结构主义

	结构主义	后结构主义
源自	语言模型	欧陆哲学
对结构的态度	固定结构塑造思想和意义	结构是随机的
普遍真理	在全人类之间共享	拒绝普遍真理
思维模式	可以简化为基本类别	多元性与文化的关系
你的身份	受普遍结构约束	由文化和媒体调节
优先考虑	作者	读者
关系	反人文主义	后人文主义
方法	共时性（非历史）	意识形态定位，批判
关联于	现代主义	后现代主义

结构主义最早的评论家之一是雅克·德里达（1930—2004 年），他发明了解构，以试图挑战西方形而上学的假设。从 1967 年到 2004 年，德里达以三种不同的方式构想了解构。但随着他的工作越来越多地转向政治和伦理问题，最终使用它来防止暴力和伸张正义。[169] 然而，他的第一个解构版本探讨了索绪尔结构主义的语言假设。德里达同意符号是随机的。然而，他也认为符号和意义的网络不是固定的或稳定的。

意义的不稳定性是德里达批评西方哲学实践的一部分，西方哲学实践在辩证法过程中认为言说优于写作。这个过程认为书面文字表现言说，因此言说比写作更接近于思想。[170] 德里达通过检查口头表达与书面表达，揭露了这一假设的问题。例如，might（力量）和 mite（螨虫）有不同的含义，但这仅以书面形式显示，而不是在口头上显示。如果我把这些话大声说出来，别人可能不知道我指的是某人还是芝麻大小的蛛形纲动物所拥有的力量。“拼写的区别在于‘书面’，因为它只能读不能听；说话时，区别就消失了。”[171] 此外，区分 mite 和 might 在很大程度上取决于上下文。

对于德里达来说，辩证法过程的另一个问题是假设知识的进步源于对立的力量——善与恶、男人和女人、自然和文化。是的，又是二元思维。在《根据黑格尔的演讲和写作》（*Speech and Writing According to Hegel*，1971 年）中，德里达检验了格奥尔格·路德维希·黑格尔（Georg Ludwig Hegel，

1733—1799 年）的辩证法。与柏拉图一样，黑格尔将言说置于文字之上，并且根据德里达的说法，黑格尔试图克服二元论的错误建构，但因他的言说特权而受到阻碍。对于德里达来说，“声（phoni）的卓越性与形而上学的本质是一体的。”[172]

与结构分析一样，哲学也使用二元对立，德里达指责这些对立不是“相对的和平共处，而是暴力的等级制度。这两个术语中的一个支配另一个（在价值论上、逻辑上等），或者占上风”。[173] 因此，为了解构这种等级制度，德里达发明了他称之为“异延”（différance）的策略，这是对动词 différer 玩的一个文字游戏，同时具有差异和推迟两个含义。“异延”清楚地表明，所指与能指之间的关系是持续且无限地不同的和延后的。正是由于这个无限的过程，文本才被称为没有稳定的意义。解构“否定了文本的任何内在意义，只将意义置于文本之外”[174]，否认了任何稳定的、内在的意义。

另一个针对结构主义的批评是结构的普遍性。作为一名结构主义者，列维 - 施特劳斯试图寻找既可以在南美荒野，也可以在伦敦郊区找到的模式。他认为，作为人类，我们有着相同的思维模式。正如哈考特所指出的，被这个想法困扰的福柯问道：“我们找到意义的模式和封闭系统意味着什么？”以及“解释如何变得令人信服，代价是什么？”[175] 换句话说，你如何理解某事是真实的，当你相信它是真实的时你会放弃什么？为了回答这个问题，福柯在《规训与惩罚》（*Discipline and Punish*，1975 年；1977 年）和《性经验史》（*The History of Sexuality*，1976 年；1978 年）中转向话语的历史。“根据福柯的说法，现代对性的控制与现代对犯罪的控制是相似的，通过使性（如犯罪）成为所谓的科学学科的对象，这些学科同时提供知识和对其对象的支配。”[176] 福柯使用他的谱系学方法表明，关于监狱和性等制度的知识并不是其影响和原因逐步被揭露的结果——将这些历史实体及其进程统一起来的视角。相反，“福柯的观点是，至少对于人类的研究，权力的目标和知识的目标不能分开：知道我们控制和控制我们知道是不能分开的。”[177] 例如，他认为童年生活的建构本身就被用来控制和生产社会认为的人性（作为一种生物现象）是什么样子。[178] 对福柯来说，知识不能与权力分开，因为掌权者通过科学知识建立了规范，而你内化和监督以确保遵守这些惯例。换句话说，你的身份就是你为相信和内化这些规范所付出的代价。

查克拉沃蒂・斯皮瓦克将自己描述为“实践的马克思主义 - 女权主义 -

解构主义者”，她提出解构主义可以揭露强大的二元对立并揭示其隐蔽的压迫等级制度，从而赋予性别主体性特权。“主体性包括个人的意识、情感和无意识的思想和欲望”，由于这种主体性几乎总是男性和西方的，因此属于这一类的个体保持沉默。[179] 斯皮瓦克将德里达的《论文本学》（*De la grammatologie*）翻译成英文，后来她写了一篇颇有影响力的文章《下属能说话吗？》（“Can the Subaltern Speak?”）[180] 帮助定义了后殖民研究。“下属”（Subaltern）一词是由马克思主义理论家和政治家安东尼奥·葛兰西（Antonio Gramsci，1891—1937 年）创造的，用来描述在经济上被剥夺和受制于统治阶级霸权的人。

在德里达和福柯的工作以及爱德华·赛义德（Edward Said）的东方主义理论的基础上，斯皮瓦克将“下属”一词应用于那些以前处于殖民统治下仍受其遗产影响的人。她展示了对印度教习俗（例如萨蒂“sati”）的禁止如何揭示了印度殖民地历史上一个沉默的“下属”。萨蒂是一种传统习俗，妻子可以在丈夫去世后自杀。她争辩说，英国殖民者对这种做法感到震惊，虽然他们认为自己是在从印度教男性手中拯救印度教女性，但他们没有向印度教女性询问她们对这一行为的看法。因此，斯皮瓦克揭示了被殖民者对这一历史实践的更细致的理解与殖民者产生的话语之间的鸿沟。斯皮瓦克还把矛头指向了西方从事“下属”研究的人。作为一名出生在加尔各答并在美国学术机构任教的女性，她告诫说，“知识分子必须学会批评自己在父权文化和后殖民理论中的角色，并忘记自己对这一主题的方法。”[181] 换句话说，当西方知识分子为“下属”说话时，他们似乎没有意识到他们正在重新铭刻他者意识形态的殖民霸权。

后结构主义的重要性

后结构主义最终挑战了结构主义和现代主义的一些最基本前提。根据哲学家艾伦·施里夫特（Alan D. Schrift）的说法，后结构主义思想家反映了“尼采 - 弗洛伊德 - 马克思主义的时代精神……他们从社会科学转向对写作和文本性进行哲学批判性分析（德里达）；主体的权力、话语和建构的关系（福柯）”，以及对性别主体性和殖民主义霸权遗产的揭露（斯皮瓦克）。[182] 这种批判性促使其他学科（包括风景园林）质疑定义个人实践的既定的惯例和态度。

哲学家克里斯托弗・诺里斯（Christopher Norris）指出："解构既没有衍生出也没有真正摆脱语言的存在是为了传达意义的常识性观点。它出于自己的特定目的而暂停了这种观点，即看看当惯例的指令不再适用时会发生什么。"[183] 因为"弱化'真实'（原始的、真实的、稳定的指称、经验和意义）既是后结构主义探究的话题，也是的结果"[184]，设计中的基本假设，例如功能和形式之间的联系、经验在解释中的作用以及景观作为自然的不朽性都受到了挑战。

后结构主义理论之所以有价值，是因为它们不仅有可能批评风景园林项目，还可以批评风景园林自身这个项目。特别是后结构主义理论可能揭露和打破景观设计中的假设——它的惯例、神话和文化定位——这一更广泛和更批判的概念已经在风景园林的历史记录中得到了探索。1994 年，景观设计师希思・申克（Heath Schenker）认为，风景园林的历史已经被学生描述为"大师设计师"的一系列作品——几乎都是男性。[185] 她以诺曼・T. 牛顿的经典教科书《在大地上的设计》（*Design on the Land*，1971 年）作为一个例子，展示了试图将女性改写进这种传统的历史方法，实际上边缘化了女性的贡献。牛顿的方法，与他之前的许多历史学家相似，与艺术史实践相呼应，侧重于历史时期（巴洛克，然后是自然风景式等）和定义时代的天才设计师们（勒诺特、范布鲁）。由于女性在历史上被剥夺了"浪子设计师"的地位，因此在风景园林史上几乎没有女性可以讨论。作为替代方案，申克通过女权主义历史镜头审视了 19 世纪时期的英国伯明翰，其中包括除天才设计师角色之外在景观创作中的行动。因此，通过挑战讲述风景园林历史的传统方法，她描绘了包括男性和女性在内的更具包容性的历史。最近，人们探索了女性和风景园林的历史。2015 年，索尼娅・杜姆佩尔曼（Sonja Dümpelmann）和约翰・比尔兹利（John Beardsley）在他们的著作《女性、现代性和风景园林》（*Women, Modernity, and Landscape Architecture*）中汇编了女性和现代风景园林的历史。

后结构主义的实际应用

解构

建筑师伯纳德・屈米（Bernard Tschumi）是最早将德里达的解构主义与景观设计联系起来的设计师之一，他让德里达参与了他在拉维莱特公园

（Parc de la Villette）竞赛的获奖提案。屈米的公园设计涉及点（大约10 米 ×10 米 ×10 米的鲜红色“疯狂物”）、线（路径和主题花园）和平面（大片草地、砾石和水）的组合。屈米没有使用更常见的序列组织原则，例如对称性，而是将这些特征分层组合。虽然点、线和平面定义了 20 世纪 70 年代早期地理信息系统的几何特征，但屈米的分层并未用于分析目的。

被称为“疯狂物”（folly）的结构本身为屈米提供了一个关于符号的解构和后结构主义思考的关键例子。根据屈米的说法，“严格重复 10 米 ×10 米 ×10 米的‘疯狂物’旨在为公园打造一个清晰的标志（符号），就像英国电话亭或巴黎地铁大门一样强烈。”[186] 他还主张说“疯狂物”没有任何意义，因为它们是能指（图像）而不是所指（思想）。[187] 这一主张得到了德里达的文章《疯狂之点——建筑的当下》（“Point de folie maintenant l'architecture”）的支持，文章收录到屈米的作品集《空盒之拉维莱特》（*La Case Vide: La Villette*）。虽然公园尚未建成，但德里达证实了这些“疯狂物”是解构冲动的体现，因此，公园的设计与解构相一致。德里达声称，“这些‘疯狂物’破坏了意义、意义的意义、强大的建筑建构的符号化整体。它们为自己的构型质疑、错位、动摇或解构这座宏伟的建筑。”[188] 因此，屈米通过否认“疯狂物”是一个项目的最基本要求，延迟了它们的意义，并动摇了结构应该具有功能的观念。

请看其中一个“疯狂物”的图片（图 4.28）。虽然它们旨在容纳没有规定的功能，但多年来它们已被以各种方式使用和解释。一个“疯狂物”的地方现在是汉堡快餐餐厅的所在地，维基百科说这些“疯狂物”是为了让公园里的人们找到方向。

“异延”揭示了所指和所指之间的关系，不断地和无限地相异和推迟，否认“疯狂物”的任何内在意义。

你从屈米处理“疯狂物”中发现了“异延”吗?

你是否认为通过不策划“疯狂物”的功能，参观公园的人们可以自行使用和解释这些结构?

图 4.28
疯狂物，伯纳德·屈米，拉维莱特公园(1987年)，图片由多米尼克·麦基弗·洛佩斯提供，法国巴黎

文本性

德里达和福柯都在他们的后结构主义理论中描述了人类经验的"文本性"。历史学家索尔·康奈尔（Saul Cornell）推测，"德里达将文本扩展为涵盖人类活动的所有领域，而福柯则有效地将文本缩小为纯粹的话语影响。"[189] 对于德里达来说，文本性主张文本的意义不是由作者授权的，或者在风景园林中，不是由景观设计师授权的——相反，应该有多种解释。在参与拉维莱特公园竞赛结束后，德里达声称需要解构的是建筑师个人。他假设，"解构从来不是个人的，也不是单一的、自我特权的作者的声音。它总是有多种声音……你可以把它当作一个规则：每次解构都通过一个声音说话，这是错误的，它不再是解构了。"[190]

与之不同的是，"福柯将特定的文本视为更大的意义和权力的结构的产物，他称之为话语。福柯认为所有人类活动都是由话语塑造的，话语成为构成、组织和实施各种领域的人类知识的手段。"[191] 这种文本性观念强调了语言代替意义的罪责——一个建立批判性解释需要的条件。"因此，诸如历史事件、制度实践或跨文化关系等研究对象可能被视为需要破译和解释的符号系统，而不是需要记录的事实。"[192]

请看位于柏林德国标准协会的 DIN A4 图片（图 4.29）。这个庭院由理查德・韦勒（Richard Weller）与科妮莉亚・穆勒（Cornelia Müller）和扬・韦伯格（Jan Wehberg）共同设计，主要用作从上方办公室观看的空间。根据韦勒的说法，该设计的主要特点是一张 A4 纸“放大成一块 16 米 ×7 米的黑色花岗岩板，从 1.5 米的高度倾斜……扩大的 A4 花岗岩板不仅带有德国标准研究所（The Deutsches Institut für Normung e.V.，DIN）的首字母，而且还带有以巴比伦文字开头的不锈钢字母和符号，似乎从页面上翻滚下来”。[193] 德国标准研究所制定了各类办公场所使用的纸张尺寸，以及数以万计的技术、城市发展和能源物流标准。

图 4.29
DIN A4（1993 年），理查德・韦勒，穆勒・克尼普希尔德・韦伯格景观建筑事务所（MKW），图像由理查德・韦勒提供，德国标准研究所，德国柏林

你认为 DIN 是福柯意义上的话语吗？

在图 4.29 中可以看到拉丁字母 A、H、S、U、F、M、T，这些字母强调了德里达的文本性概念。

你认为他们拼写了什么内容吗？
你认为这意味着什么？

韦勒透露，这些字母讲述了“巴别塔和语言作为标准化系统有意地依附于现象世界的全部努力……我们被问到巨大的沉思石碑是否包含神秘的信息。它没有”。[194]

你认为为什么他们没有从字母中造出单词？
同样重要的是，你为什么认为字母表的书写元素在叙述着什么？
这和文本性有什么关系？

第三空间

后殖民作家霍米·K. 巴巴（Homi K. Bhabha）的“第三空间”理论提出了一种替代殖民者 / 被殖民者、主人 / 仆人、基督教 / 印度教或其他对立权力关系的二分法。他认为，阐明和表现的场所（包括地理想象）是这些个人和文化相互作用的空间的例子。他举了印度北部的印度教农民的例子，他们被基督教殖民者要求皈依基督教。对于巴巴来说，这很容易解释为“热衷于皈依的强大殖民基督教和抵制皈依的本土宗教传统”之间的二元情况，但印度教农民所做的是“产生补充话语作为抵抗和协商的场所”。[195] 印度教农民回答说他们很乐意皈依，但只有当殖民者承认他们不吃肉时，他们才能相信殖民者。实际上，对于巴巴来说，“给予的东西被重新描述和评价，这样基督教传教士不得不重新定位他的教义立场。一个短语是……教义上的安全在其殖民宣言中被重新翻译，并象征性和社会性地为权威的谈判开辟了另一个场所。”[196]

巴巴的第三空间理论方法具有混杂性（hybridity）。通过这种混杂，“文化记忆的符号和政治机构的场所”[197] 被重新描述（redrawn）。根据巴巴的说法，混杂是当“变化的转变价值在于重新表达或翻译二者皆非的元素……而这些元素挑战了二者的条件和领域”。[198] 建筑师和景观设计师阿努拉德·马图尔（Anuradha Mathur）和迪利普·达·库尼亚（Dilip da Cunha）在他们的著作《横越德干》（*Deccan Traverses*）中描述了东印度公司如何通过科学和艺术的努力，构建了班加罗尔作为“印度花园城市”的身份。马图尔和达·库尼亚反思了今天这个花园城市遗产的一些美丽遗迹。然而，他们也观察到：

> 当然，这些项目还有另一面，即使用他们挑选出来的东西和他们构建的知识来管理外国事物。在这里，为了税收调查固定的边界和确定的财产；草图和绘画是统计记录的一种手段；研究和引进工厂服务于公司的经济目标。这些是殖民企业，它们不仅致力于开发，而且还致力于建设土地、树立那里的形象和自身的形象。[199]

在对殖民者的地图、文本、草图和其他图像的调查中，马图尔和达·库尼亚发现，在构建其作为花园城市的身份时，被殖民者的声音被边缘化了。此外，在殖民者对印度次大陆水文和地貌的理解中，地方知识被忽视了。一个例子是殖民者对德干高原（Deccan Plateau）的困惑，该地区被称为“千个水箱之地”（the land of a thousand tanks）。该地在殖民化之前已经建造了水箱来收集雨水和径流，而“堤坝”或堤岸则横跨洼地。[200] 堤坝和水箱一起作为一个均匀分布的系统发挥作用。然而，殖民工程师坚持认为水流是分级的，就像一个自然系统一样，水从支流流向更大的流动水域。马图尔和达·库尼亚指出，“与工程师的观点相反，在拥有一千个水箱的土地上没有占主导地位的水道……它更多的是政治的而不是物理的，依赖于管理的水闸而不是自然资源。”[201] 请看马图尔和达·库尼亚制作的图纸（图 4.30、图 4.31），哪幅画是重新描绘的实践，哪幅画是殖民工程师对德干高原的构想？

你认为为什么马图尔和达·库尼亚想要创建这张地图？
你认为地图是第三空间吗？

图 4.30
来自《横越德干：班加罗尔地形的绘制》（*Deccan Traverses: The Making of Bangalore' s Terrain*），作者：阿努拉达 · 马图尔 / 迪利普 · 达 · 库尼亚，图片由阿努拉达 · 马图尔 / 迪利普 · 达 · 库尼亚提供

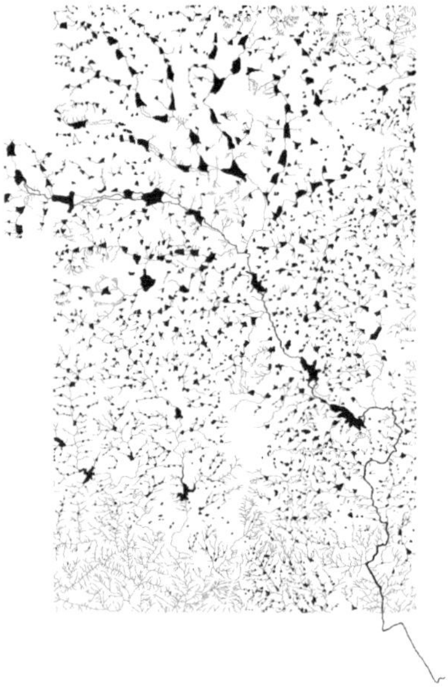

图 4.31
同图 4.30，图片由阿努拉达 · 马图尔提供

后结构主义的讨论

德里达的解构，以及它对语言和思想的感知合并，一直是后结构主义主张中争论最多的理论之一。建筑理论家罗宾 · 埃文斯（Robin Evans）认为，由于解构涉及语言和写作的研究，因此出现了“关于建筑的形成是像语言还是语言研究的一些混淆”。[202] 事实上，很多讨论都集中在所指和能指的作用，它们是语言分析中的组成部分，而不是人们可能选择的写作方式。类似的观点，哲学家爱德华 · 温特斯（Edward Winters）认为“将语言作为独立于其实际用途的整体系统进行研究是对语言生活的抽象”。[203] 换句话说，当语言被研究为能指、所指和符号的概念系统，它不会告诉你很多关于语言作为一种生活体验的信息。此外，景观体验不能总是被描述为能指、所指和记号的抽象游戏。认知科学家史蒂文 · 平克（Steven Pinker）认为语言与思想不同，“不是将人类与其他动物区分开来的唯一事物，不是所有文化的基础，也不是不可避免的监狱，不是强制性协议，不是我们世界的界限，也不是可以想象的事物的决定者。”[204] 他还谴责那些将人类大脑中的知识宝库视为单词和句子

的符号学家。他问道："你在这一页之前的那一页上读到了什么？我想你可以对这个问题给出一个相当准确的答案。"[205]

试试看，真的。

> 现在试着写下你在这些页面上读到的确切单词。你可能无法逐字回忆单个句子，甚至可能没有一个短语。你记住的是那些段落的要点——它们的内容、意义或感觉——而不是语言本身。认知科学家将这种"语义记忆"建模为一个由逻辑命题图像、动力程序、声音串和其他在大脑中相互连接的数据结构组成的网络。[206]

然而，关于解构的最大争论涉及建筑师彼得・艾森曼（Peter Eisenman）和德里达本人。屈米在赢得拉维莱特公园竞赛后，决定将他设计中的平面划分为由不同建筑师和景观设计师设计的较小花园（并且在今天非常受欢迎）。屈米将艾森曼和德里达召集在一起，共同设计了其中一个花园。从 1985 年到 1990 年初，他们在花园上的合作经历了大约七次会议和大量通信。设计合作的最初描述对艾森曼和德里达来说都是积极的。1988 年，德里达写道，"为什么艾森曼会写出这么好的书"，但德里达承认他最初认为"话语是我的领域，而建筑'合宜述说'——地方、空间、绘画、无声的计算、石头、材料的阻力——则是他的"。[207] 转而，德里达决定为花园设计自己的元素，即一种镀金金属物体，"看起来像网、筛子或烤架（网格）。"[208]

正如他们在《合唱作品 L》（*Choral L Works*，1997 年）一书中所揭示的，他们的合作因对设计项目的性质和解构的误解而受到影响。最令德里达不安的是"艾森曼对传统修辞模式的依赖"，这是德里达所批评的非常二元和辩证的过程。[209] 德里达与艾森曼讨论花园的实际建造时也感到内心挣扎。1986 年 4 月，德里达恳求艾森曼："我以非常抽象的方式理解，但你为什么不解释实际的方面。"[210] 到 1989 年，他们的合作已经完全恶化。该项目超出了预算，他们的花园计划还占用了其他设计师的花园。虽然我们永远不会知道他们关系的真实好坏，但德里达和艾森曼之间的通信证实了一种痛苦而复杂的关系，他们的通信收录在 1990 年出版的《集合艺术》（*Assemblage*）和后来出版的《合唱作品 L》中。

德里达恳求艾森曼："我可能会谈到我自己在'合唱作品'过程中被替代，但这里必须由你来说话……这个还没有完成但是随处可以看到和阅读的合唱作品，我们是什么时候开始合作的，是不是我们从来就没有合作？我们什么时候会停下来？"[211] 几个月后，艾森曼打趣道，"也许我在建筑中所做的事情，无论是愿望和构造，都不能恰当地称为解构。"[212] 在说到他们的花园项目时，艾森曼还写道："你看，雅克，当你离开自己的领域时，当你试图保持一致时，无论这在建筑中可能意味着什么，你都没有理解解构在建筑中的应用——这也是你远离解构的时候。"[213]

艾森曼是否正确，德里达不应该是解构的唯一作者？

后结构主义的主要阅读材料

Gayatri Chakravorty Spivak, "Can the Subaltern Speak?" 加亚特里·查克拉沃蒂·斯皮瓦克，《下属能说话吗？》

Jacques Derrida, *Of Grammatology*. 雅克·德里达，《语法学》

Jacques Derrida, *Writing and Difference*. 雅克·德里达，《写作与差异》

Michel Foucault, *The History of Sexuality 1: An Introduction*. 米歇尔·福柯，《性经验史第一卷：认知的意志》

注释

1. Bronwen Martin and Felizitas Ringham, "Language," *Key Terms in Semiotics* (London: Continuum, 2006), 113.
2. Paul Ricoeur, "The Model of the Text: Meaningful Action Considered a Text," *From Text to Action: Essays in Hermeneutics, II*, trans. Kathleen Blamey and John B. Thompson (Evanston, IL: Northwestern University Press, 1991), 144–183 (160).
3. Sylvia Lavin, "The Republic of the Arts," *Quatremère de Quincy and the Invention of a Modern Language of Architecture* (New York: MIT Press, 1992), 158–175.
4. Rafael Moneo, "On Typology," *Oppositions* 13 (Summer 1978): 22–45.
5. Antoine Chrysostôme Quatremère de Quincy, quoted in Aldo Rossi, *Architecture of the City* (New York: MIT Press, 1984), 40.
6. Ibid., 41.
7. Sylvia Crowe and Mary Mitchell, *The Pattern of Landscape* (Chichester: Packard, 1988).
8. Simon Bell, *Landscape: Pattern, Perception, and Process* (New York: E & FN Spon, 1999).
9. Ibid., 22.
10. Cynthia L. Girling and Kenneth I. Helphand, *Yard, Street, Park: The Design of Suburban Open Space* (New York: Wiley, 1994).
11. Clemens Steenbergen, *Composing Landscapes: Analysis, Typology and Experiments for Design* (Basel: Birkhäuser, 2008), 297.
12. Alan Colquhoun, *Modernism in the Classical Tradition: Architectural Essays 1980–1987* (Cambridge, MA: MIT Press, 1989), 74.
13. Ibid.
14. Roland Barthes, *Writing Degree Zero*, trans. Annette Lavers and Colin Smith (New York: Editions du Seuil 1953, 1968), 16.
15. Jorge Silvetti, "The Beauty of Shadows," *Oppositions* 9 (1977): 43–61.
16. Ibid., 45.
17. David Walters and Linda Brown, "Devices and Designs: Sources of Urbanism," *Design First* (Oxford: Architectural Press, 2004), 83–93 (85).
18. Christiane Crasemann Collins and George R. Collins, *Camillo Sitte, the Birth of Modern City Planning* (New York: Rizzoli, 1986).
19. Ibid., 143.
20. Ibid., 160.
21. Gina Crandell, *Tree Gardens: Architecture and the Forest* (New York: Princeton Architectural Press, 2013).
22. Tom Turner, *Garden History: Philosophy and Design 2000 BC 2000 AD* (Abingdon: Spon, 2005).
23. Designboom, "Spirulina Fountain by Bureau A Acts as Cultivating Garden Folly in Geneva," accessed 21 January 2016, www.designboom.com/architecture/bureau-a-spirulina-fountain-garden-folly-parc-des-evaux-confignon-geneva-01-16-2015/.
24. Ibid.
25. Kongjian Yu, "The Big Foot Revolution," *Designed Ecologies: The Landscape Architecture of Kongjian Yu*, ed. William S. Saunders (Basel: Birkhäuser, 2012), 42–49 (42).
26. Ibid., 44.
27. Catherine Seavitt, "Yangtze River Delta Project," *Scenario 03: Rethinking Infrastructure*, Spring 2013, accessed 21 January 2016, http://scenariojournal.com/article/yangtze-river-delta-project/.

28. Christian Norberg-Schulz, *Genius Loci, Towards a Phenomenology of Architecture* (New York: Rizzoli, 1980; 1979).
29. See Christian Norberg-Schulz, *Intentions in Architecture* (Cambridge, MA: MIT Press, 1966; 1965).
30. Norberg-Schulz, *Genius Loci, Towards a Phenomenology of Architecture,* 98.
31. Carl Gustav Jung, *Collected Works of C.G. Jung, Volume 7: Two Essays in Analytical Psychology,* eds. and trans. Gerhardt Alder and R.F.C. Hull (New York: Bollingen, 1972, 1953), 77.
32. Ibid., 38.
33. Tjeu van den Berk, *Jung on Art: The Autonomy of the Creative Drive* (New York: Routledge, 2012), 4.
34. Ibid.
35. Geoffrey Jellicoe, "Jung and the Art of Landscape: A Personal Experience," *Denatured Visions: Landscape and Culture in the Twentieth Century*, eds. Stuart Wrede and William Howard Adams (New York: Museum of Modern Art, 1991), 124.
36. Mary Keen, "New Landscape at Boughton: Kim Wilkie's Gateway to the Underworld," *The Telegraph*, 7 August 2009, accessed 22 April 2015, www.telegraph.co.uk/gardening/gardenstovisit/5988456/New-landscape-at-Boughton-Kim-Wilkies-gateway-to-the-underworld.html.
37. Karen A. Franck and Lynda H. Schneekloth, "Type: Prison or Promise," *Ordering Space: Types in Architecture and Design*, eds. Karen A. Franck and Lynda H. Schneekloth (New York: Van Nostrand Reinhold, 1994), 15–38 (30).
38. Alex Wall, "Programming the Urban Surface," *Recovering Landscape*, ed. James Corner (New York: Princeton Architectural Press, 1999), 233–249 (235).
39. Jill Desimini, "Wild Innovation: Stoss in Detroit" *Scenario 03: Rethinking Infrastructure* (Spring 2013), accessed 22 April 2015, http://scenariojournal.com/article/wild-innovation-stoss-in-detroit.
40. William J. Mitchell, "Representation," *Critical Terms for Literary Study*, eds. Frank Lentricchia and Thomas McLaughlin (Chicago, IL: University of Chicago Press, 1990), 11–22 (11).
41. Edward Skidelsky, *Ernst Cassirer: The Last Philosopher of Culture* (Princeton, NJ: Princeton University Press, 2008), 49.
42. Ernst Cassirer, *The Logic of the Cultural Sciences: Five Studies*, trans. Steve G. Lofts (New Haven, CT: Yale University Press, 2000), 19–20.
43. Winfried Nöth, *Handbook of Semiotics* (Bloomington: Indiana University Press, 1995), 103.
44. Ernst Cassirer, *The Philosophy of Symbolic Forms: Volume 3 The Phenomenology of Knowledge* (New Haven, CT: Yale University Press, 1957), 200.
45. Michael Ann Holly, *Panofsky and the Foundations of Art History* (Ithaca, NY: Cornell University Press, 1984), 44.
46. Erwin Panofsky, *Studies in Iconology: Humanistic Themes in the Art of the Renaissance* (New York: Harper & Row, 1972, 1939), 5.
47. Ibid.
48. Ibid., 14–15.
49. Ibid., 5.
50. Tessa Goldsmith, *Fountains Abbey and Studley Royal Souvenir Guidebook* (The National Trust, 2011), 36.
51. John Aislabie, *Oxford Dictionary of National Biography*, accessed 11 July 2014, www.oxforddnb.com/view/printable/252.
52. See Tim Richardson, *The Arcadian Friends: Inventing the English Landscape Garden* (London: Bantam, 2008).

53. Nelson Goodman *Languages of Art: An Approach to a Theory of Symbols* (Indianapolis, IN: Bobbs-Merrill, 1968).
54. Alessandro Giovannelli, "Goodman's Aesthetics," *The Stanford Encyclopedia of Philosophy* (Summer 2010 Edition), Edward N. Zalta (ed.), accessed 22 January 2016, http://plato.stanford.edu/archives/sum2010/entries/goodman-aesthetics/.
55. Jennifer Robinson, "Nelson Goodman," *The Routledge Companion to Aesthetics,* third edition, eds. Berys Gaut, and Dominic Lopes (New York: Routledge, 2013), 179–189 (179).
56. Ibid.
57. Nelson Goodman, "How Buildings Mean," *Reconceptions in Philosophy and Other Arts and Sciences*, eds. Nelson Goodman and Catherine Z. Elgin (Cambridge, MA: Hackell, 1988) 31–48 (31).
58. Ibid., 33–34.
59. George Hargreaves, "Postmodernism Looks Beyond Itself," *Landscape Architecture* 73, no. 6 (1983): 60–65 (63–64).
60. Ibid., 65.
61. Laurie Olin, "Form, Meaning, and Expression in Landscape Architecture," *Landscape Journal* 7, no. 2 (1988): 149–168 (151).
62. Goodman, "How Buildings Mean," 48.
63. Ibid., 36.
64. Ibid.
65. Ibid., 34.
66. Ibid., 36.
67. Ibid.
68. Ibid., 37–38.
69. Ibid., 40.
70. Leah Levy, *Kathryn Gustafson: Sculpting the Land* (Washington, DC: Spacemaker Press, 1998), 9.
71. Cheryl Kent, *Millennium Park Chicago* (Evanston, IL: Northwestern University Press, 2011), 108.
72. Ibid., 109.
73. Charles Waldheim, *Constructed Ground: The Millennium Garden Design Competition* (Urbana: University of Illinois, 2001), 18.
74. Ibid.
75. Goodman, "How Buildings Mean," 42.
76. Marc Treib, "Must Landscapes Mean? Approaches to Significance in Recent Landscape Architecture," *Landscape Journal* 14, no. 1 (1995): 46–62 (60).
77. See Marc Treib, ed. *Meaning in Landscape Architecture & Gardens: Four Essays, Four Commentaries* (London: Routledge, 2011).
78. Ibid., 69.
79. Ibid., xii.
80. Goodman, "How Buildings Mean," 43.
81. Umberto Eco, *Theory of Semiotics* (Bloomington: Indiana University Press, 1976), 17.
82. Ibid.
83. Martin and Ringham, "Signification," *Key Terms in Semiotics*, 186.
84. Steven Pinker, *Words and Rules: The Ingredients of Language* (New York: Basic Books, 1999), 10.
85. Jonathan Culler, *The Pursuit of Signs: Semiotics, Literature, Deconstruction* (Ithaca, NY: Cornell University Press, 1981), 22.
86. Martin and Ringham, "Semiotics," *Key Terms in Semiotics*, 175.
87. Russell Daylight, "The Difference between Semiotics and Semiology," *Gramma:*

Journal of Theory & Criticism 20 (2012): 37–50 (37).
88. Charles Sanders Peirce, *Charles Sanders Peirce (1931–58): Collected Writings,* eds. Charles Hartshorne, Paul Weiss, and Arthur W. Burks (Cambridge, MA: Harvard University Press), 303.
89. Umberto Eco, "Function and Sign: The Semiotics of Architecture," *Rethinking Architecture: A Reader in Cultural Theory*, ed. Neil Lech (London: Routledge, 1997), 182–202 (182).
90. Ibid., 183.
91. Ibid., 194.
92. Carl E. Bain, Jerome Beaty, and J. Paul Hunter, *The Norton Introduction to Literature,* third edition (London: W. W. Norton, 1981; 1973), 650.
93. Anne Whiston Spirn, *The Language of Landscape* (New Haven, CT: Yale University Press, 1998), 15.
94. Kati Lindström, Hannes Palang, and Kalevi Kull, "Semiotics of Landscape," *The Routledge Companion to Landscape Studies*, eds. Peter Howard, Ian Thompson, and Emma Waterton (New York: Routledge, 2013), 97–105 (97).
95. Ibid., 98.
96. Ibid., 105.
97. Eco, *Theory of Semiotics*, 129.
98. Christoph Prang, "The Creative Power of Semiotics: Umberto Eco's *The Name of the Rose*," *Comparative Literature* 66, no. 4 (2014): 420–437 (422).
99. Barry Schwabsky, "Semiotics and Murder: A Review of *The Name of the Rose* by Umberto Eco," *The New Criterion*, September 1983, accessed 22 January 2016, www.newcriterion.com/articles.cfm/Semiotics-and-murder-6303.
100. Spirn, *The Language of Landscape*, 216.
101. Ibid., 217–218.
102. Nomad Studio, "Green Varnish," World Landscape Architecture, accessed 22 January 2016, http://worldlandscapearchitect.com/green-varnish-by-nomad-studio-at-contemporary-art-museum-st-louis/.
103. Spirn, *The Language of Landscape*, 225.
104. Publically Engaged Architecture, "Baisley Park," *Tumblr*, 8 May 2013, accessed 22 January 2016, http://anethere.tumblr.com/post/22686092385/baisley-park-jamaica-queens-ny-walter.
105. Kenneth Woodbridge, "Doctor Carvallo and the Absolute," *Garden History* 6, no. 2 (1978): 46–69 (50–51).
106. Elizabeth Barlow Rogers, "Landscape and Cityscape as Aesthetic Experience: The Arts and Crafts Movement and the Revival of the Formal Garden," *Landscape Design: A Cultural and Architectural History* (New York: Harry N. Abrams, 2001), 375–401 (384).
107. Michel Conan, "Landscape Metaphors and Metamorphosis of Time," *Landscape Design and the Experience of Motion*, ed. Michel Conan (Washington, DC: Dumbarton Oaks, 2003), 287–317 (297–298).
108. Jellicoe, "Jung and the Art of Landscape: A Personal Experience," 126.
109. Michael Spens, *The Complete Landscape Designs and Gardens of Geoffrey Jellicoe* (London: Thames & Hudson, 1994), 92.
110. Ibid., 96.
111. Ibid., 92.
112. Ibid., 94.
113. Spirn, *The Language of Landscape*, 229.
114. Ibid.
115. Nina Rappaport, "Landscapes as Cultural Criticism," *Ken Smith Landscape*

Architect: Urban Projects, ed. Jane Amidon (New York: Princeton Architectural Press, 2006), 133–137 (133).

116. Ken Smith, *Ken Smith: Landscape Architect* (New York: Monacelli Press, 2009), 176–177.
117. Ibid., 174.
118. Dominic Strinati, *An Introduction to Theories of Popular Culture* (London: Routledge, 1995), 110.
119. Karsten Jorgensen, "Semiotics in Landscape Design," *Landscape Review* 4, no. 1 (1998): 39–47 (44).
120. Catherine Howett, "Systems, Signs, Sensibilities: Sources for a New Landscape Aesthetic," *Landscape Journal* 6, no. 1 (1987): 1–12 (8).
121. Ibid., 9.
122. Marcia Muelder Eaton, "Responding to the Call for New Landscape Metaphors," *Landscape Journal* 9, no. 1 (1990): 22–27 (22).
123. Elizabeth K. Meyer, "The Expanded Field of Landscape Architecture," *Ecological Design and Planning*, eds. George F. Thompson and Frederick R. Steiner (New York: John Wiley, 1997), 45–79 (45).
124. John T. Waterman, "Ferdinand de Saussure—Forerunner of Modern Structuralism," *Modern Language Journal* 40, no. 6 (October 1956), 307–309 (307).
125. Ferdinand de Saussure, *Course in General Linguistics*, eds. Charles Bally, Albert Sechehaye with Albert Riedlinger; trans. Wade Baskin (New York: Philosophical Library, 1959), 66.
126. Daylight, "The Difference between Semiotics and Semiology," 42.
127. Roland Barthes, *Mythologies*, trans. Annette Lavers (New York: Hill and Wang, 2001, 1957), 113.
128. Saussure, *Course in General Linguistics*, 68.
129. Ibid., 67.
130. Ibid., 69.
131. Ibid., 117.
132. Claude Lévi-Strauss, *The Raw and the Cooked* (Chicago, IL: University of Chicago Press, 1969), 10.
133. Ibid., 12.
134. Ibid., 28.
135. Rosalind Krauss, "Sculpture in the Expanded Field," *October* 8 (Spring, 1979): 30–44 (36).
136. Ibid., 44.
137. Ibid., 36.
138. Ibid., 37.
139. Ibid., 43.
140. Rosalind E. Krauss, *The Optical Unconscious* (New York: MIT Press, 1993), 14.
141. Meyer, "The Expanded Field of Landscape Architecture," 51.
142. Karen M'Closkey, "Introduction," *Unearthed: The Landscapes of Hargreaves Associates* (Philadelphia: University of Pennsylvania Press, 2013), 1–23 (3).
143. Peter Walker, "The Practice of Landscape Architecture in Postwar United States," *Modern Landscape Architecture: A Critical Review*, ed. Marc Treib (Cambridge, MA: MIT Press, 1993), 250–259 (255).
144. Bernadette Blanchon-Caillot, Kamni Gill, Karsten Jørgensen, Bianca Maria Rinaldi, and Kelly Shannon, "Editorial Landscape Architecture in an Expanded Field," *Journal of Landscape Architecture* (2013): 4–5 (4).
145. Günther Vogt, "Foreword: Between Search and Research," *Distance & Engagement: Walking, Thinking and Making Landscape*, ed. Alice Foxley (Zurich:

Lars Müller, 2010), 7–23 (10).
146. Ibid., 16.
147. Alice Foxley, "Novartis Campus Green," *Distance & Engagement: Walking, Thinking and Making Landscape*, 97–133, (97).
148. International Association of Hydrogeologists, "About Karst Hydrogeology," accessed 22 January 2016, http://karst.iah.org/karst_hydrogeology.html.
149. Foxley, "Novartis Campus Green," 110.
150. Rachel Cooke, "Richard Hamilton: A Masterclass from the Father of Pop Art," 14 February 2010, accessed 22 January 2016, www.theguardian.com/artanddesign/2010/feb/14/richard-hamilton-interview-serpentine-cooke.
151. Udo Weilacher,"Hyperrealistic Shock Therapy Adriaan Geuze," *Between Landscape Architecture and Land Art* (Basel: Birkhäuser, 1996), 229–244, (232).
152. Umberto Eco, "Lowbrow Highbrow, Highbrow Lowbrow," *Pop Art: The Critical Dialogue*, ed. Carol Anne Mahsun (Ann Arbor: University of Michigan Research Press, 1989), 219–231 (220).
153. Ibid., 223.
154. Ibid., 225.
155. Tim Richardson, *The Vanguard Landscapes and Gardens of Martha Schwartz* (London: Thames & Hudson, 2004) 149.
156. Roland Barthes, *Elements of Semiology*, trans. Annette Lavers and Colin Smith, twelfth printing (New York: Hill and Wang, 1968), 58.
157. Ibid., 59.
158. Terry Eagleton, *Literary Theory: An Introduction*, 2nd revised edition, anniversary edition (New York: Wiley-Blackwell, 2011), 94–95.
159. Strinati, *An Introduction to Theories of Popular Culture*, 121.
160. Bernard E. Harcourt, "An Answer to the Question: What Is Poststructuralism?" The Law School, University of Chicago, March 2007, note 10, accessed 22 January 2016, www.law.uchicago.edu/files/files/156.pdf, 15.
161. Robert Bernasconi, *How to Read Sartre* (New York: W.W. Norton, 2006), 96.
162. Harcourt, "An Answer to the Question: What Is Poststructuralism?" 9.
163. Jean-Paul Sartre, *Being and Nothingness: An Essay on Phenomenological Ontology*, trans. Hazel E. Barnes (New York: Philosophical Library, 1956), 67.
164. Bernasconi, *How to Read Sartre*, 59.
165. Meyer, "The Expanded Field of Landscape Architecture," 49.
166. Kate Soper, "Nature/'nature,'" *Futurenatural: Nature, Science, Culture,* ed. George Robertson et al. (London: Routledge, 1996), 28.
167. Meyer, "The Expanded Field of Landscape Architecture," 51.
168. Alan D. Schrift, "Introduction," *Poststructuralism and Critical Theory's Second Generation* (New York: Routledge, 2014), 1–17 (6).
169. Leonard Lawlor, "Jacques Derrida," *The Stanford Encyclopedia of Philosophy* (Spring 2014 Edition), ed. Edward N. Zalta, accessed 18 June 2009, http://plato.stanford.edu/archives/spr2014/entries/derrida/.
170. Christopher Norris, *Deconstruction Theory and Practice* (London: Routledge, 1991), 30.
171. Joseph Adamson, "Différence," *Encyclopedia of Contemporary Literary Theory*, ed. Irena R. Makaryk (Toronto: University of Toronto, 2000), 534.
172. Jacques Derrida, "Speech and Writing According to Hegel," 1971, accessed 22 July 2009, http://hydra.humanities.uci.edu/derrida/hegel.html.
173. Jacques Derrida, *Oppositions*, trans. Alan Bass (Chicago, IL: University of Chicago Press, 1982): 41.
174. Hanna Buczynska-Garewicz, "Semiotics and Deconstruction," *Reading Eco: An Anthology,* ed. Rocco Capozzi (Bloomington: Indiana University Press, 1997),

163–172, (167).
175. Harcourt, "An Answer to the Question: What Is Poststructuralism?" 17–18, 20.
176. Gary Gutting, "Michel Foucault," *The Stanford Encyclopedia of Philosophy* (Winter 2014 Edition), ed. Edward N. Zalta, accessed 30 October 2015, http://plato.stanford.edu/archives/win2014/entries/foucault/.
177. Ibid.
178. Michel Foucault, *The History of Sexuality 1: An Introduction*, trans. Robert Hurley (New York: Vintage/Random House, 1990), 104.
179. Victoria Walker, "Feminist Criticism, Anglo-American," *Encyclopedia of Contemporary Literary Theory: Approaches, Scholars, Terms*, ed. Irene R. Makaryk (Toronto: University of Toronto Press, 2000), 39–44 (42).
180. Gayatri Chakravorty Spivak, "Can the Subaltern Speak?" *Marxism and the Interpretation of Culture*, eds. Cary Nelson and Lawrence Grossberg (Urbana: University of Illinois Press, 1988), 66–111.
181. Nancy Arden McHugh, *Feminist Philosophies A–Z* (Edinburgh: Edinburgh University Press, 2007), 137.
182. Schrift, "Introduction," 6.
183. Norris, *Deconstruction Theory and Practice*, 128.
184. Zsyzsa Baross, "Poststructuralism," *Encyclopedia of Contemporary Literary Theory: Approaches, Scholars, Terms*, ed. Irene R. Makaryk (Toronto: University of Toronto Press, 2000), 158–162 (158–159).
185. Heath Schenker, "Feminist Interventions in the Histories of Landscape Architecture," *Landscape Journal* 13, no. 2 (1994): 107–112.
186. Bernard Tschumi, "The La Villette Competition," *Landscape: The Princeton Journal of Thematic Studies in Architecture 2* (Princeton, NJ: Princeton Architectural Press, 1985), 201.
187. Ibid., 181.
188. Jacques Derrida, "'Point de folie – Maintenant' architecture from Bernard Tschumi, La Case Vide: La Villette 1985," *Architecture Theory since 1968*, ed. K. Michael Hays (Cambridge, MA: MIT Press, 1998), 574.
189. Saul Cornell, "Splitting the Difference: Textualism, Contextualism, and Post-Modern History," *American Studies with American Studies International* 36, no. 1 (1995): 57–80 (59).
190. Christopher Norris, "Jacques Derrida in Discussion with Christopher Norris," *Architectural Design Deconstruction II* (London: Academy Group, 1989), 11.
191. Cornell, "Splitting the Difference: Textualism, Contextualism, and Post-Modern History," 59.
192. Manina Jones, "Textuality," *Encyclopedia of Contemporary Literary Theory: Approaches, Scholars, Terms*, ed. Irene R. Makaryk (Toronto: University of Toronto Press, 2000), 041–042 (041).
193. Richard Weller, *Room 4.1.3: Innovations in Landscape Architecture* (Philadelphia: University of Pennsylvania Press, 2005), 144.
194. Ibid.
195. Homi Bhabha, "Interview with William J.T. Mitchell," *Artforum* 33, no.7 (1995): 80–84.
196. Ibid.
197. Homi K. Bhabha, "Introduction," *The Location of Culture* (New York: Routledge, 1994; 2004), 11.
198. Ibid., 41.
199. Anuradha Mathur and Dilip da Cunha, *Deccan Traverses: The Making of Bangalore's Terrain* (New Delhi: Rupa, 2006), 3.
200. Anuradha Mathur and Dilip da Cunha, "Waters Everywhere," *Design in the*

Terrain of Water, eds. Anuradha Mathur and Dilip da Cunha (Philadelphia: Applied Research + Design Publishing with the University of Pennsylvania School of Design, 2014), 8.

201. Mathur and da Cunha, *Deccan Traverses: The Making of Bangalore's Terrain*, 105.
202. Robin Evans, *Translations from Buildings to Drawings and Other Essays* (Cambridge, MA: MIT Press, 1997), 124–125 (125).
203. Edward Winters, "Architecture," *The Routledge Companion to Aesthetics*, eds. Berys Gaut and Dominic McIver Lopes (London: Routledge, 2001), 519–530.
204. Steven Pinker, *The Blank Slate: The Modern Denial of Human Nature* (New York: Viking, 2002), 208.
205. Ibid., 210.
206. Ibid.
207. Jacques Derrida, "Why Eisenman Writes Such Good Books," *Rethinking Architecture: A Cultural Reader*, ed. Neil Leach (London: Routledge, 2001), 338.
208. Ibid., 342.
209. Jeffrey Kipnis, "Twisting the Separatrix," *Assemblage* 14 (1991): 31–61 (45).
210. Jacques Derrida and Peter Eisenman, *Chora L Works*, eds. by Jeffrey Kipnis and Thomas Leeser (New York: Monacelli Press, 1997), 82.
211. Jacques Derrida, "Letter to Peter Eisenman," trans. Hilary P. Hanel, *Assemblage* 12 (1990): 6–13 (7–8).
212. Peter Eisenman, "Post/El Cards: A Reply to Jacques Derrida," *Assemblage* 12 (1990): 14–17 (17).
213. Ibid.

第 5 章　系统逻辑

一个系统是一系列相互关联或相互依赖的元素，这些元素构成了复杂的整体，它的空间和时间边界可以是开放的、封闭的或流动的。从历史上看，景观设计师对自然系统有着浓厚的兴趣，因为它们通常是构成设计景观的一部分。设计人员还调查自身是否是系统的一部分或控制着系统。系统在第一章的主题“形式”中发挥了关键作用，因为将景观理解为一个系统，可以识别作为景观系统过程的模式和形式。例如，麦克哈格认为，通过了解自然系统的运作方式，你可以根据自然进行设计，并且通过对自然的分析将得出最合适的形式。到 20 世纪 90 年代，通过创造形式来解决设计问题的想法受到了质疑，因为“策略”的概念作为一种方法涌现出来，它没有单一答案，而是一系列结果，设计师的反应只是设计过程的众多方面之一。

系统论和控制论的理论基础

请比较两张图（图 5.1、图 5.2）。

它们有什么不同？
从这两张图中，你可以得出关于一棵树的哪些不同类型的结论？

系统论植根于通用系统理论（General Systems Theory，GST）和控制论。[1] 作为还原论（reductionism）的替代方案，20 世纪时系统理论在科学、数学、社会学、艺术以及风景园林中变得非常有影响力。系统论最初在科学界被推广以替代物理学为模型的科学方法。[2] 目标是用生命系统的研究取代物理学的还原论方法，从而将机械隐喻（machine metaphors）换成有机

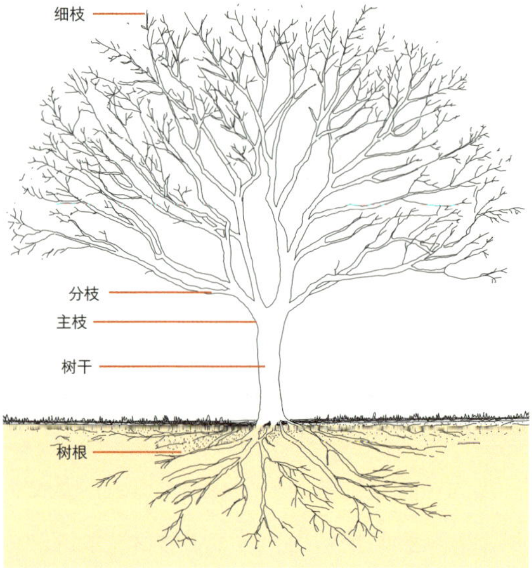

图 5.1
树

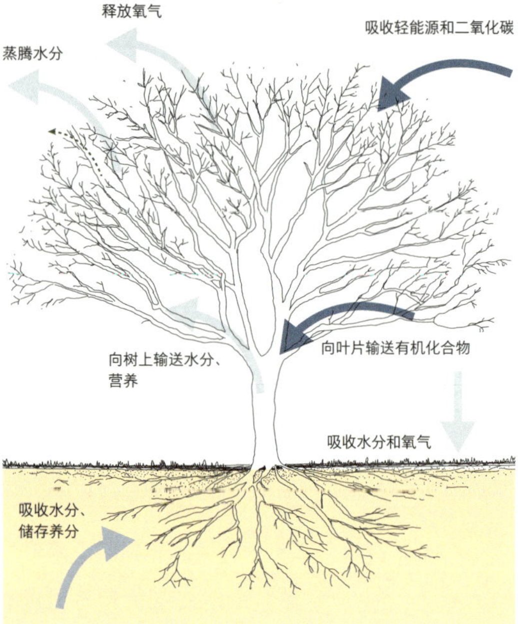

图 5.2
树

（organic）隐喻。根据组织理论家杰拉尔德·米奇利（Gerald Midgley）的说法，机械隐喻的问题在于坚持认为“世界上的所有事物（包括人类、组织和社会）就像发条玩具。如果我们能够弄清楚它们是如何工作的，那么我们就能够在它们所遵循的自然法则的范围内，根据我们的意愿来改变它们”。[3] 而有机隐喻暗示着一种有生命的结构或组织，一棵树而不是玩具，它会随着时间的推移而适应和变化。甚至像进化这样的元理论也被重新构想，以“接受有机体共同构建了它们的世界，而不是被动地适应它们的世界的想法，从而得出这样的结论，即有机体是它们所观察到的东西的一部分，而不是与之分离的”。[4]

生物学家试图用系统思维取代机械思维。例如，生物学家卡尔·路德维希·冯·贝塔朗菲（Karl Ludwig von Bertalanffy，1901—1972 年）将通用系统理论推广为理解所有生物体的基础。[5] 贝塔朗菲认为通用系统理论应该取代笛卡尔的“动物机器”（Bête machine），后者通过物理和化学来解释生命。[6] 事实上，笛卡尔的模型不适合描述非机械的自组织生物系统。与化学或物理的封闭系统相比，贝塔朗菲设想了一个统一的理论，将系统视为相互作用元素的复合体，即与环境相互作用的开放系统。虽然是一名受过训练的生物学家，但他对系统的慷慨定义扩展到人类和非人类实体，以及人文科学和科学领域的探究。这种广泛的范围也进一步将系统论定义为一个跨学科的研究项目。

系统方法更适合研究活的有机体，因为这些有机体是开放的过程，会不断地与周围环境相互作用。例如，如果我想研究空气污染对植物的影响，系统方法将涉及分析植物与空气流动、土壤、水、微生物、附近植物、阳光、气候变化等的相互作用。换句话说，我将研究赋予植物生命的系统，这将促使我将植物视为活的有机体，而不是机器。由于植物繁衍所需的各种相互作用，我也很可能会咨询其他学科的专业人士。

由于景观设计师处理的场地包含多种自然和文化过程，因此系统论已被众多专业人士发展。呼应贝塔朗菲的抱怨之词，麦克哈格也表示，“建筑师曾经说过，‘形式追随功能’。这是一种宣言，总是用餐具、飞机和火箭等无机系统来说明……如果人们着眼于有机系统，我认为人们必须适应这种说法，并说‘形式表达过程’，或者更好的是，‘过程是表达性的’。”[7] 遵循系统论，麦克哈格还招募了许多专业人士，如生态学家、林业学家和水文学家等，在他的风景园林项目上进行合作。麦克哈格以其先进的地图叠加技术而闻名，该方法是计算机地理信息系统（GIS）的先驱，他试图记录一组详尽的信息，以全面了解一个地点或一个地区。他用平面图叠加图纸区分了系统的不同层（土壤、水文、植被等），而每一层的内容在空间上是分离的，并根据其发展的适用性进行加权。最深的色调渐变代表具有最高值的区域，最浅的色调代表具有最不显著值的区域。然后将所有图层叠加以创建合成地图，用麦克哈格的话来说，它看起来类似于“具有暗色调和亮色调的复合X射线照片”。[8] 浅色区域显示应开发的位置，而深色区域应避免开发。

麦克哈格也受到控制论的影响。与系统论一样，控制论是一种关于有机和无机系统的通信和控制的解释性理论。虽然控制论是否是系统论的一个分支（还是相反）经常引起争论，但控制论的一个重要特征是引入了反馈回路的循环因果关系。[9] 数学家诺伯特·维纳（Norbert Wiener，1894—1964 年）在二战期间发明了一种预测敌机位置的计算设备——防空预测器（anti-aircraft predictor）或 AA 预测器，为控制论奠定了理论基础。“随着 AA 预测器的实现，维纳开始将其视为对人机关系的新理解的清晰原型，即将士兵、计算器和火力整合为一个单一的集成系统。”[10] 这种对人机关系的新理解影响了不同领域的许多人，尤其是尤金・奥达姆（Eugene Odum）在他的经典著作《生态学基础》（*Fundamentals of Ecology*）中的生态理论。[11] 反馈的引入对于预测生态系统的变化至关重要，因为正反馈提高了转化率，而负反馈降低了转化率。因此，如果你可以对这些反馈进行建模，你就可以预测和控制景观变化。[12]

与麦克哈格因控制论控制生态系统变化的能力而被其所吸引不同，劳伦斯・哈普林（Lawrence Halprin）的灵感来自控制论将机会作为一种在设计过程中放弃控制的方式。在他的妻子——舞蹈家和编舞家安娜・哈普林（Anna Halprin）以及 20 世纪 60 年代新兴的控制论艺术的影响下[13]，哈普林与设计专业人士、学生和社区成员一起开发了“谱记”（Scores）作为他设计过程的一部分。哈普林为风景园林和建筑专业的学生举办暑期课程，用他自己的话说，“希望他们直接处理空间结构，并体验身体运动的关系作为设计的主要力量。这与他们在建筑课上一直关注的通常的视觉重要性完全不同。”[14] 谱记既包括针对个人的单一指令，又包括一组描述过程的控制指令（在研讨会总结时向参与者展示）。虽然哈普林发明了谱记，但对个人谱记和通过制定谱记创造的互动的解释是开放性的。根据景观设计师玛格特・莱斯特拉（Margot Lystra）的说法，“开放式谱记突出了时间的不确定性，从而与传统的平面图、剖面图和透视图大相径庭，谱记在空间上是明确的和高度规范的。”[15] 通过谱记，哈普林发展了 RSVP 循环理论，“S”代表谱记（Scores）。安・科马拉（Ann Komara）指出：在 RSVP 中，“R”代表物理和人文资源以及它们的动机和目标；“V”代表行动结果的分析评估（Valuation），或者哈普林将其描述为“反馈”；最后，“P”代表绩效（Performance），是谱记的结果和过程的风格，无论是对绘画、舞蹈还是对由浮木制成的结构而言。[16]

系统论和控制论的重要性

系统论和控制论对风景园林很重要，因为它们考虑了随着时间的推移而产生的过程。虽然麦克哈格和哈普林出于不同的原因支持控制论，但他们都强调设计过程而不是最终结果。由于控制论是一种解释性理论，它使他们能够通过记录这些过程作为其设计决策的逻辑依据来验证其最终结果。麦克哈格的设计灵感来自自然科学，他的设计过程在设计决策中寻求客观性，而哈普林的过程则受到舞蹈和舞蹈编排的启发，因此他将人们的主观感受以及他自己对自然系统的体验作为设计决策过程的一部分。哲学家达雷尔·阿诺德（Darrell Arnold）观察到，“系统论一方面在人类和动物之间的基本区别中起到了平衡的作用，另一方面在有机和无机之间发挥了平衡作用”。[17] 的确，麦克哈格对生态科学的纳入试图全面展示在一个地点或地区发挥作用的自然系统。对于麦克哈格来说，自然系统（例如土壤形成）与人类系统（例如住房价值）具有相同的权利在他的叠图系统上占据一层。另外，哈普林的方法则试图平衡设计师和非设计师在设计过程中的角色。

系统论和控制论的实际应用

再生景观

由景观设计师约翰 · T. 莱尔（John T. Lyle）发展的再生景观，超越了保护或保存自然系统，在循环系统中整合和恢复了自然过程和人类过程。对于莱尔来说，再生景观提供了一种线性单向系统的替代方案。“最终，单向系统会破坏它所依赖的环境。时钟总是在运转，水流总是接近它们不再流淌的时刻。从本质上讲，这是一个退化的系统，消耗着它自己的生存来源。”[18]

请看土人景观设计的上海后滩公园的图片（图 5.3）。到 21 世纪，这片黄浦江沿岸 14 公顷的冲积平原已达到莱尔所定义的退化状态。该场地曾是一家钢铁厂和造船厂的所在地，其水质“劣 V 级，是 I ~ V 等级中最差的，被认为不适合游泳和娱乐，没有水生生物”。[19] 土人景观再生了该地点的生物和文化系统，包括水过滤和处理、洪水管理、栖息地创造、粮食生产和教育机会。受中国农业梯田的启发，种植的阶梯式景观为富含营养的水体增氧，并吸收水中的悬浮沉积物和污染物——发挥湿地的自然功能。这些阶梯式梯田还可以容纳现在可以到达河边的人们的活动。[20]

这个公园为什么是再生景观？

如果公园根据俞孔坚对“缠足”的定义进行种植设计，那么从《语言》一章出发，你认为它仍然是再生的吗？

图 5.3
上海后滩公园（2010年），土人景观 / 俞孔坚，图片由俞孔坚提供，中国上海

深层形式

1991 年，约翰·莱尔写了一篇广为流传的文章《漂浮的种子能形成深层形式吗？》（“Can Floating Seeds Make Deep Forms?”）[21] 正如琼·赫希曼·伍德沃德（Joan Hirschman Woodward）所写，他的问题是：

> 要求读者将风景园林想象成漂浮的种子，它们散播、寄宿，有时甚至生根发芽，为特定的时间和地点提供物理的、设计的表达。如果设计与景观过程的脉搏密不可分，例如水、土壤、风、能源和物种的流动和循环，它们可能会创造出深层形式。[22]

请看里姆景观公园（BUGA Park）的图片（图 5.4），它的前身是慕尼黑里姆机场，由北纬工作室设计。数以千计的种植树木从区域生物物理过程和文化实践中形成对角线形式，例如农业种植，也遵循这个方向。根据景观理论家吉娜·克兰德尔（Gina Crandell）的说法：

> 通过查看该地区的水文和林地组成地图，景观设计师发现现有林地的最大的区块以及伊萨尔河……两者都是从东北到西南的对角线。在机场建成之前，覆盖该地理区域的乡土田野格局和路径的组织在景观上留下了类似的对角线印记。甚至前机场的主跑道也遵循这个方向。[23]

图 5.4
里姆景观公园（2005 年），北纬工作室，德国慕尼黑（里姆区）

你觉得这些树如何像莱尔的“漂浮的种子”？

赛博格

赛博格（cyborg）或受控机体一词是由曼弗雷德·克莱恩斯（Manfred Clynes）和内森·克莱恩（Nathan S. Kline）在20世纪60年代创造的，用于描述可以在外太空运行的宇航员。“赛博格以及其稳态系统旨在提供一个组织系统，在该系统中，类似机器人的问题会自动无意识地得到解决，让人类可以自由探索、创造、思考和感觉。”[24] 几十年后，女权主义者唐娜·J.哈拉维（Donna J. Haraway）推出了她自己的赛博格版本。[25] 对于哈拉维，赛博格并没有从物理环境或他们自己的稳态系统中解放出来。相反，哈拉维的赛博格是从占主导地位的政治和文化结构中解放出来的。赛博格是人类、动物和机器的混合体，是一种“修辞策略和政治方法”[26]，以批判仍然依赖语言二元论的主流女权主义身份政治（feminist identity politics）。根据哈拉维的说法，“这些结合使男人和女人变得问题重重，颠覆了欲望的结构，颠覆了产生语言和性别的力量，从而颠覆了‘西方’身份、自然与文化、镜子与眼睛、奴隶与主人，身体与心灵。”[27] 与《语言》一章中讨论的后结构主义理论类似，哈拉维将这些二元论视为对女性、少数族裔、动物、工人和自然的统治的实例。

赛博格理论标志着后人文主义的开始，它批判了西方关于身体、自我、技术、自然和环境的传统观念。建筑师阿丽亚娜·劳瑞·哈里森（Ariane Lourie Harrison）提出，

> 后人文理论将赛博格的隐喻延伸到身体之外，延伸到建筑环境中，将设计的空间本身想象成一种假肢，并产生对“自然”的新理解，而“自然”本身不再被认为是原始的或中立的基础。从社会学到地理学的各个领域都探讨了通过科学和技术将人体延伸到环境中的政治影响，推动了关于自然地位的辩论。[28]

事实上，“身体存在与计算机模拟、控制论机制和生物有机体之间没有本质区别或绝对界限”。[29] 这个想法影响了许多领域，包括风景园林。迈耶认为赛博格是风景园林扩展领域的一部分。根据迈耶的说法，“景观赛博格——人类和非人类自然过程、机械和有机的混合体——可以占据一组对立面之间的概念空间，例如人造与自然、人与自然、工程与自然过程。”[30]

在创造机器人混合体时，艺术家吉尔伯托·埃斯帕扎（Gilberto Esparza）发明了小型机器人生物，它们通过汲取城市和污染环境中固有的能量在城市和污染环境中茁壮成长。他的城市寄生虫（Urban Parasite）生物是由回收的电子产品制成的。这些像蜗牛一样的小机器人穿过许多城市普遍存在的电线和电话线。埃斯帕扎的植物游民（Plant Nomads）是自给自足的植物机器人，属于机器与植物的混合体。它们将动物和植物的特性结合起来，通过用 12 条机动腿寻找水源。机载微生物燃料电池（MFC）通过使用在受污染的水中发现的细菌来驱动电流，在生物顶部的植物使用和处理这些细菌。根据埃斯帕扎的说法，植物游民“处理这种新杂交物种的异化转变，为在恶化的环境中生存而战。”[31] 请看在墨西哥城阿拉米达实验室举办的展览“种植”（“Cultivos”）中的植物游民（Plant Nomad）的图片（图 5.5）。

图 5.5
植物游民（2015 年），吉尔伯托·埃斯帕扎，阿拉米达实验室“种植”展览，墨西哥城，2015—2016 年

这件作品为什么是赛博格?

行动者网络理论

行动者网络理论（Actor Network Theory，ANT）最初是为了描述科技社会学的创新而开发的，它提出了对网络的独特解释。在拉图尔、米歇尔·卡隆

（Michel Callon）和约翰·劳（John Law）的推动下，行动者网络理论将人类和非人类（包括事物）视为系统中的行动者（agent）。对于拉图尔来说，社会学“最好被定义为参与者明确参与集体重组的学科”。[32] 与赛博格一样，行动者网络理论是一种后人文理论，它不是像火车系统那样的技术网络，拉图尔认为这样的系统仅部分属于行动者网络理论的一个例子。换言之，行动者网络理论中的行动者必须具有能动性（行动能力）并“书写”（inscribe）网络。行动者是指“自己行动或者由他人赋予行动的事物”。[33] 拉图尔认为行动者网络理论克服了“远距离或邻近的暴政……我们根据网络定义所有关联的难点在于地理学的盛行”。[34] 行动者网络理论已被用于分析生态系统管理和斯德哥尔摩国家城市公园系统的保护，而摄影师安德鲁·兰福德（Andrew Langford）在他的风景照片制作中采用了行动者网络理论。在这两种情况下，科学家和艺术家都打破了人类、自然和人工制品的划分，并考虑了它们之间的网络关系。正如兰福德所说，“物体和个人被认为是网络关系的集合结果，因此，空间和事物在物质、人类元素和非人类现象的流动和力量中处于不断迭代和转换的状态。”[35]

建筑师安妮·蒂特詹（Anne Tietjen）对拉图尔作出回应，认为：

> 这里的能动性不是指有意的活动，而是指行为者影响其他行为者的能力……因此，行动者网络理论将景观设计师的注意力引向人类和非人类行为者之间互动的影响。我们需要关注的是物理结构与自然和社会文化过程之间的关系，而不是物理结构本身。[36]

请看由荷兰新锐景观建筑设计事务所（LOLA Landscape Architects）设计的生态能源网络的图片，这是一条位于荷兰连接 Landgoed Wielewaal 和 Wandelpark Eckart 的生态走廊（图 5.6）。根据荷兰新锐景观建筑设计事务所的创始人埃里克 - 扬·普莱斯特（Eric-Jan Pleijster）的说法，他们将电网的电力基础设施与线性生态和文化景观相结合。线路下方的土地（跨越 1000 多公顷）旨在容纳湿地、植物材料以及人类和其他动物的通道，形成一个综合网络。人类和非人类栖息地之间的关系、景观提供的即时需求以及电力线和湿地通道提供的遥远需求展示了 LOLA 的网络如何利用了远距离和邻近的“专权”（tyranny）。[37]

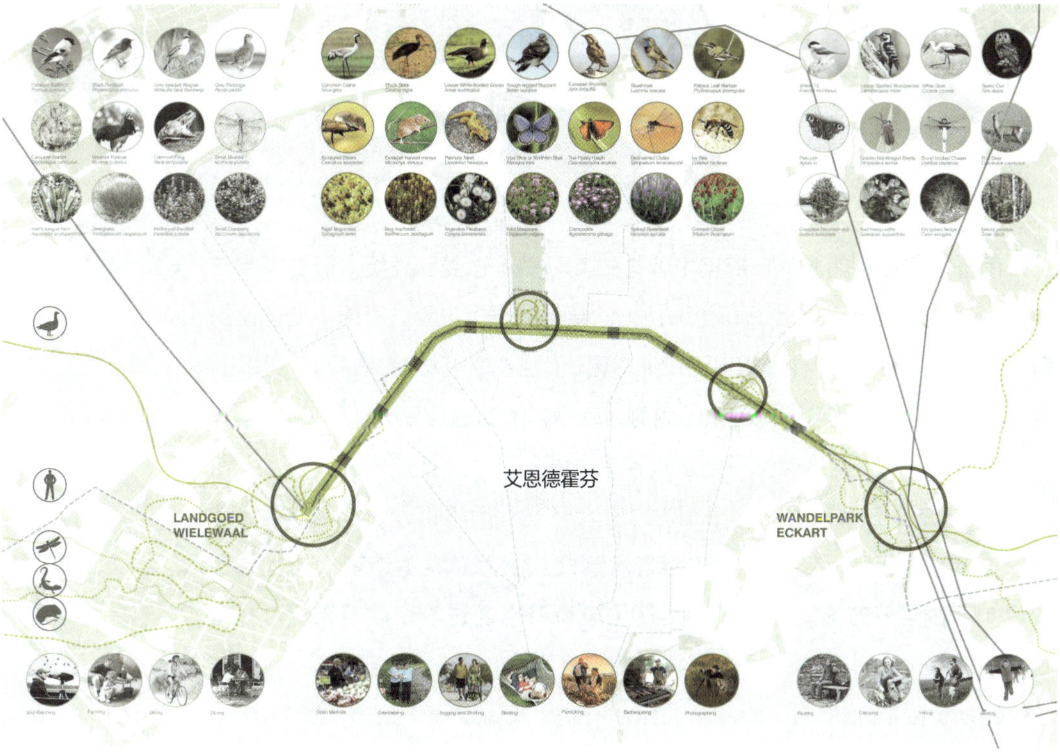

图 5.6
生态能源网络（2012 年），荷兰新锐景观建筑设计事务所，图片由荷兰新锐景观建筑设计事务所提供，荷兰

你能看出动物、人类和非人类现象将如何“书写”设计的网络吗？
你知道他们是如何拥有能动性的吗？

系统论和控制论的讨论

大多数基于系统的理论都是解释性的，因为它们描述了事物为何如此，虽然它们在设计的分析阶段或评估设计中非常有用，但它们在设计方面的作用主要是对过程的记录。虽然这些方法，例如麦克哈格提出的地图叠加系统，影响了一代景观设计师考虑设计与自然系统的关系，但这些方法也强化了这样的想法：只要遵守一个系统的规则，你就会发展出一个合适的设计响应。正如马克·特雷布（Marc Treib）所观察到的：

> 麦克哈格的观点集中且具有排他性、混淆和混合两个完全不同的景观干预领域。可以肯定的是，在没有彻底分析调查的情况下管理一个区

> 域即使不是危险的，也是愚蠢的；可行的设计始于对自然参数的研究。但规划过程很少需要积极的形式创作和创新，而这是风景园林的核心……麦克哈格的方法暗示，如果过程正确，结果形式就会很好，几乎就像客观研究会自动产生适当的审美一样。[38]

同样，哈普林的 RSVP 周期中参与的实际贡献也受到质疑。历史学家艾莉森・B. 赫希（Alison B. Hirsch）认为哈普林的设计过程并不像他所建议的那样具有参与性。哈普林通常自己设计谱记，而且据哈普林说，在研讨会期间，当参与者的想法与他自己的想法不同时，他经常忽略这些想法。[39]

尤其是行动者网络理论受到了批评。根据哲学家桑德拉・哈丁（Sandra Harding）的说法，行动者网络理论对社会环境视而不见，而社会环境受性别、种族、阶级和后殖民主义的影响所制约。因为忽略塑造它们的社会和政治制度的这些方面，行动者网络理论没有资格通过改变政策来促进社会正义。[40] 这一点也与设计人员经常描述的网络系统的方式产生了共鸣。例如，在《流动空间中的建筑》（*Architecture in the Space of Flows*，2012 年）中，哈丁观察到的这些情况并未得到承认。关于全球贸易流动，作者指出，“非正规经济的广泛节点出现在向全球导向的市场经济转型的时期，在这个时期，国家的角色越来越受到优化临时安排的流动的限制。”[41] 非正规经济涉及不受工会或依法成立的国家监管或保护的工人。同样，这些流动可能需要满载的油轮，而国家优化其流动的目标可能会导致严重的后果。然而，将全球经济贸易概念化为简单的流动网络并没有引发这些问题。对于文化理论家大卫・M. 贝里（David M. Berry）来说，这就是以系统论为模型的网络的贫乏。“当然，我们的模型，无论是基于网络的还是其他的，都是对世界的简化。网络不是本体论的，它是分析性的，因此限制了它可以告诉我们多少信息以及它有多大用处。”[42]

系统论和控制论的主要阅读材料

Donna J. Haraway, *Simians, Cyborgs, and Women: The Reinvention of Nature*. 唐娜・J. 哈拉维，《类人猿、赛博格和女人：大自然的再造》

Bruno Latour, *Reassembling the Social: An Introduction to Actor-Network-*

Theory 布鲁诺·拉图尔，《重组社会：行动者网络理论导论》
Eugene Odum, *Fundamentals of Ecology*. 尤金·奥达姆，《生态学基础》
Ludwig von Bertalanffy, *General System Theory: Foundations, Development, Applications*. 路德维希·冯·贝塔朗菲，《通用系统理论：基础、发展、应用》
Norbert Weiner, *Cybernetics, or, Control and Communication in the Animal and the Machine*. 诺伯特·韦纳，《控制论》或《动物与机器中的控制与交流》

基础设施的理论基础

> 曼哈顿地下的世界是层层叠叠的蛋糕，像克莱斯勒大厦一样高的地基。顶部是三英寸厚的沥青层。接下来是近十英寸的粗混凝土。在那之后，土壤，从街道上吸收化学物质的肮脏土壤。再往下一英寸或三英寸，电线——电话和电力、路灯和火警，以及最新增加的有线电视——都埋在套管里，靠近路边。再往下一英尺是呼呼的煤气管线；水管在四英尺下汩汩作响；蒸汽管道埋在六英尺深的地方。每条下水道都不同（它们以一定角度安装，因此污水总是向下流动），但它们通常位于地铁拱顶上方，其深度从几十英寸不等（列克星敦大道线）到十八层以下（百老汇当地的第 191 街）。深 200～800 英尺的输水隧道，标志着最远的人造深度。[43]
>
> (Henry Granick, Underneath New York, 1947)

基础设施是有利于日常生活必要运作的物理和生物物理系统的网络。一般来说，基础设施将某物从一个位置移动到另一个位置。它可以是数字基础设施中的数据移动，城市污水管道网络中污水的移动，或者是全球分布的标准化集装箱系统，它们运输从食品到商品的任何物品，通过船舶、火车、和卡车获取资源。从历史上看，水的流动是被动的，例如罗马人建造的用于将水输送到罗马市的重力供水渡槽，机械化的马利机器（Machine de Marly），以及试图将水抽送到凡尔赛花园喷泉。

景观设计师经常从事将自然系统、技术系统及其美学欣赏相结合的基础设施项目。例如，景观历史学家迈克尔·李（Michael Lee）研究了彼得·约瑟夫·莱内（Peter Josef Lenné，1789—1866 年）的 19 世纪基础设施工程，他的景观解决了德国早期工业用地的利用问题。莱内的 Landwehrkanal 计划是一条 10.7 公里长的航运运河，与柏林的施普雷河平行，它颠覆了基于建筑位置的传统规划做法。相反，他的计划以保持和加强开放空间为指导。根据李的说法，“莱内对 Landwehrkanal 的设计是将普鲁士的水利基础设施技术转化为城市环境的创新尝试，作为新都市结构的基础。”[44] 它还通过结合一系列与新运河不同部分相对应的林线小径，展示了将经济、社会和美学用途一同纳入这一基础设施项目。

景观设计师弗雷德里克·劳·奥姆斯特德的工作突出了景观作为基础设施的理念。他在 19 世纪 70 年代对波士顿后湾沼泽项目的计划是“翡翠项链”（Emerald Necklace）的一部分，这是一条与查尔斯·埃利奥特一起计划的 445 公顷的绿树成荫的人行道、公园和水道链。大沼泽（the Fens）场地受到与查尔斯河盐沼相遇的上游水道的严重污染（在它被筑坝之前）。新设计的沼泽地种植了莎草、灯心草和盐草，过滤水并减少气味。通过整合水道和种植沼泽，奥姆斯特德正在创建早期版本的绿色基础设施。

虽然这种类型的基础设施工作在公园系统和其他传统风景园林项目中继续进行，但大多数 20 世纪的基础设施项目都以工程解决方案为主，这些解决方案用技术系统取代了人类劳动，从而分离了不同的基础设施需求。建筑师加里·斯特朗（Gary Strang）在他的文章《基础设施作为景观》（“Infrastructure as Landscape”）中观察到，北美见证了“一个根本性的、系统性的变化，因为以前由人类劳动产生的能源在偏远地区产生或收集，并从周边地区带入城市”[45] 管道河流、下水道、电线杆彼此以及与它们的环境相互隔离，并且经常被隐藏或伪装在公众视野之外。此外，斯特朗认为，“设计师经常被控诉隐藏、遮蔽和装饰基础设施，以保持早期未受破坏的自然环境的形象……他们很少被要求将基础设施视为机遇，视为城市和区域形态的基本组成部分。”[46] 因此，斯特朗呼吁创造有厚度的和生物学上复杂的景观，利用基础设施并赞美其集体力量，以此方式将基础设施的自然、技术和文化维度联系起来。

基础设施的重要性

景观设计师皮埃尔·贝朗格（Pierre Bélanger）是将景观作为基础设施的最持久的倡导者之一。他认为，鉴于 20 世纪大多数基础设施项目的有害状态——

摇摇欲坠的道路和桥梁、停业的机场和工厂、污染的港口、漏水的大坝、军事工业用途的有毒遗留物以及堵塞的垃圾填埋场——至关重要的是景观设计师重新构思这些系统。贝朗格认为，“在城市—区域经济结构不断变化和分散的背景下，曾经是土木工程专业的唯一权限范围，包括水、废物、食品、交通和能源管理在内的基础设施，变得与景观规划和设计实践极为相关。”[47] 在将景观重新定义为基础设施时，贝朗格提出了一个循环的基础设施组织来处理作为城市系统副产品产生的废物。对于贝朗格，“浪费是自然的：城市化模式和生产方式有一个内嵌的过程，它已经并将永远产生浪费……与前一个时代的基础设施建设相比，城市生态建设与生物物理过程的回收提供了更大的灵活性和适应潜力。”[48]

基础设施景观给设计师带来了挑战。这些景观通常由众多监管机构、保险公司、私营公司和社区团体管理和控制。这种管理复杂性加上实现建成景观为基础设施所需的无数专业顾问，可能会带来挑战。此外，创新项目可能会停止——不是因为缺乏知识和技术能力，而是因为专业人士无法放弃自己的领域并就挑战现状时遇到的问题进行谈判。

基础设施的实际应用

工程基础设施

根据景观理论家伊恩·汉密尔顿·汤普森（Ian Hamilton Thompson）的说法：

> 景观设计师以两种方式对基础设施产生兴趣，尽管它们可能在理论上和实践中相互关联，但值得将它们分开考虑。第一种实践模式与源自交通工程的基础设施有关。第二种涉及概念转变，展开了对“绿色基础设施”的有意义的讨论，认为生态系统网络提供了基本服务，如干净的空气和水以及健康的土壤。[49]

请看马德里里约热内卢的图片（图 5.7），由 West 8 与 MRIO Arquitectos 合作设计，位于西班牙马德里。主要高速公路其中 6 公里长的部分位于地面以下，覆盖着一个巨大的公园系统，总面积 8 万平方米，包括长廊、小型公园、17 个游乐场、水景和桥梁。通过将交通基础设施用公园隐藏起来，设计师能够让马德里人民与之前被四车道高速公路切断的曼萨纳雷斯河重聚。

图 5.7
马德里里约热内卢（2011 年），West8 与 MRIO Arquitectos 合作设计，西班牙马德里

车辆消耗和燃烧燃料会导致空气污染。鉴于马德里里约热内卢为马德里居民提供了他们迫切需要的娱乐空间，你认为在某些情况下使用掩饰（camouflage）的设计方法是否恰当？

罗伯特·塞耶（Robert Thayer）在他的《灰色世界，绿色之心》（*Gray World, Green Heart*，1994 年）一书中对隐藏和掩饰的策略提出了质疑。塞耶坚持认为，“人们对技术在生活中占主导地位感到内疚，最明显的特征是通过树木、栅栏、墙壁、地球形式隐藏技术。”[50] 他认为，通过掩饰可能有害的基础设施环境，使你产生一种错觉，即你作为个人既不参与也不对该基础设施及其后果负责。[51]

绿色基础设施

绿色基础设施采用自然元素作为基础设施来管理水、栖息地和其他自然过程，将其为设计的一部分。我们可以在多个尺度上看到绿色基础设施，从使用种植屋顶吸收建筑物的径流，到区域尺度的走廊和斑块促进水和动物的流动。虽然第一个绿色基础设施项目是在公园和屋顶创建的，但现在它们已融入社区。请看欧林景观设计事务所（OLIN）设计的华盛顿运河公园（Washington Canal Park）的图解（图 5.8）。绿色基础设施系统建在曾是停车场的三个城

雨水管理策略

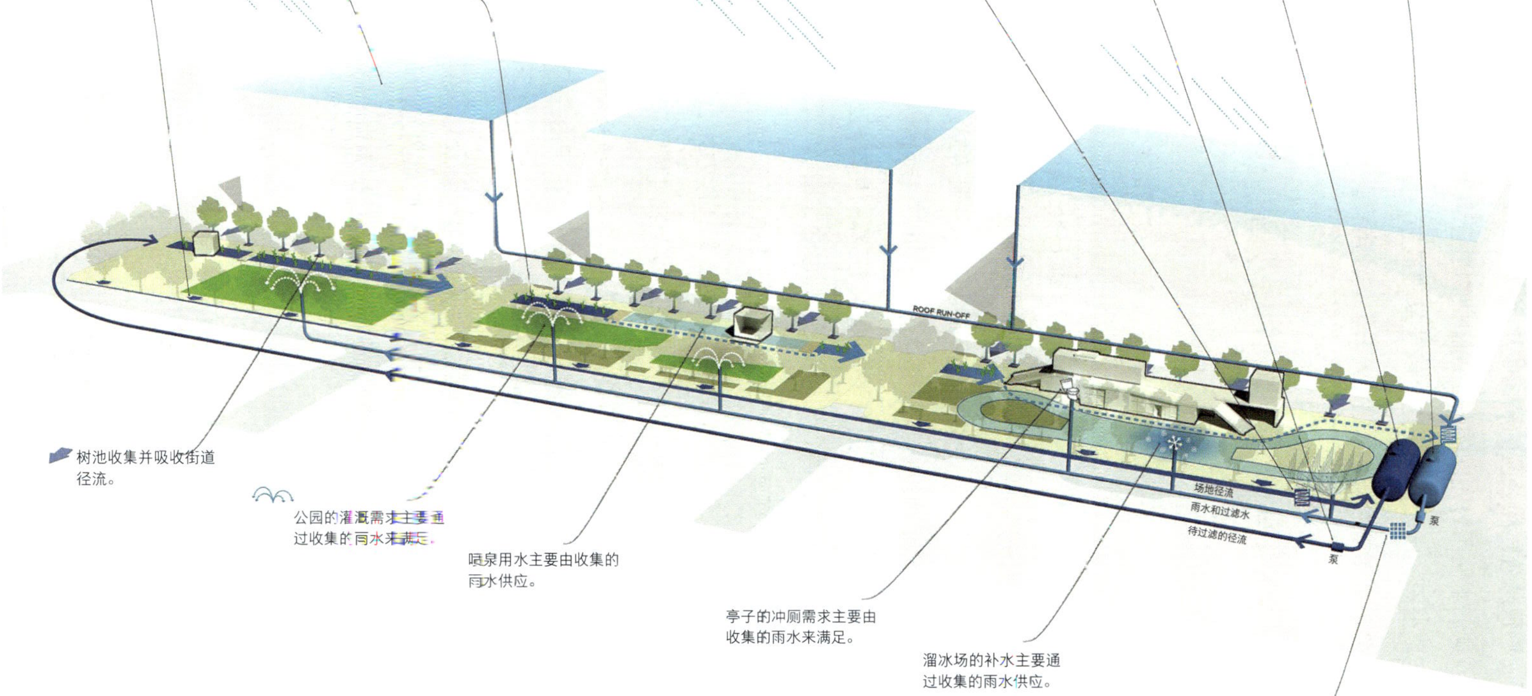

图 5.8
华盛顿运河公园（2012 年），OLIN，图片由 OLIN 提供，美国华盛顿特区

市街区，不仅从公园和公园的展馆收集雨水，还从公园周边的建筑物中收集雨水。收集的水使用公园内的蓄水池和植物进行净化，然后用于场地灌溉、建筑使用和公园的喷泉。由于这个绿色基础设施系统覆盖广泛，公园每年能够节省大约 300 万加仑（约 1136 万升）的饮用水。[52]

欧林景观设计事务所的设计回应如何让居住在公园附近的居民知道喷泉和灌溉中的水是从哪里来的？

工具主义

与斯特朗提出的担忧相呼应，理查德・韦勒（Richard Weller）认为，“田园式的现代性在公众的想象中占据主导地位，因此景观仍然被普遍定义为缺乏基础设施。”[53] 换句话说，不仅公众很少想到将景观视为基础设施，他们也不希望在景观中看到基础设施。为了纠正这种情况，韦勒建议风景园林应该是“工具的艺术，或者更好的是，工具的生态艺术”。[54] 工具主义是实用主义哲学的一个方面，主要与杜威和詹姆斯相关（在引言中讨论了），它假定理论应该是目标导向的工具。“对于詹姆斯和杜威来说，这适用于我们所有的概念和理论：我们将它们视为工具，作为人工制品，通过它们实现预期目标的程度来判断。一个理论或概念的内容取决于我们应该如何处理它。”[55] 在《作为经验的艺术》（*Art as Experience*）中，杜威写道：“当事物被定义为工具时，它们的价值和有效性就在于由它们产生的东西；后果而不是前因提供意义和真实性。”[56] 在《论景观》中，我描述了工具性的想象力，它具有战略意义，因为它可以使世界上曾经被认为不受欢迎的事物变得有价值。考虑一下，广告牌，从啤酒到度假屋的各种大型广告标志。它们通常在高速公路、高速公路和街道上看到，被认为是“难看的东西”，是有损景观的元素。

请看秘鲁利马布贾马区的广告牌设计图解（图 5.9）。秘鲁工程技术大学（UTEC）的工程师将广告牌重新构思为既是水过滤设备又是水生产器。他们的第一个原型从空气中提取水分，利用了利马的地理和基础物理学，将物质状态从气相转变为液相。利马坐落在俯瞰太平洋的悬崖上，是世界上第二大沙漠城市。生活在利马的人们为获得满足基本需求的水而苦苦挣扎。同时，空气中有大量的水分，夏季的湿度达到 90% 以上。

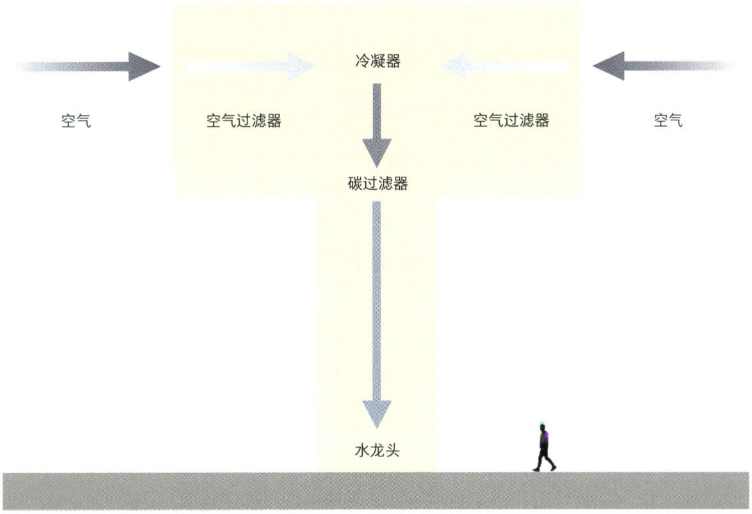

图 5.9
水生成广告牌（2013 年），秘鲁工程技术大学，秘鲁利马

广告牌为工程学院做广告，但它也用作冷凝器，用于将蒸汽冷凝成液体的设备或单元。就像在温暖的夏日，你的一杯冷柠檬水会出现冷凝，广告牌包含五个比周围空气更冷的冷凝器。当空气接触广告牌中冷凝器的冷却表面时，空气冷却，水蒸气凝结成液态水。“经过反渗透净化后，水流入广告牌底部的 20 升储水箱。广告牌每天产生约 96 升水，通过一个简单的水龙头让当地居民可以取水。”[57]

鉴于这个广告牌的工具性，它不再是一个碍眼的东西吗？
广告牌往往被放置在高速公路沿线，但那是集水的最佳地点吗？

景观都市主义

在《花岗岩花园》（*The Granite Garden*，1984 年）一书中，景观设计师安妮·惠斯顿·斯皮尔恩（Anne Whiston Spirn）揭示了城市环境与自然系统并不分离。相反，城市充满了植物和动物的生命、水文和地质系统以及空气的流动。对于斯皮尔恩，“必须将城市视为自然的一部分并进行相应的设计。”[58] 类似地，查尔斯·瓦尔德海姆（Charles Waldheim）在 20 世纪 90 年代创造了“景观都市主义”一词。根据瓦尔德海姆的说法，“景观都市主义可以被解读为一种学科重组，其中景观取代了建筑作为城市设计基本组成部分的历史角色。”[59] 瓦尔德海姆的理论与 90 年代气候变化影响的事实相结合，锈带的经济（rustbelt economies）崩溃和摇摇欲坠的基础设施是不可否认的事实，吸引了众多建筑设计和风景园林设计的追随者，包括詹姆斯·科纳（James Corner）、琳达·波拉克（Linda Pollack）、皮埃尔·贝朗格（Pierre Bélanger）、斯坦·艾伦（Stan Allen）和克里斯·里德（Chris Reed）。

科纳宣布了四个定义景观都市主义的临时主题：①景观的概念是随着时间推移的过程而不是静态形式；②表面的组织，表面暗指城市基础设施，它“创造一个环境，与其说是一个被‘设计’的对象，不如说是一个由各种系统和元素组成的生态系统，这些系统和元素启动了一个多样化的交互网络”[60]；③表现“在一系列尺度上发挥作用并涉及众多参与者的城市地理”的操作或工作方法[61]；④想象，他觉得在以前的规划传统中是贫乏的。

景观都市主义的一些最早表现形式可以在一些竞赛中看到。例如，1999年的多伦多唐斯维尤公园竞赛（雷姆·库哈斯 Rem Koolhaas 和布鲁斯·毛 Bruce Mau 胜出），该公园占地 231.5 公顷，原先是军事空军基地，现已不复存在；2001 年史坦顿岛的福来雪基尔斯（Freshkills）竞赛（James Corner Field Operations 事务所胜出）；以及 2004 年在曼哈顿的高线（High Line）竞赛（James Corner Field Operations、Diller Sco fi dio + Renfro 和 Piet Oudolf 胜出）。这些竞赛重要的主旨包括对生态系统和文化实践的大量分析，分析过程中详细且美丽的图解，以及对设计策略而非设计形式的强调。

对于瓦尔德海姆来说，景观都市主义为后现代建筑的新都市主义运动提供了答案。

> 在工业化带来的社会和环境灾难之后，后现代建筑退回到令人欣慰的怀旧形式和看似稳定、安全和更永久的城市布局形式。通过引用欧洲传统形式的先例，后现代建筑师实践了一种先发制人的文化回归，设计单个建筑物以唤起一种缺席文脉，就好像邻里的建筑特征可以否定一个世纪的工业经济发展。[62]

请看由斯托斯城市景观公司（Stoss Landscape Urbanism）在马萨诸塞州西丹尼斯设计的巴斯河公园（Bass River Park）的图片（图 5.10）。该地点的盐沼已被填满，对其过滤养分和提供栖息地的能力产生了不利影响。斯托斯城市景观公司的方法包括短期和长期策略。据斯托斯介绍，

> 该策略着眼于建立一个多样化的景观领域——一个小山丘状土制地毯——支持该地区四个植物群落之间的短期和长期竞争：红雪松草甸、沙地、湿地、草甸和盐沼。长期的环境变化、短期的干扰，甚至使用或维护的做法，都可能微妙或彻底地改变植物类型之间的平衡，使一个或另一个群落建立优势——即使只是暂时的。[63]

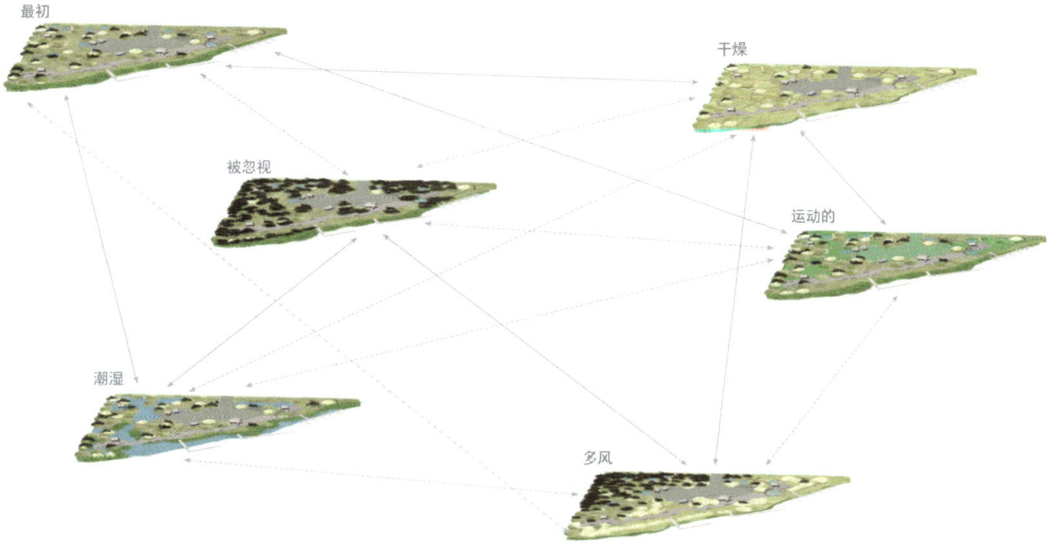

图 5.10
改变巴斯河公园的公园生态，斯托斯城市景观公司，图片由斯托斯城市景观公司提供城市化，美国马萨诸塞州西丹尼斯

该地还包括木板路和其他供人们使用的设施。

你认为小山丘和发现的植物群落在“推动多样化的互动网络”方面扮演着什么角色？

你认为哪个群落将占主导地位？

基础设施的讨论

关于基础设施的最大争议在于其理论——尤其是景观都市主义。景观都市主义者经常通过批评新都市主义来促进他们的事业。例如，他们谴责“新都市主义者”将邻里作为城市建设的基本构成要素，并将密度和步行性置于生态系统之上，作为可持续城市主义的关键措施。他们还批评了新都市主义者对形式的过分关注以及他们依赖从旧欧洲城市回收的城市发展模式。

新都市主义者反驳了批评，出版了《景观都市主义及其不满：掩饰可持续城市》（*Landscape Urbanism and Its Discontents: Dissimulating the Sustainable City*, 2013 年）。克里斯蒂娜·希尔（Kristina Hill）和拉里萨·拉森（Larissa Larsen）教授对两个阵营的一些缺点提供了最清晰的描述。他们解释说：

> 新都市主义倾向于针对城市蔓延带来的罪恶进行道德论证，添加由不完整证据支持的功能论点（例如，对于行人来说——他们的规范策略的友好性）。景观都市主义声称拥有景观生态学的权威，但它的支持者通常更着迷于将科学作为无法解决的不确定性的来源，而不是大多数真正科学家熟悉的通过假设检验逐步构建的理论。[64]

这两种“主义”在视觉和语言上描述他们的作品的方式也截然不同。新城市主义者通常会从人的尺度表现其设计项目，但景观规划师则倾向于使用令人惊叹的漂亮矩阵、图表和生态系统地图表达科学，尽管这种生态学背后的科学可能是你在 7 年级时学到的东西。汉密尔顿称赞景观都市主义旨在改善生态环境；然而，他也指出“景观都市主义应该抛弃可疑的哲学、无益的意象和故弄玄虚的语言”的复现。[65] 确实，来自《景观都市主义及其不满：掩饰可持续城市》和其他评论家提出的持续批评，都指出（他们）经常用隐晦的、密集的、军事化言论描述景观都市主义。希尔和拉森发现景观都市学家“通常采用一种难以理解的同义反复式辩论”，这意味着他们不必要地重复相同的想法和术语来描述他们的理论。希尔和拉森推测，“可以利用灵活性、开放性和不确定性的特征来避免具体的答案。”[66]

有趣的是，大多数被认为是景观都市主义或新都市主义典范的建成项目并不是特别“城市”。位于史泰登岛和纽约市郊区边缘的福来雪基尔斯如何成为景观都市主义的典范？公园与城市的联系主要通过过去的事件来标记——作为以前的土地填埋场和 911 袭击的残骸接收地。公园的“生命景观”（Lifescape）策略如何与未来的城市进程联系起来？抛开规模不谈，它与其他填海造地项目有何不同？

许多新的城市主义住房项目，虽然在住房开发区域内可步行，但位于交通连接尚未实现的郊区绿地。更糟糕的是，有些项目是封闭的，进一步疏远了他们与城市的关系或引发了城市性的其他问题。关于蔓延，城市历史学家多洛雷斯·海登（Dolores Hayden）认为，强调新建筑建设而不是修复现有社区会危及现有郊区的更新改造。[67] 事实上，正如列斐伏尔所预测的那样，这些运动没有预料到也没有解决城市所面临的社会和经济挑战。他痛苦地抱怨说，随着城市的发展和旅游发展的“博物馆化”，他被“赶出”他的巴黎公寓。[68] 希尔和拉森提出了一种适应性城市主义或公平城市主义，设法解决气候变化、基础设施以及社会中弱势群体的健康和福祉。鉴于健康科学研究人员越来越关注物理环境塑造人类健康的方式，这是一个很有前景的想法。

基础设施的主要阅读材料

Pierre Bélanger, “Landscape as Infrastructure.” 皮埃尔·贝朗格，《作为基础设施的景观》

James Corner, “Terra Fluxus.” 詹姆斯·科纳，《流动的土地》

Anne Whiston Spirn, *The Granite Garden: Urban Nature and Human Design*. 安妮·惠斯顿·斯皮尔恩，《花岗岩花园：城市自然与人文设计》

Gary Strang, “Infrastructure as Landscape.” 加里·斯特朗，《作为景观的基础设施》

Charles Waldheim, “Landscape Urbanism: A Genealogy.” 查尔斯·瓦尔德海姆，《景观都市主义：谱系》

随机系统的理论基础

> 当病人接受精神分析治疗时，这种处理病人头脑中的所有东西的方法并不是我们拓宽意识的唯一技术手段。另外两种步骤方法的目的是相同的，即解释他的梦和评估他无意中搞砸的事情或行为。[69]
>
> (Sigmund Freud, “The Origin and Development of Psychoanalysis,” 1910)

这是精神分析的创始人西格蒙德·弗洛伊德（Sigmund Freud，1856—1939 年），对他用来帮助根除患者的心理问题和压抑情绪的一些关键临床技术的解释。弗洛伊德认为这些方法——自发的想法、梦的解释和弗洛伊德式失误（Freudian slips）——会揭示你的潜意识，然后可以对其进行分析。弗洛伊德的作品影响了超现实主义者，他们着手开发写作、诗歌、绘画、版画和其他艺术形式的随机方法。随机性是指将自发性、偶然性和随机性系统地整合到设计过程中。1917 年，诗人纪尧姆・阿波利奈尔（Guillaume Apollinaire，1880—1918 年）创造了超现实主义一词来描述芭蕾舞剧《游行》（*Parade*），其中涉及巴勃罗・毕加索（Pablo Picasso）、作曲家埃里克・萨蒂（Erik Satie）、剧作家让・科克托（Jean Cocteau）和编舞家莱昂尼德・马辛（Léonide Massine）之间不太可能的合作。《游行》因其包含立体派风格的服装和由警报器、打字机和飞机螺旋桨发出的刺耳声音而闻名，这些声音产生了阿波利奈尔所说的现代生活的“超现实主义”。[70]

超现实主义后来被达达主义（Dadaist）诗人安德烈・布雷顿（André Breton）组织为一场运动。他在“一战”期间在圣迪齐尔的一个神经精神病学中心对患者使用弗洛伊德的方法后，产生了对挖掘无意识的热情。[71] 他声称：“我决心为自己争取人们试图从患者那里得到的东西，即尽可能快地倾泻而出的独白，主体的批判能力无法控制它”[72]，布雷顿将超现实主义的主要特征之一定义为无意识或下意识行为，或自发的开放式生产文字、图像、声音等的方法。除了这些随机的方法之外，超现实主义者还发明了特定的室内游戏，例如《美艳僵尸》（*Exquisite Corpse*）。[73]

根据布雷顿的说法，超现实主义的主要目标是“达到主观和客观之间的区别失去必要性的状态。”[74] 超现实主义者批评达达艺术家失去了自发性，但该运动的批评也延伸到更大的问题，例如艺术中的模仿，理性思维和实证主义的虚假希望，以及（再次）社会中的二元论。关于模仿，布雷顿认为，“错误在于认为模型只能取自外部世界，”[75] 而内部的潜意识世界尚未开发。布雷顿指责说：“我们仍然生活在逻辑的统治下……显然，我们假装不再关心的精神世界的一部分——在我看来，是迄今为止最重要的部分——被重新曝光纯属偶然。为此，我们必须感谢西格蒙德・弗洛伊德的发现。”[76]

与本书中的后人文理论（posthuman theory）赛博格等其他理论一样，超现实主义者挑战二元推理和二元思维。布雷顿打趣道：“一切都让我们相信，在思想中存在某个点，在这个点上，生与死、现实与想象、过去与未来、可交流与不可交流、高与低都被视为矛盾。”[77] 事实上，超现实主义的方法试

图模糊感知到的区别。根据哲学家苏珊·巴克·莫斯（Susan Buck Morss）的说法，

> 超现实主义者并不以民间文化为灵感，或与新古典主义一样，将古代神话的符号附加到现在的形式上，他们认为城市工业景观不断变化的新本质本身就是奇妙和神秘的。他们的缪斯女神，就像春季时装一样短暂，是舞台和银幕上的明星、广告牌上的广告和有着插图的杂志。[78]

超现实主义在欧洲和北美影响了无数前卫运动。特别是，它启发了哲学家和评论家沃尔特·本雅明（Walter Benjamin，1892—1940 年），他认为超现实主义的突击战术（shock tactics）可以对抗资本主义和资产阶级文化对商品的崇拜。事实上，他在文章《超现实主义：欧洲知识分子的最后快照》（“Surrealism: The Last Snapshot of the European Intelligentsia”）中的总结部分声称超现实主义是唯一履行《共产党宣言》（*Manifest der kommunistischen Partei*，1848 年由德国哲学家卡尔·马克思和弗里德里希·恩格斯所写的关于社会的小册子）指示的运动。[79]

超现实主义的拼贴和印刷操作也启发了情境主义国际（Situationist International，SI）。情境主义国际最初的目标之一是反对二战后现代城市主义中功能主义的前提[80]，这一批评与亨利·列斐伏尔相似，并在《空间实践》一章中进行了讨论。对于艺术史学家汤姆·麦克多诺来说，“奢侈、无端和迷失方向成为他们的口号，与战后功能主义建筑日益增长的霸权相对立，当法国拼命试图解决在二战期间流离失所的四百万家庭带来的危机时，这种霸权已经取得了胜利。”[81] 情境主义国际发言人盖伊·德波（Guy Debord，1931—1994 年）认为“当代建筑和都市主义无外乎是异化和实体化的逻辑，是资本主义将空间重新塑造成它自己的装饰”。[82] 德波通过发展心理地理学的概念来对抗这种都市主义，心理地理学是研究环境对人们心理状态和行为的影响。

心理地理学中使用的一种流行技术是漂移（dérive）——人无计划地在城市景观中漂移，之后被制图表达。漂移通常是“一天，在两个睡眠期之间的时间间隔内”[83]，并且通常以小组形式进行。对于哲学家萨迪·普兰特（Sadie Plant）来说，“漂移是要注意某些区域、街道或建筑物与心理状态、倾向和

欲望产生共鸣的方式，并寻找运动的原因，而不是环境设计的原因。”[84] 将揭示思想无意识运作的超现实主义方法与人们在城市中的运动联系起来，德波假设未来的城市将是为漂移而设计的。[85]

随机系统的重要性

由于超现实主义者经常处理日常生活——生活中的平凡——他们的方法非常适合景观。景观设计师兼教授费尔南多·麦加拉内斯（Fernando Magallanes）解释说，一些早期的超现实主义探索将景观称为“具有超现实主义目的的隐喻、诗意和启发灵感的媒介”。[86] 他描述了超现实主义诗人路易斯·阿拉贡（Louis Aragon）无计划的巴黎秀蒙丘公园（Parc des Buttes-Chaumont）之旅如何揭示：

> （它）为一个充满抽象虚构可能性和更具体的可见物体的场所，例如奇怪放置的希腊装饰性建筑、工程桥梁和重构的包含魔法和精神分析意义的人工景观。在公园物品中发现的万物有灵的特质、公园内无数人从桥上跳下自杀造成的死亡，以及其痛苦的开采石材的过去，这些对正在重构一个超现实的地方的作家们来说都是神奇的。[87]

超现实主义者的随机方法对设计过程也很重要，因为它们的开发是为了“绕过知识的循环，揭示理性所掩盖的无意识生活”。[88] 这样，他们的方法可以挖掘你可能没有意识到的直觉想法。他们还可以帮助你开始设计过程。克里斯托夫·吉罗（Christophe Girot）在他广为阅读的文章《风景园林中的四步概念》（“Four Trace Concepts in Landscape Architecture”）中，将一种飘移启发灵感的方法融入了他第一次与一个场地的遭遇。他建议景观设计师从到达（Landing）开始设计过程，“直觉和印象占主导地位……在到达过程中，设计师不允许任何东西保持明显或中立；而是以惊奇和好奇，用主观和解释的眼光来理解一切。”[89] 到达之后，有时设计师会制作一个现场印象，一个捕捉到达过程中所遭遇的事物的拼贴图片。

正如你将在本章最后一节的图解中读到的那样，蒙太奇和拼贴画为观众留下了想象空间。此外，这些可视化模式也可以成为你自己设计过程中图像生成的一部分。科纳认为，“正如超现实主义者已经展示了物理栖居和联觉领域的力量，它可以让普通人重新着迷，并再次让世界变得神奇。挪用、拼贴、抽象、富有想象力的投射等手段是用来促进自由联想的策略，提供了解释的解放机制。”[90] 因此，这些方法不仅在景观的感知方面，而且为设计师开辟了新的思路。例如，在我为嘻哈花园设计的过程中，将埃尔西・雷福德（Elsie Reford）的历史图像与植物材料的当代图像拼贴在一起意指植物女神。通过这种方式，随机系统既是设计的手段，也是它的目的。

随机系统的实际应用

拼贴

随着马克斯・恩斯特（Max Ernst）的小说《百头无脑女》（*The Hundred Headless Woman: La Femme 100 Têtes*，1929 年）的出版[91]，这位超现实主义艺术家因其拼贴（collage）实践而闻名。恩斯特最初认为自己是一个达达主义者，但受到弗洛伊德的精神分析工作、乔治・德・基里科（Giorgio de Chirico）梦幻般的绘画品质以及他在插图目录的广告中发现的各种奇怪的图像的启发，恩斯特试图让拼贴画成为超现实主义的命脉。[92] 其他艺术家，如立体派画家已经使用过拼贴的方法，恩斯特的拼贴画则指他自己无意识的梦想生活。正如他的传记作者埃文・M. 莫尔（Evan M. Mauer）所说，“弗洛伊德对梦的隐藏结构和象征意义的讨论为恩斯特提供了他在 19 世纪二三十年代的拼贴小说和相关作品的方法论。分析师将梦解释为象征性图像的浓缩序列，这对于艺术家连续排列拼贴画以表现梦的过程至关重要。”[93] 事实上，117 幅梦幻般的拼贴画组合在《百头无脑女》中强化了这个想法。

在恩斯特生病并卧床时组合的图像来自 18、19 世纪的杂志和期刊。小说是自我参照的；小时候，恩斯特的宠物鸟死的那天，他的妹妹出生了；因此，恩斯特的另类人格（像鸟一样的人，Loplop）和女性在书中提供了反复出现的图像。恩斯特还采用了文字游戏，这是另一种超现实主义策略。Cent（100）用法语说，听起来像“sans”，所以这个女人（sans）没有头，而且她也是一个称谓——“不安”，因为恩斯特很不安地同时得知他的鸟死了以及他妹妹的出生。[94] 此外，恩斯特重复构图结构和不同地缩放图像，他认为这种技术“增强了观众的视觉记忆”和扭曲的梦境质量。[95] 此外，就像梦一样，时间参考在《百头无脑女》中不是线性的。古希腊女神与恩斯特同时代的人物共享相同的图形平面。在评估恩斯特的全部作品时，莫尔总结道："在恩斯特的整个职业生涯中，他试图通过利用机会元素和视觉无意识的技术来解放有创造力的想象力并激发自由联想的过程，从而提高艺术家和观众的视觉能力。"[96] 可以肯定的是，这种影响可以在 GROSS.MAX 的拼贴画中找到。

请看爱丁堡 GROSS.MAX Landscape Architects 的拼贴作品霍图斯花园（Hortus Medicus）的图片（图 5.11）。正如风景园林学教授布雷特·米利根（Brett Milligan）所观察到的那样，"它们作为开放的视觉文本，具有偶然性和可能性的空间……一种挑逗读者想象的再现能动性……他们将自己标记为挥之不去的想象幻想，揭示了可能是什么的概念，同时承认尚不存在的有建议性的未来。"[97]

他们做了什么让这个图像具有梦幻效果？

换置

除了无意识行为和恩斯特拼贴画梦呓般的品质之外，系统换置也被提倡"通过将共同要素置于意想不到的文脉中来揭示它们的潜在或未被观察到的魔力"。[98] 对于恩斯特来说，换置涉及"在陌生的平面上两个遥远现实的偶遇"。[99] 奥林将乔治·哈格里夫斯的万圣节广场（Harlequin Plaza）描述为换置的景观。奥林指出，广场的材料可以在传统的 19 世纪公园中找到。然而，

图 5.11
霍图斯花园，GROSS.MAX，图片由 GROSS.MAX 提供

新的和不同的（并且令许多人感到不安）是所采用的构成方法和手法。构图得益于绘画中发展的策略，尤其是超现实主义。这是一个换置、扭曲和错位的景观。地板或铺装，我们通常期望它是一个相当中立的地面，安静地将所有东西固定在适当的位置，但在这里它不仅是一个对比鲜明且活跃的表面，而且它的正交图案是倾斜的，并开始在相对较轻的物体下扭曲，它们打破和打断地板，而不是放在上面。墙壁的起起伏伏，或被拉开，其外部是粗糙的。在两堵中央墙之间，东西很小，很脆弱，奇怪的居家氛围，而且不合时宜……它刺激和干扰。它取悦和挑逗。[100]

请看位于科罗拉多州恩格尔伍德郊区小镇的万圣节广场的图片（图 5.12）。广场不对称的黑白抛光水磨石、钻石图案的庭院和彩色墙壁无疑与其环境形成鲜明对比，其优点在景观设计师中引起了激烈的争论。然而，两座办公大楼和广场综合体的所有者约翰·马登（John Madden）对这种设计赞叹不已。他声称哈格里夫斯有“火柴盒封面上的广场概念”。[101] 然而，当马登 15 年后出售万圣节广场时，由于地下停车场漏水，新业主拆除了广场。马登承认：“哈格里夫斯在火柴盒封面上所做的事情非常了不起。对我来说，这就像有人把葛底斯堡演说扔到窗外一样。”[102] 有趣的是，新广场由 EDAW 重新设计，采用大地色系，每年展示花卉、植物和树木，以适应周围环境和提供遮阴。

图 5.12
万圣节广场，哈格里夫斯建筑事务所，图片由哈格里夫斯建筑事务所提供，美国科罗拉多州恩格尔伍德

你认为在某些情况下，错位会提高人们对文脉的认可吗？

变换的物体

物体在超现实主义的随机方法中占有特殊的地位，包括拾得物（found object）、现成品（readymade）、扰动（变形）的物体、自然物体和变换后的物体。根据超现实主义艺术家康罗伊·马多克斯（Conroy Maddox）的说法，“这些物体反映了一个复活的宇宙。他们只遵从机会或精神必然性的规律，建立了一种意想不到的准则，为梦想世界赋予了连贯性，这个世界使它自己与一种新的、令人兴奋的诗意体验联系起来。”[103] 景观设计师雅基·鲍林（Jacky Bowring）和西蒙·斯瓦菲尔德（Simon Swaffield）在描述灾后景观时指出，拾得物（objets trouvés）可以作为有力的人工制品，因为它们“见证了过去的事件”。[104] 他们指的是日本石卷市 2011 年发生的海啸将一个巨大的鲸鱼肉广告罐头冲到路上。“认识到它的效力——一个现成品——这个罐子被留在路中间，交通在它周围绕行。”[105]

变换的物体还可能包括不太可能的物体的偶然并置以产生新物体并否定以前的用途。[106] 这一策略是为了向诗人洛特雷阿蒙（Comte de Lautréamont）的短语致敬而开发的，“美丽就像缝纫机和雨伞在解剖桌上的偶然相遇。”在他的诗歌小说《马尔多罗之歌》（*Les chants de Maldoror*，1869 年）中写道。对于许多超现实主义艺术家来说，“缝纫机和雨伞代表着看似不相容的物体重新组合，形成了一个令人惊讶的新形象。”[107] 变换的物体可以是由拾得物或现成品组装而成的雕塑，也可以是组合在一起的实用物品，但通常，它们在日常生活中应该是无关的。根据历史学家乔治·巴萨拉（George Basalla）的说法，“首先，一个实用的物体被改变，使其失去主要的有用功能。如果该功能没有完全丧失，那么它至少会受到严重损害。其次，在变换的过程中，有用的人工制品具有了象征性、审美性或教育性的新功能。再次，物体的形式基本保持不变。”[108] 变换物体的目标是产生不同寻常的东西。在超现实主义中，不同寻常代表了无意识，同样重要的是，物体的自由不再受制于制造它的文化所要求的用途。[109]

请看克劳德·科米尔为加利福尼亚州的花园基石节（Cornerstone Festival of Gardens）创作的“蓝树”（Blue Tree）（图 5.13）。主办方提供给科米尔的场地中有一棵大树，但这棵树快死了。科米尔本希望将树移除，但主办方不允许他这样做。科米尔通过 *Photoshop* 软件处理了花园场地的图像，他试着用蓝色的球覆盖在树的照片上。他将两种不相关的物体（蓝色圣诞树装饰品和乒乓球）组合在一起，最终用 7 万个蓝色的球覆盖了这棵树，创造了这件作品。

你能看出科米尔的方法在变换的物体中是如何应用的吗？
他否定了乒乓球的功能，但是圣诞装饰（的功能）是如何处理的呢？
从超现实主义的视角，你认为“蓝树”是了不起的设计吗？

图 5.13
蓝树，克劳德 · 科米尔事务所，图片由吉纳维夫 · 勒尤里乌克斯（Geneviève L'Heureux）提供，花园基石节，美国加利福尼亚州索诺玛

异轨

异轨（détournement）的批判方法始于字母主义国际（Letterist International）运动，后来被公认为是情境主义国际的识别标志。根据盖伊・德波（Guy Debord）的说法，“异轨的基本规律是失去每个偏离的自主元素的重要性——甚至可能完全失去其原始意义——同时组织另一个有意义的整体，赋予每个元素其新的范围和效果。”[110] 德波和艺术家吉尔・J. 沃尔曼（Gil J. Wolman）提出了两种类型的异轨元素：小异轨和大异轨。“小异轨是一个本身没有重要性的元素的偏差，因此它的所有意义都来自新的文脉。”[111] 例如，小异轨可能涉及重新混合来自大众媒体的信息。大异轨会操纵具有高度意识形态价值的东西，例如政治或宗教文本。

异轨的一个工具维度是其颠覆性意图。对德波来说，“异轨因此首先是对先前表达组织的价值否定。”[112] 情境主义国际既是一场政治运动，也是一场艺术运动，它是通过电影、绘画、广告中的异轨策略来实现的，还包括他们试图破坏晚期资本主义权力和权威的其他视觉图像。虽然早期的情境主义国际异轨的例子显然是从超现实主义拼贴画中借来的，但这种实践的随机或开放式方法越来越不关注潜意识，而更多地针对有意识的批判性思维。

请看由来自 Thilo Folkerts 的建筑师 100 Landschaftsarchitektur 和加拿大艺术家罗德尼・拉图雷尔（Rodney LaTourelle）合作设计的“书之花园”（Jardin de la Connaissance）的图片（图 5.14）。设计师们为魁北克的梅蒂斯花园国际花园节设计了大约 4 万本书，并将它们组装在户外以创建房间和座位。当书籍腐烂回到纸张最初起源的森林时，蘑菇和苔藓被用来加速它们的自然异轨。根据设计师的说法，“幼苗和昆虫激活了墙壁、地毯和长凳。蘑菇——那些栽培的和自然生长的——把花园当成了它们的家。书中许多原本鲜艳的色彩已经褪色。文化正在回归自然。”[113]

你认为留在花园里终将腐烂的书在类型上有什么不同吗？
如果设计师使用宗教书籍或政治文本，书之花园会成为一个大异轨吗？

图 5.14
国际花园节，梅蒂斯花园/雷福德花园，书之花园（2010 年），100 Landschaftsarchitektur、蒂洛·福克茨、罗德尼·拉图雷尔，图片由路易丝·坦圭（Louise Tanguay）提供，梅蒂斯花园/雷福德花园，加拿大魁北克，格兰梅蒂斯

随机系统的讨论

超现实主义吸引了很多女性艺术家，它比其他任何现代艺术运动都更能扩展她们的研究主题。[114] 然而，女权主义学者在许多超现实主义艺术的例子中批评了女性性别的刻板印象，以及她们作为“物体”被切割、碎片化和拼贴。在《超现实主义和性》（*Surréalisme et sexité*，1971 年）中，女权主义者泽维尔·高蒂尔（Xavière Gauthier）假设超现实主义女性是纯粹的男性的发明。[115] 文学评论家玛丽·安·考斯（Mary Ann Caws）进一步指出，超现实主义女性是“无头的，而且还没有脚，也常常是无臂的；总是手无寸铁，除了诗歌和激情。她们在那里，超现实主义女性被如此拍摄和描绘，如此紧张和肢解，被刺破和割裂：难怪她（我们）已经崩溃了”。[116] 然而，历史学家惠特尼·查德威克（Whitney Chadwick）表明，女性超现实主义者无视这些早期对女性的物化（objectification），反而帮助自己铺平了一条工作的道路，“为 20 世纪初的女性面临的一些冲突提供了新的艺术形式。”[117] 查德威克在谈到利奥诺拉·卡灵顿（Leonora Carrington）、莱奥诺尔·菲尼（Léonor Fini）和梅雷特·奥本海姆（Meret Oppenheim）的作品时认为，“女性身

体的形象，不是被设想为‘他者’，而是作为‘自我’，预示着一种女性的身体诗学——想象和赞美女性身体的有机、色情和母性现实——只有在 20 世纪 70 年代的女权主义运动中才会完全呈现。”[118]

在风景园林中，奥林最终质疑超现实主义方法的实用性。他指出，对于万圣节广场，

> 我确实认为它超越了私下可接受和可以理解的内容与公众欢迎和合意的内容之间的界限。这并不意味着双重标准，而是我们作为个人和群体有不同的需求。人们在私人地产上放纵自己的行为，在公共领域提出时，可能是有争议的理由的……然而，万圣节广场是美国景观构图和意象的分水岭。它开辟了在其傲慢地出现之前不存在的可能性。[119]

这些机会涉及将设计视为与文脉的衬托（在文学意义上，一种对比），而不是简单地融入文脉。

另外，麦哲伦认为景观设计师借鉴了超现实主义的设计方法。“理论、图像和技术有助于产生打破传统的想法。当代景观设计师不是超现实主义者，他们是寻求挖掘超现实主义精神的设计师。”[120] 他还指出，一些知名景观设计师可能不称自己为超现实主义者，但他们的一些作品与超现实主义理论相呼应。事实上，景观设计师、雕塑家和舞台布景设计师野口勇受到了超现实主义的影响——他的职业生涯一直被艺术与景观、东西方、设计与艺术之间的模糊界限所定义。[121]

随机系统的主要阅读材料

Alistair Brotchie, *A Book of Surrealist Games*. 阿利斯泰尔・布罗奇（Alistair Brotchie），《超现实主义游戏之书》

Max Ernst, *The Hundred Headless Woman: La Femme 100 Têtes*. 马克斯・恩斯特，《百头无脑女》

Sigmund Freud, “The Origin and Development of Psychoanalysis.” 西格蒙德・弗洛伊德，《精神分析的起源和发展》

Tom McDonough, *The Situationists and the City*. 汤姆・麦克唐纳，《情境

主义者和城市》

Franklin Rosemont, editor. *What Is Surrealism? Selected Writings*. 富兰克林·罗斯蒙特，《什么是超现实主义？文选》

数字系统的理论基础

> 脑筋急转弯：在电子计算机发明之前是否有任何数字编码艺术？回答：是的！《仲夏夜之梦》是数字编码的，因为它是用英文字母书写的……当然，莎士比亚的戏剧不是数字艺术，莎士比亚也不是数字艺术家。巴赫也不是。数字艺术不仅仅是数字编码。数字艺术涉及以通用数字代码为基础的计算机编码。[122]
>
> (Dominic McIver Lopes, A Philosophy of Computer Art, 2010)

正如哲学家多米尼克·麦基弗·洛佩斯（Dominic McIver Lopes）所指出的，数字化在艺术中有着悠久的历史，从在十四行诗写作中使用字母表到在交响乐创作中使用乐谱。然而，随着使用 0 和 1 的二进制数字代码的计算机的发展，以及处理这些数据的强大能力，“数字”一词与这项技术的联系越来越紧密。景观设计师是计算机系统的早期使用者。建筑历史学家安托万·皮康（Antoine Picon）曾建议：“计算在地理和景观中的应用与建筑领域的应用一样古老，即使没有更悠久。”[123] 例如，风景园林学教授卡尔·斯坦尼茨（Carl Steinitz）使用了 SYMAP 制图程序，该程序早在 1967 年就预想出用于环境规划项目的地理信息系统（GIS）。然而，IMGRID 是第一个专门为景观设计师编写的基于网格的空间分析工具，最终像达纳·汤姆林（C. Dana Tomlin）这样的景观设计师编写了自己的软件程序，例如地图分析包（MAP）。[124] 在 20 世纪 80 年代初期，汤姆林还开发了当今许多 GIS 产品中的关键组件——地图代数。[125] 使用基本代数运算，地图代数提供了一种语言作为脚本来表达模型（序列操作）。[126] 在 GIS 中，该脚本使两个或多个地图图层能够生成新地图。

自 20 世纪 90 年代以来景观设计师一直在使用计算机辅助设计（CAD）的制图系统。而在过去十年中，两种相互关联的计算策略——参数设计和算法设计——为传统设计提供了独特的方法。参数化的字面意思是在设计过程中设置约束或参数，它是基于程序的。吉利安·沃利斯（Jillian Walliss）等人称其为参数化建模，认为这种建模“将焦点转移到景观的性能方面，强调效果，从而在形式和系统之间建立更紧密的一致性”。[127] 算法是计算机程序中更详细的指令。算法设计涉及对特定类型计算机程序的脚本的操作。

当设计人员直接使用代码时，就会从视觉形式制作转向形式及其与代码的关系。例如，皇家墨尔本理工大学的菲利普·别列斯基（Philip Belesky）创建了可以自动将地形的水、土壤和盐度与植物物种的需求和耐受性相匹配的脚本，从而制订了种植方案。“在个案中，都创建了一个种植调色板，并确定了每个物种对土壤饱和度（顶部）和水的盐度（底部）的耐受性，并按照幅度排列。然后，生成种植设计的脚本会自动将每个物种的容差与每个空间点的条件相匹配。”[128]（图 5.15）

风景园林学教授娜迪亚·阿莫罗索（Nadia Amoroso）将风景园林对数字工具的依赖归因于该专业对过程以及如何模拟生态结果的浓厚兴趣。确实，数据驱动的制图和分析可以处理大量不同的信息，这仍然是一个驱动性的兴趣点，因为最近开发的 GIS 软件，如 *ArcMap*，使景观设计师能够将信息导出到 3D 设计软件，如 *Rhinoceros*。阿莫罗索描述了斯托斯城市景观公司如何使用该软件作为设计过程中的反馈来源。“数字工具使团队能够测试场地瞬息万变的条件。为了排除所有可能的体积和地形假设存在的问题，初步阶段在 *Rhinoceros* 中测试了各种版本（的方案）。”[129]

在设计中使用数字工具的另一个好处是关于输出。媒体与传播学教授肖恩·库比特（Sean Cubitt）表示：“从计算机的角度来看，任何输入都将始终以数学形式出现，任何数据都可以以任何格式输出。实际上，音频输入可以输出为视频图像、文本、3D 模型、制造过程的指令集或任何其他可以连接到计算机的数字格式。”[130] 洛佩斯解释说，这种多功能性是因为“计算机程序以通用格式（例如二进制代码）处理输入和输出，所以它们对进入 / 输入或者离开 / 输出的数据类型视而不见”。[131] 不仅输出的本质是多样化的，数字工具也弥合了设计与物理生成形式之间的差距。阿莫罗索描述了计算机如何在她的多伦多大学工作室中直接提供形式设计。学生选择动作词（与理查德·塞拉的方法不同），如波纹、流动、凹凸、雕刻或捏合作为参数。他们“使用 *3D Studio MAX* 和 *Rhinoceros* 将它们抽象成实验性的形式”，最终使用 CNC 机床和 3D 绘图仪将它们制成模型。[132]

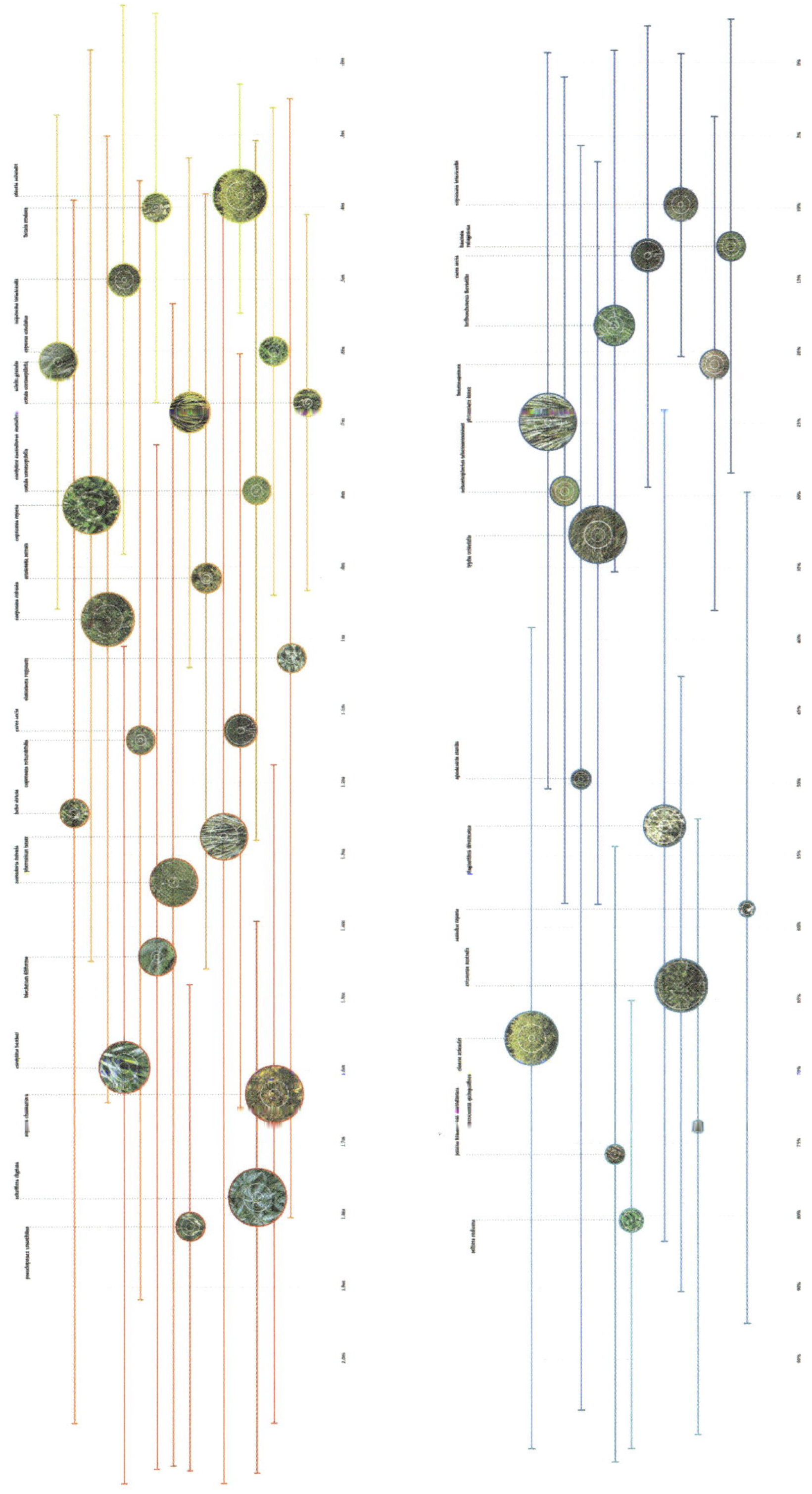

图 5.15
菲利普 · 别列斯基的种植方案，图片由菲利普 · 别列斯基提供

当然，数字设计工具前身是模拟设计助手。正如哈格里夫斯回忆的那样，“这包括建立视角、尝试掌握绘图技术以及规划和制作模型。”[133] 模拟设计的方法通常需要手绘和绘图，它们主导了风景园林的设计、表现和生产，直到计算机辅助设计工作的兴起。手工绘制景观平面图被认为是模拟的过程，因为它试图提供对所体验世界的类比，例如从飞机上俯视你的设计。它试图在二者之间创建一对一的近似。“计算机是用于运行计算过程的设备”[134]，它依赖于一组指令（这些指令本质上是数字），并执行某些任务，例如裁剪。算法不是你在使用软件时界面上看到的东西，但是当你收到更新通知时，这通常意味着对在旧版本程序中运行的某些算法进行了改进。虽然模拟手绘和用于绘图的数字设备通常被视为独立的方法，但景观设计师布拉德利・坎特雷尔（Bradley Cantrell）和韦斯・迈克尔斯（Wes Michaels）认为，模拟方法是当今使用的大多数数字媒体的基础。[135] 正如他们所建议的那样，想想计算机程序中使用的术语，例如油漆桶或橡皮擦。这些术语表示模拟工作的功能。

数字系统的重要性

计算机数字系统很重要，因为它们已成为你生活方方面面的基础。根据我自己使用计算机的经验，计算机的使用呈指数级增长。我在父亲组装的电脑上完成了第一篇高中论文，当时论文显示在一个装在蓝色胶合板盒子里的电视屏幕上（不知道他为什么把它涂成蓝色）。而现在我被计算机包围着，我生活中的大部分事情都被转换成了数据。大卫・贝瑞（David Berry）甚至说我们现在拥有了一个数字身份，一个量化的自我。“数字已经成为解释在后工业民主国家生活和工作的意义的典型手段——我称之为计算身份思维。”[136]

对于坎特雷尔和迈克尔斯来说，数字设计对风景园林来说非常重要，因为它在设计过程中具有可编辑性和高效率。他们将可编辑性称为“改变、更改或更新图纸的各个方面的能力，以便在设计进行时保持灵活性”。[137] 在数字辅助设计之前，办公室中的大量人力被用在物理擦除（尽管使用电动橡皮擦）和重新绘制设计的尺寸，从概念阶段开始到施工过程中的变更单。坎特雷尔和迈克尔斯用几种方式描述了效率，“自动化、复制和转换。以计算为基础的数字媒体创建了一种范式，该范式通过缩放、旋转和效果来重新使用图形和符号。使用数字媒体时，大多数重复性任务都可以自动化。”[138] 因此，与可编辑性一样，效率节省了时间，因为它淘汰了图纸的复制，例如种植详图，这些图纸可能在不同的项目中多次使用。

3D 数字建模可以流畅预测和显示景观变化也是计算系统的重要贡献。参数化建模使得景观设计师可以看到构造的形式和结构。即使并非不可能，但用手工创建的物理模型来建模是非常困难的。根据吉利安·沃利斯（Jillian Walliss）等人的说法，“数字技术最显著的进步之一是能够在三个维度上直观地模拟非欧几里得和连续表面。”[139] 想想 West 8 设计的精致桥梁，该公司是数字设计的早期采用者。

数字制造很重要，因为它将计算机设计与生产或制造联系起来。它允许学生直接用原型进行实验，从而探索思想、空间、形式和材料。[140] 数字制造也可能挑战大规模生产的经济效益所产生的标准化知识。从阅读本书中抬起头来，如果你在一个房间里，门、窗和你所坐的椅子无疑是标准化的。即使你有幸在阳光明媚的日子在公园里读到这篇文章，你坐的长凳或宜家品牌的野餐毯、灯柱、垃圾桶、饮水机也是标准化的。长凳和其他场地特征可能有不同的颜色或表面，但你所坐的那个在大小和形状上与其他数千个相同。虽然许多设计思维和论述都集中在场地及其系统上，但景观设计师经常依赖于用集成的大规模生产的对象填充他们的景观。之所以发生这种情况，是因为机械制造业大规模生产标准化要素更经济。

建筑历史学家马里奥·卡波（Mario Carpo）认为，数字化将促进非标准生产的理念。对于卡波来说，

> 如果数字设计和制造工具之间的连接最开始用来展示作品独特性，有时甚至是艺术形式的难度，那么现在的重点转向了完全的集成设计和生产链的技术和社会影响。批量生产一系列不同物品的能力产生了一系列新的理论和实际用途……工业大规模生产过去依赖于机械矩阵、模具或铸件，其前期成本必须通过尽可能多次重复使用来摊销。但由于消除了机械矩阵，数字制造工具可以在不增加成本的情况下生产变化多样的产品。[141]

简而言之，他推测定制设计是可以实现的，因为标准化将不再是最节省成本的生产方法。

数字系统的实际应用

合成图案

图案、排列或类似形式的序列，作为景观设计的探索有着悠久的历史。想想在历史悠久的法国花园中发现的“刺绣花坛”。1709年，安托万·约瑟夫·德扎利尔·德阿根维尔斯（Antoine-Joseph Dézallier d'Argenville）撰写了《花园的理论与实践》（*La Théorie et la Pratique du Jardinage*），展示了使用网格来布置花坛的刺绣表面，该表面通常由彩色石头、砾石和碎大理石制成，并由绿色树篱框起。[142] 他的花园理论书深受新兴中产阶级的欢迎（渴望改善他们更朴素的家），以至于该书被多次修订和再版。[143] 在西班牙格拉纳达的阿尔罕布拉宫的瓷砖庭院墙壁上，也可以看到引人注目的视觉图案，这些图案起源于几何学。在阿尔罕布拉宫，旋转的正方形产生了由陶瓷砖制成的多点星形图案。例如，八角星是通过以45°重叠两个正方形来创建的。[144]

彼得·沃克、玛莎·施瓦茨和克劳德·科米尔在他们的工作中也使用了图案。凯伦·麦克洛斯基将图案在人类尺度定义为“以重复的几何图形为特征，这些几何图形聚合起来形成一个整体的空间组织。……基于重复和反复（同时是形式的和时间的）”，他认为图案是过程的视觉指示。“图案，作为过程图解，有可能将相对立的类别联系在一起，这些类别似乎仍然在风景园林领域引起讨论——系统与构成、表现与性能、物质与符号、视觉（距离）与沉浸（多感官）。”[145] 由于计算机“可以通过编程从数据中识别出图案的独特形状”，因此它们非常高效和迅速地使数字系统具有独特的能力来生产图案。[146] 此外，随着数字制造的发展，这些图案可能非常复杂。由来自PEG风景园林部门的凯伦·麦克洛斯基和基思·范德西斯（Keith VanDerSys）所设计的“非园与再非园”（Not garden and Not again garden），参考了传统的结纹园（knot gardens）。花园由低矮的植物构成，交叉形成重复的图案。然而，麦克洛斯基和范德西斯使用数字建模工具和激光切割制造来生成他们的图案。切割杂草控制织物以模仿传统种植床，然后播种。根据阿莫罗索的说法，非园测试了“土工织物的基本承载能力，后来，更大的版本尝试了更复杂的图案，并扩大了种植范围，包括开花、耐旱的物种”。[147] 在PEG的项目“露点”（Dew Point）中，他们采用了类似的方法，但这个项目的图案是将防潮剂喷涂在铺装上制成的。制作过程是先用刨花板刨出模板，再用喷雾器将防潮剂喷涂在上面（图5.16、图5.17）。

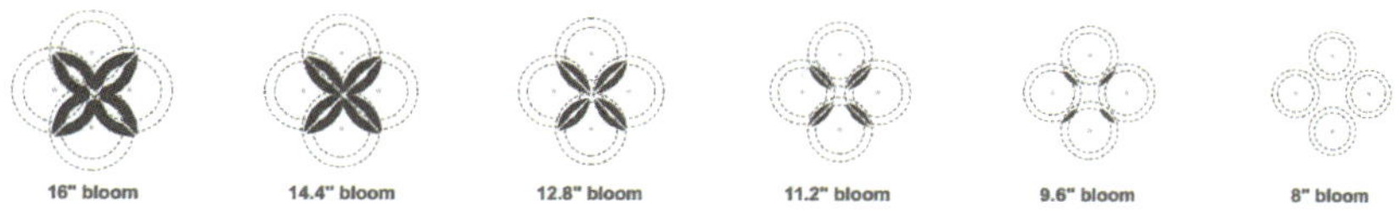

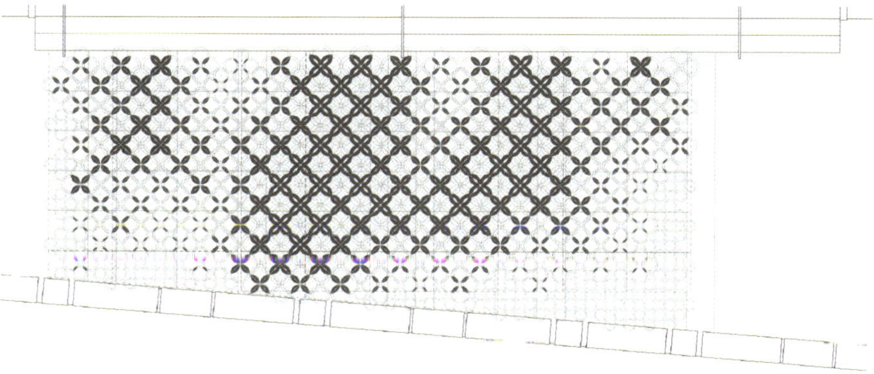

图 5.16
“露点”的图纸，PEG 景观建筑事务所，图片由 PEG 景观建筑事务所提供，美国宾夕法尼亚州费城

图 5.17
“露点”（2010 年），PEG 景观建筑事务所，图片由 PEG 景观建筑事务所提供，美国宾夕法尼亚州费城

数字系统如何帮助设计师构思这种设计？
你知道它为什么是短暂的吗？

转置

基于“阅读和转置（transposing）”系统，米歇尔·德维尼开发了一种抽象化景观鸟瞰图的设计方法。该图像由扫描仪捕获并传输到正交网格，用作种植和硬质景观的构图工具。[148] 请看德维尼为东京的庆应义塾大学（Keio University）做的屋顶设计。野口勇最初在20世纪50年代在这里设计了一个迎宾室、一些雕塑和一个花园，但由于大学的重建而被拆除。德维尼的设计向野口勇致敬，野口勇在他的设计作品中经常抽象出自然元素和系统。根据哲学家吉尔斯·A. 蒂伯吉恩（Gilles A. Tiberghien）的说法，他对该项目的处理方式与其说是设计了一个装饰图案，不如说是设计了一个系统。“最初的景观，实际上是扫描的，呈现在一个由平板组成的棋盘中，这些板本身被不同大小的孔刺穿。这个想法不是忠实地再现一个自然环境，而是一个技巧显而易见的经验系统。”[149] 根据对扫描图案的分析，屋顶的板要么是实心的，穿有圆形孔（直径为150厘米、200厘米、300厘米、375厘米不等），要么是参考野口勇的祈祷凳挤压而成的。[150] 这些穿孔板包括了各种树木、灌木和喷水嘴（图5.18、图5.19）。

如果德维尼换置到一个不同的地点，例如一座城市，你认为对设计有何影响？
你看到挤压形成的祈祷凳和种植区域的联系了吗？

刻面

刻面模型涉及多组多边形，通常为三角形，它们表现为有体积的网状结构，可以轻松操作以创建不同的梯度和表面图案。根据Fluxscape的负责人安德里亚·汉森（Andrea Hansen）的说法，

> 与任何其他数字人工制品相比，刻面的表面更多是设计它们的软件的直接结果。地理分析和景观设计之间的一个常见传播媒介是三角形不规则网络（Triangulated Irregular Network，TIN）：在GIS（地理信息

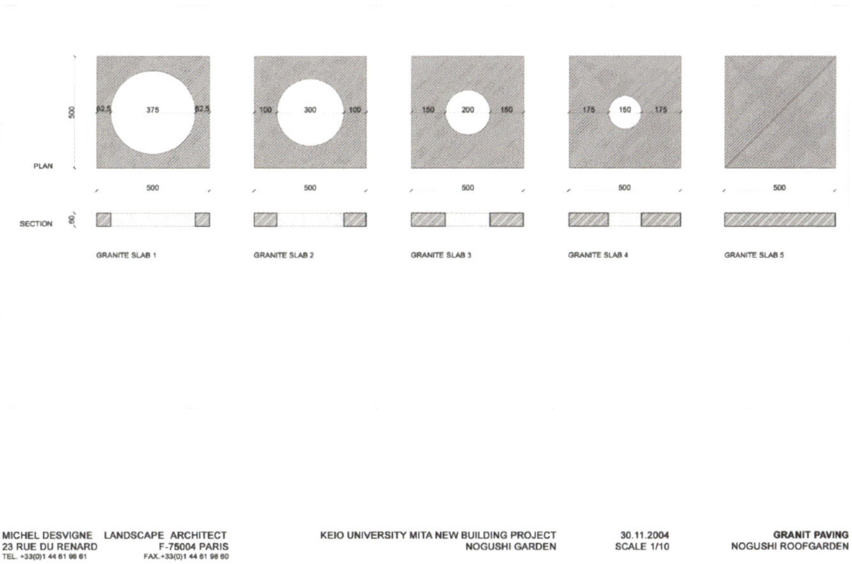

图 5.18
屋顶设计图纸，MDP 米歇尔 · 德维尼景观公司为庆应义塾大学设计，图片由 MDP 米歇尔 · 德维尼景观公司提供，日本东京

图 5.19
屋顶设计（2005 年），MDP 米歇尔 · 德维尼景观公司为庆应义塾大学设计，图片由 MDP 米歇尔 · 德维尼景观公司提供，日本东京

软件）中的地理坐标之间形成的镶嵌表面，可以在 3D 建模软件中导出和操作。[151]

刻面很容易适应地形，同时它也可以为结构提供信息。请看简·赫顿和艺术家阿德里安·布莱克威尔（Adrian Blackwell）的戴美克森氏睡床（Dymaxion Sleep）。受理查德·巴克明斯特·富勒（Richard Buckminster Fuller）的间歇性睡眠时间表（在 30 分钟的睡眠时间和 6 小时的清醒时间之间交替）和他的戴美克森氏世界地图（Dymaxion World Map）的启发，戴美克森氏睡床提供了尼龙网平面，折叠关闭后形成一个多面的外壳。打开后，儿童和成人可以沉浸于种植在下方的柠檬天竺葵、薄荷、薰衣草和茴香的气味中（图 5.20、图 5.21）。

你认为数字系统是如何帮助设计师构思这种设计的？

图 5.20
国际花园节，梅蒂斯花园 / 雷福德花园，戴美克森氏睡床（2009—2013 年）的关闭状态，简·赫顿和阿德里安·布莱克威尔，图片由路易丝·坦圭（Louise Tanguay）提供，梅蒂斯花园 / 雷福德花园，加拿大魁北克，格兰梅蒂斯

图 5.21
国际花园节，梅蒂斯花园 / 雷福德花园，戴美克森氏睡床（2009—2013 年）的打开状态，简 · 赫顿和阿德里安 · 布莱克威尔，图片由路易丝 · 坦圭（Louise Tanguay）提供，梅蒂斯花园 / 雷福德花园，加拿大魁北克，格兰梅蒂斯

拓扑学

拓扑学（topology）是对连续表面的研究，其根源可以追溯到理论地理学和专题制图学（thematic cartography），特别是哈佛大学计算机图形学和空间分析实验室主任威廉 · 沃恩茨（William Warntz）的工作。在 20 世纪 60 年代：

> 当其他人将表面视为蜂窝时，实验室强调拓扑，这是三角形不规则网络（TIN）和类似软件的基础。沃恩茨主要对专题表面（thematic surface）感兴趣，例如人口、收入和大陆性（continentality），以及他基于点（山峰和凹坑；关口和木桩）、线（山脊和路线）和面（丘陵和山谷）的表面拓扑结构理论，同样适用于专题和物理表面。[152]

沃恩茨对如何通过社会和经济数据来了解表面条件和空间分布产生了兴趣。然而，景观设计师和建筑师都关心表面的规划要求。请看巴塞罗那东南海岸广场（Southeast Coastal Plaza）的图片，该项目由特蕾莎 · 加利 - 伊扎德（Teresa Galí-Izard）与 Foreign Office Architects（FOA）合作设计（图 5.22）。汉森认为拓扑是构想这种景观的一个因素。“一个单一的

单元（一个新月形铺装）部署在整个场地，从通道变为圆形剧场、溜冰坡道和挡土墙。”[153]

图 5.22
东南海岸广场（2003年），特蕾莎·加利-伊扎德，西班牙巴塞罗那

这个广场绵延数百米。你能从拓扑学看出连续表面的表达吗？

另外，根据克里斯托夫·吉罗（Christophe Girot）的理论，拓扑学是：

> 关于一棵树如何与地面相遇，以及水在石头上流过时如何发出声音。我们相信通过许多方式我们可以从风景中创造出舒适和美丽，从而赋予这个世界更深层次的意义，拓扑学是关于开发一套新的学科工具，以充分应对连续的表面情况，正是这种连续性让我们在开发解决方案时获得了更多的洞察力和潜力。[154]

吉罗将他的拓扑学理论引入了他在苏黎世联邦理工学院的景观可视化和建模实验室（LVML），他目前正在为锡吉里诺车站设计一处景观。这处景

观实际上是穿过阿尔卑斯山的铁路隧道的副产品。根据布雷特·米利根的说法，“从 Sotto Ceneri 山脉内开采的 370 万立方米粉状片麻岩将堆积在锡吉里诺山坡上，使其最终海拔提高 150 米以上。”[155] 3D 分析可视化技术使项目团队能够将这种材料设计成一个复杂的路径系统和集水区，使之成为拓扑景观的一部分。

数字系统的讨论

大卫·贝瑞认为：

> 从理论上讲，“数字”是一个空洞的能指，缺乏批判性的关注，尤其是在其意识形态运用方面，而且即使在公开的批判性工作中，它也缺乏非历史用途。当然，在经验上和技术上，“数字”代表了一种特殊的离散方法，尽管它经常被分解为 0 和 1，支撑当今大多数计算的二进制结构。从这个意义上说，“数字”过于频繁地用作描述性术语，因此在某种意义上避免了批判性的关注本身。[156]

事实上，虽然数字工具已被普遍接受为风景园林的一部分，但它们对设计专业的实际影响仍未完全被了解。

自 20 世纪 90 年代以来，数字计算机系统及其生成复杂弯曲形式和网状结构的能力对建筑产生了深远的影响，特别是在格雷格·林恩（Greg Lynn）、扎哈·哈迪德（Zaha Hadid）和弗兰克·盖里（Frank Gehry）的作品中，它是如何塑造景观设计的？哈森观察到，借助可以快速计算曲率方程的计算机辅助绘图系统，“今天的景观越来越多地采用自然几何形状——曲线、支流、梯度——无缝融入其自然环境或将自然重新引入城市环境。”[157]

这是否意味着回归设计中的田园传统，寻求一种理想化的自然版本，以掩盖人类意图或基础设施的存在？

这是一种新的计算田园主义吗？

数字计算机系统不仅影响形式生成，还可能塑造你自己的设计思维。手工绘图和书写与使用鼠标和键盘会涉及大脑的不同部分，一些科学家认为，手工操作与计算机操作相比，设计过程更有优势。土耳其的研究人员比较了室内设计师手绘草图与电脑使用。他们发现手绘增加了“对视觉—空间特征的感知、设计的组织关系、替代解决方案的产生和对设计问题的更好理解”。[158] 手绘还可以刺激大脑的更多部分，并激发你存储和回忆信息（你的记忆）的能力。

拿出一张纸，画一棵树。你需要通过什么来动手画树？

可能是你的记忆，因为你必须考虑你能画什么样的树和什么类型。是在冬天还是春天？现在使用你最喜欢的计算机程序中的选择功能绘制一棵树。

用计算机画树需要知道什么？

就数字化的意识形态运用而言，大多数讨论都涉及数字化在生成景观提案的超现实场景的效率。风景园林图像中的超写实主义使人想到一种类似于现实的照片版本的表现形式。这些可视化通过 *Photoshop* 一类的软件程序实现，展示了纹理细节、氛围和正确的阴影，有时可以以假乱真。将超现实主义与后现代评论家让·鲍德里亚（Jean Baudrillard）的超现实主义概念联系起来，后者认为这些图像可以控制意识，景观设计师卡尔·库尔曼（Karl Kullmann）认为，“超现实主义的可视化具有一种对观众的权威地位以准备利用……即使没有欺骗的意图，建成的设计项目也很少接近故意呈现为准确模拟的图像。”[159]

当我在伦敦拜访不是设计师的朋友时，我感受到了这种存在主义的力量。他们对最近在该市建造更新的广场感到非常兴奋，对它的设计赞不绝口，很确定他们的朋友也看过它。但当我参观这个传说中的广场时，它和几年前我最后一次看到它时一样。显然，他们在报纸上看到了提案的超现实图像，并认为它已经建成。

范·多伦声称，“我想说的数字化发展的一个具体受害者是拼贴这种表现类型。今天的绘画和照片级真实感的技术可能性似乎反对像拼贴这样的粗糙的非现实绘画。但现实是一个有问题的概念，特别是在景观中，因为我们主要谈论 15~50 年的时间范围。"[160] 库尔曼和凯瑟琳 · 迪依（Catherine Dee）都认为图像中的表面差距使观众能够想象未来，以及当然不要将图像与未来存在或将要存在的东西混淆。库尔曼呼吁数字和模拟的"松散现实主义"（loose-realism）。这些"技术通过结合作者和观众双方的观点保留了潜力(并避免了决定性),同时还可能会拉近作者与主体的离散距离(author－subject diaspora）。"[161] 迪依认为，"擦除虽然有很多重要的功能，但是在设计工作室中很少能获得珍贵工具的地位……擦除支持偶然性和开放性、巧合以及对时间、想法和形式变化的跟踪。"[162]

数字系统的主要阅读材料

Nadia Amoroso, *Digital Landscape Architecture Now*. 娜迪亚·阿莫罗索,《现在的数字风景园林》

Bradley Cantrell and Wes Michaels, *Digital Drawing for Landscape Architecture: Contemporary Techniques and Tools for Digital Representation in Site Design*. 布拉德利·坎特雷尔和韦斯·迈克尔斯,《风景园林的数字绘图:场地设计中数字表现的当代技术和工具》

Mario Carpo, *Algorithm and the Alphabet*. 马里奥 · 卡尔波，《算法和字母表》

Dominic McIver Lopes, *A Philosophy of Computer Art*. 多米尼克·麦基弗·洛佩斯，《计算机艺术哲学》

Karen M'Closkey, "Synthetic Patterns: Fabricating Landscapes in the Age of 'Green.'" 凯伦 · 麦克洛斯基，《合成图案：在"绿色"时代制造景观》

图解的理论基础

> 这张图只是一张图解，我们把它做成了图解以便尽可能清楚地显示相关区域，以及它们分布的对称性和公平性。[163]
>
> (Charles Eliot, General Principles in Selecting Public Reservations and Determining Their Boundaries, Boston Metropolitan Park System, 1902)

可以肯定的是，有一种类型的绘图最适用于设计过程并将景观作为一个系统来理解。这种类型的绘图是图解（diagram）。在这里，景观设计师查尔斯·艾略特（Charles Eliot，1859—1897 年）描述了图解的一个关键优点——它的解释和说服能力。图解通常是一个简化的绘图，显示了某事物在时间和空间上以及在其各个部分之间的运作情况。它是最古老的交流形式之一，系统的图解表现适用于广泛的领域，从它们在逻辑证明中的使用到符号学中的意义解释。[164] 图解在风景园林领域的应用也有很悠久的历史。景观理论家安妮塔·贝里兹贝蒂亚解释了自然科学的发展如何促使查尔斯·艾略特探索新的表现技术，表明风景园林的认识论的转变。艾略特将地图与可缩放的参考系统相结合，创建了图解来合理化他的公园方案。针对地方专员，他以相同的比例绘制了巴黎、伦敦和波士顿的公园系统，并在每张地图上叠加了一个比例网格以进行比较。他还用同心圆创建了一个图解，显示了公园系统组分之间的关系，它们在波士顿大都市之间的分布，以及与州议会大厦之间的关系。[165]

雅基·鲍林（Jacky Bowring）和西蒙·斯瓦菲尔德（Simon Swaffield）注意到图解在风景园林领域的流行，特别是在 20 世纪。例如，由劳伦斯·哈普林（Lawrence Halprin）创建的生态谱记（Ecoscores）；展示在《设计结合自然》（*Design with Nature*）封面页的伊恩·麦克哈格（Ian McHarg）的沙丘形成图；阿勒·霍斯珀（Alle Hosper）的人或地点图解；凯文·林奇（Kevin Lynch）的视觉调查图。鲍林和斯瓦菲尔德认为景观设计师使用图解“既作为分析工具，又作为设计的生成表达……像隐喻一样，图解将想法‘携带’到另一种形式中，抽象的过程可能促使理解上的飞跃”。[166] 例如，在《设计结合自然》中，麦克哈格制作了一系列横截面来解释沙丘的形成并展示荷兰堤防设计系统——由守护者（Waker）、睡眠者（Slaper）和梦想者（Dromer）组成——类似于设计自然。

鲍林和斯瓦菲尔德还描述了“林奇总结了人们体验城市肌理的方式，从而发展包括边缘、节点、区域和地标的图解‘语言’，并已嵌入多尺度的风景园林教育和实践”。[167] 林奇的经典研究发表在《城市意象》（*Image of the City*，1960 年）中，揭示了使人们能够理解和导览城市景观的物理和空间元素。林奇采访了洛杉矶、波士顿和泽西市的居民，发现人们使用特定的特征来绘制城市所包含的内容和组织方式的心理表现或心理地图。这些特征包括路径、边缘、区域、节点和地标。林奇总结说，如果设计师和规划师在他们的工作中明确和突出这些特征，将提高人们理解城市等复杂景观的能力。因此，这些特征对设计者来说是一种启发（heuristic）。

景观都市主义和詹姆斯·科纳（James Corner）的“直觉操作”（eidetic operations，想象和投射新景观的技术）也支持图解的使用。在科纳看来，图解的想象潜力与将风景画作为绘画表现或仅仅是技术尝试的概念相反。对于科纳来说，图解、思维导图或空间组织图像更接近景观的概念，即 landschaft 而不是 landskip。“在 landskip 中，主要指制作绘画并绘制被描绘的事物。在 landschaft 中联觉的形成和认知图像塑造了一种集体的地方感，并且这种关系通过工作而演变。”[168] 换句话说，由于图解旨在解释并且它们可以在设计过程中产生，它们更类似于德语术语 landschaft，包括景观的社会和政治维度。图解不像术语 landskip，它优先将景观作为风景。

科纳和其他人经常引用拉维莱特公园（Parc de la Villette）竞赛提案作为这种表现策略的灵感——其中“通过拆解和分离平面中图层和元素，不仅提出了一种类似于蒙太奇的富有成效的工作方法，而且将注意力集中在景观生成逻辑上，而不是其外观本身”。[169] 对图解的建筑参考受到哲学家吉尔·德勒兹（Gilles Deleuze）和精神分析学家费利克斯·加塔里（Félix Guattari）及其块茎理论（theory of rhizomes）的影响。继他们的书《反俄狄浦斯》（*Anti-Oedipus*，1972 年）之后的第二本《千高原》（*A Thousand Plateau*，1980 年）阐述了权力和主体性之间的关系，其中“资本主义不断开辟新的欲望市场，资本主义必须严格控制这些市场才能生存”。[170] 德勒兹和加塔里试图消除这些限制，“以释放欲望机器并拆解主体和国家”。[171] 作为受后结构主义影响（特别是福柯）的后现代思想家，德勒兹和加塔里联合起来反对结构主义的许多方面（《语言》一章中讨论过的），如二元逻辑。他们主张解释的多样性，以及一个连续的、无中心的、块茎系统的新事物的产生。事实上，块茎在他们的项目中占据了一个特殊的位置，并作为福柯最初设想的图解的视觉概念。对于德勒兹和加塔里来说，块茎不仅应该取代树在语言分析中所扮演的角色，而且还应该作为一般社会的一种图像和概念。他们争辩说：

> 二元逻辑是根—树的精神现实。甚至像语言学这样“高级”的学科也

> 保留了根—树作为其基本图像，因此仍然与经典反思结合在一起……二元逻辑和一对一的关系仍然主导着精神分析（弗洛伊德对施雷伯案例的解释中的幻想之树）、语言学、结构主义，甚至信息科学。[172]

有些树木是通过块茎（例如橡树）蔓延，块茎的吸引力在于它缺乏统一的结构和不确定的繁殖空间。他们认为，“块茎的任何一点都可以而且必须与其他任何东西相连……块茎不断地在符号链、权力组织以及与艺术、科学和社会斗争相关的环境之间建立联系。”[173] 作为“图解类型”[174] 的块茎的另一个重要维度是它与过去的关系。对于德勒兹和加塔里来说，“所有的树逻辑都是追踪和复制的逻辑……块茎完全不同，是地图而不是追踪……追踪是封闭的，追踪过去，过去是什么，而块茎则完全面向与真实接触的实验。”[175]

德勒兹在福柯的著作中进一步探索了图解和块茎。在《规训与惩罚》中，福柯引入了图解的概念，作为理解监狱、医院和学校等物理和社会系统的视觉和话语（discursive）功能的一种方式，因为它们“将功能形式化并赋予它们目标”（惩罚、关心、教育）。[176] 德勒兹强调，这种形式化的功能就是图解，他声称，“图解不再是听觉或视觉档案，而是地图，与整个社会范围一致的制图学。”[177] 正如艺术史学家雅各布·兹德比克（Jakub Zdebik）解释的那样，

> 图解显示了力的关系并将它们从一个系统转换为另一个系统。它执行这项任务的机制很难辨别，因为图解是非表现性的。图解由构成特定系统（例如监狱系统）的抽象力量（例如监视）组成，并且可以应用于另一个系统（例如学校或军营）。[178]

图解的重要性

由于图解可以在时间和空间以及景观的不同方面中显示关联的力量，它们对设计过程很有价值。正如鲍林和斯瓦菲尔德所说，它们可以反映社会和生态系统。风景园林中使用的一些最基本的设计图解，例如现代主义者对气泡图的使用，有助于确定众多人类用途之间的关系。景观生态学家理查德·T. 福尔曼（Richard T. Forman）认为，“形式是力量的图解”[179]，该

图解使他能够解释复杂的自然系统，例如确定溪流和河流走廊最小宽度的关键变量。[180]

鉴于景观变化的复杂性，范·多伦认为，“时间、变化和动态作为风景园林的非常特殊的特征，值得更多关注。典型的例子是公园，它需要几十年才能成熟。我们努力以更具教育性和战略性的方式表达时间。这可能会启发我们研究其他学科的表现方法。”[181] 例如，信息可视化涉及信息和数据的视觉显示的易读性。这种可视化可以采用制图图像、图表、散点图、流程图或其他类型的图解形式。正如通信设计师劳伦·曼宁（Lauren Manning）所观察到的，“可视化比庞大的、难以理解的数据集更有效，因为它可以筛选出相关的内容并以清晰的形式呈现。”[182] 信息可视化最多产、最具说服力冠军是统计学家、政治学家和艺术家爱德华·塔夫特（Edward Tufte）。下面将展示他关于图解中信息视觉显示的一些理论。根据塔夫特的说法，“记录和解释过程，使动词可见，是信息设计的核心。”[183]

图解的实际应用

分层和分离

对有关系统的信息进行分层可能很困难，因为你可以“简单地通过它们的组合来引入非信息模式和纹理。约瑟夫·阿尔伯斯（Josef Albers）将这种视觉效果定义为：当两个元素与合作伙伴关系的各种附带副产品一起出现时，1+1=3 或更多”。[184] 阿尔伯斯的理论是分层的核心——在纸或屏幕上使用空白。查看基于阿尔伯斯的想法的图解。受过包豪斯训练的画家阿尔伯斯警告说，在绘制图解时你必须意识到空白被视为图形元素。这就是为什么 1+1 不等于 2（图 5.23）。

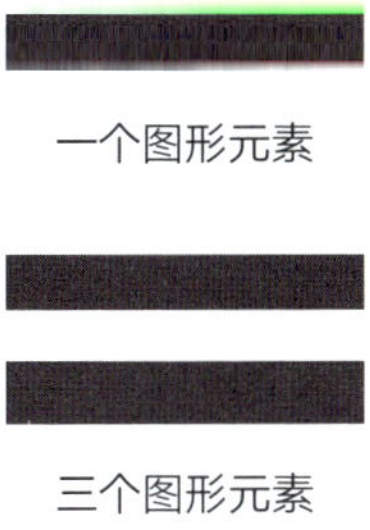

图 5.23
来自阿尔伯斯 1+1=3

塔夫特指出，颜色可用于相同类型的信息，例如尺寸，这增加了分层的连贯性。小区域的强烈饱和颜色也可以有效地传达最重要的信息。[185] 在解释水净化的图解中，斯托斯城市景观公司使用空白作为图解组成的一部分，并使用小区域颜色来清楚地传达景观设计作品的这一重要功能（图 5.24）。

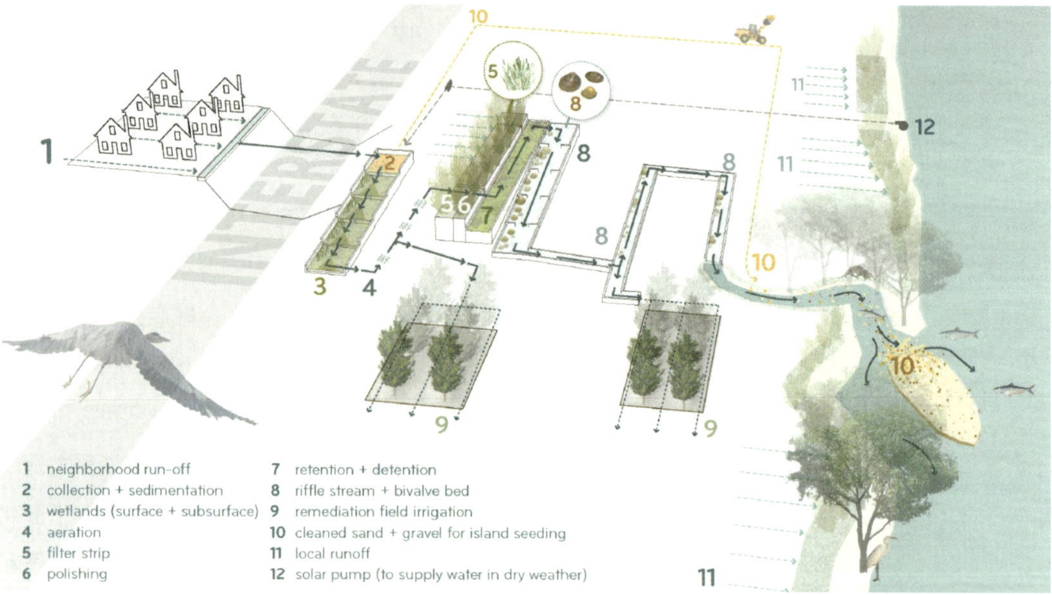

图 5.24
明尼阿波利斯滨河示意图（2011 年），斯托斯城市景观公司

如果渲染整个方案，这个图解有何不同？

请注意数字在图解中扮演的角色，以及它们的布置如何不包括干扰图像的箭头或标注。

微观 / 宏观阅读

塔夫特的微观 / 宏观阅读理论建议“清晰易懂，添加细节……微观 / 宏观设计强制执行本地和全局比较，同时避免中断上下文的转换……重要的不是有多少空白空间，而是如何使用它”。[186] 这似乎是一个令人惊讶的说法，因为添加细节可能会使图解变得太满，但塔夫特认为我们需要一个具有微观细节的简单整体方案。“简单是一种审美偏好，不是信息展示策略，也不是清晰的指南。我们寻求的是丰富的数据结构、比较的上下文以及对展示出的复杂性和方法的经济性的理解。”[187] 请看学校庭院公园（Schoolyard Park）竞赛中的作品（图 5.25）。参赛作品由谷子康明（Yasuaki Tanago）、南真也（Shinya Minami）和佐久间康之（Yasuyuki Sakuma）设计。他们的总体方案涉及景观和建筑中的走廊。不仅宏观想法简单易读，他们提案的微观世界也是如此。

小而多

对于塔夫特来说，“小而多（small multiples）的设计、多变量和数据丰富，

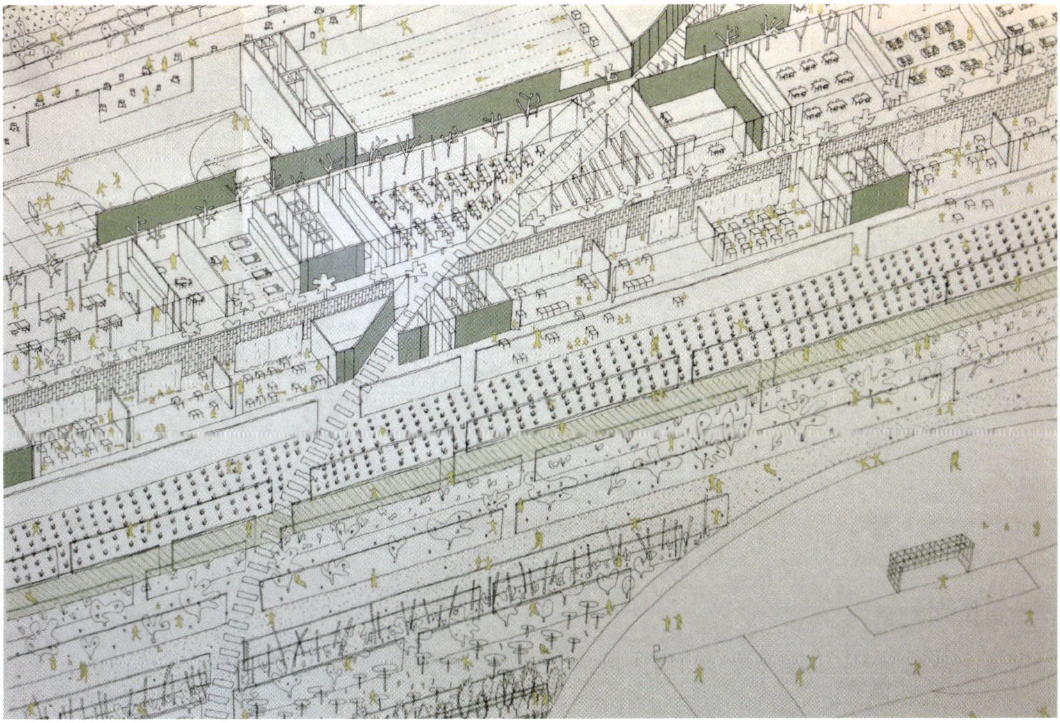

图 5.25
13 英亩学校庭院公园比赛作品（2002 年），谷子康明、南真也和佐久间康之

通过可视化比较变化、对象之间的差异、备选方案的范围来直接回答……设计的恒常性强调数据的变化，而不是数据框架的变化。”[188] 因为景观设计师在现状场地上工作，因而总是有机会对比场地的前后条件。这就是景观设计师汉弗莱·雷普顿（Humphry Repton），一位经常被塔夫特引用案例并加以褒奖和批评的景观设计师，在他的《红皮书》（*Red Books*）中做得很好的地方。然而，塔夫特在这里提出的是复制相似的图像来显示变化，而不是回顾历史去看雷普顿的出色设计。塔夫特警告说在地理分布之间进行期长且久的比较是很困难的，“所以比较的规模应该很小，并在视距范围内执行。”[189] 请看汉诺威市 2020 年创意竞赛的提案，由 LOLA 景观建筑事务所设计（图 5.26）。

通过显示同一棵树和不同构型的亭子，你可以相互比较替代方案吗？
你能看到 LOLA 是如何使用“小而多”策略的吗？

图 5.26
抱树亭，2020 年汉诺威市创意竞赛的提案，LOLA 景观建筑事务所，图片由埃里克－扬·普莱斯特提供

其他建议

从字体（typeface）到信息显示，塔夫特也为文本信息提供了建议。他告诫要避免"标签杂乱"（label clutter）[190]，这在 LOLA 和 Stoss 的图表中都避免了。此外，显然应该避免使用难以阅读的字体。塔夫特还强调所有的大写字母都可以引起你的注意，但是与句子大小写格式中的单词相比，它们更难阅读。这就是为什么大多数高速公路标志不是全部大写的原因。高速行驶的驾驶者必须能够快速阅读这些标志，以便作出反应，而且大小写字母的组合更清晰易读。塔夫特还警告当心"数据禁锢"（data imprisonment）偏爱的制图线和颜色的微妙使用，以及他所谓的"减重"（subtraction of weight）策略，释放数据以便理解。[191] 一般来说，颜色应该是类似的，否则信息没有被强调，而"当一切都被强调时，什么都没有被强调。"[192] 请看比尔·兰金（Bill Rankin）设计的"土地价值"（Land Value）（图 5.27）。

图解的讨论

鲍林和斯瓦菲尔德指出，景观的感官维度很难被通过图解来设计或解释。他们注意到，

虽然林奇和哈普林等设计师试图图解空间中的运动，但表达形式仍然以客

图 5.27
土地价值（2006 年），比尔 · 兰金，www.radicalcartography.net.

观为主。然而，现象学的、感觉的、体验的景观以主观反应为特征，正是这些方面超出了图解的图形能力……例如，气味甚至无法表达，更不用说图解了，因为我们对嗅觉维度的唯一表达语言是文本，甚至依赖于类比语言。[193]

正如你在本节开头的“图解的理论基础”中所读到的，图解的流行是在德勒兹和加塔里的块茎理论的影响下出现的，后来又受到建筑师和景观设计师的推动。鉴于德勒兹和加塔里对实际块茎的生物学方面缺乏了解，你认为他们的理论仍然有效吗？应该改名吗？此外，图解也得到了推广，特别是科纳的推广，以避免 landskip 的怀旧的、形象化的图像。他主张“从作为表象客体的景观转变为处理信息、动态占据和生成的诗学。虽然这些过程可以被形象化，但它们不一定容易受到绘图的影响”。[194] 简而言之，他认为如果你将图解融入设计过程中，你会避免因为它的视觉外观而设计景观，特别是田园风光。

图解的主要阅读材料

James Corner, “Representation and Landscape: Drawing and Making in the Landscape Medium.” 詹姆斯 · 科纳，《表现与景观：在景观媒介中绘画和制作》

James Corner, “Eidetic Operations and New Landscapes.” 詹姆斯 · 科纳，《艾德主义行动和新景观》

Gilles Deleuze and Félix Guattari, *A Thousand Plateaus. Capitalism and Schizophrenia.* 吉尔 · 德勒兹和费利克斯 · 瓜塔里，《千高原：资本主义与精神分裂症》

Edward R. Tufte, *Beautiful Evidence.* 爱德华 · 塔夫特，《美丽的证据》

Edward R. Tufte, *Envisioning Information.* 爱德华 · 塔夫特，《展望信息》

Jakub Zdebik, *Deleuze and the Diagram: Aesthetic Threads in Visual Organization.* 雅各布 · 兹德比克，《德勒兹和图解：视觉组织中的美学线索》

注释

1. Suzanne Witzgall, "Art as an Open System: Complexity and Interaction in Art since 1960," *Living Systems*, eds. Christa Sommerer and Laurent Mignonneau (Barcelona: Arts Santa Monica, 2011), 29 (29–37).
2. Darrell Arnold, "Systems Theory: A Mixed Theory," *Traditions of Systems Theory: Major Figures and Contemporary Developments*, ed. Darrell Arnold (New York: Routledge, 2014), 10–20 (10).
3. Gerald Midgley, *Systemic Intervention Philosophy, Methodology, and Practice* (New York: Springer, 2000), 2.
4. Ibid., 3.
5. Karl Ludwig von Bertalanffy, *General System Theory: Foundations, Development, Applications*, revised edition (New York: Penguin , 1969). The groundwork for a General Systems Theory (GST) began in the 1920s at the Institute for Experimental Biology or "Prater Vivarium" in Vienna. The experimental biologists of Prater Vivarium did not want to passively study biological process, as promoted by Ernst Haeckel in "well-constructed analytical experiments from which they hoped to derive causal explanations" (see Manfred Drack, Wilfried Apfalter, and David Pouvreau, "On the Making of a System Theory of Life: Paul A. Weiss and Ludwig von Bertalanffy's Conceptual Connection," *Quarterly Review of Biology* 82, no. 4 (2007): 349–373 (352)). They also felt mechanistic physical laws were inadequate for studying living systems.
6. Drack et al., "On the Making of a System Theory of Life: Paul A. Weiss and Ludwig von Bertalanffy's Conceptual Connection."
7. Ian McHarg, "The Ecology of the City," *AIA Journal* 38, no. 5 (1962): 101–103 (102).
8. Ian McHarg, *Design with Nature* (Garden City, NY: Natural History Press, 1969), 35.
9. See John T. Lyle, *Design for Human Ecosystems: Landscape, Land Use, and Natural Resources* (Washington, DC: Island Press, 1999).
10. Peter Galison, 'The Ontology of the Enemy: Norbert Wiener and the Cybernetic Vision," *Critical Inquiry* 21, no.1 (1994): 254–255.
11. Odum, Eugene. *Fundamentals of ecology*. Philadelphia, Saunders, 1971.
12. Lyle, *Design for Human Ecosystems: Landscape, Land Use, and Natural Resources*, 130.
13. See Witzgall, "Art as an Open System: Complexity and Interaction in Art since 1960," *Living Systems*.
14. Lawrence Halprin, "The Rebellious Sixties," *A Life Spent Changing Places: Lawrence Halprin* (Philadelphia: University of Pennsylvania Press, 2011), 113–150 (132).
15. Margot Lystra, "McHarg's Entropy, Halprin's Chance: Representations of Cybernetic Change in1960s Landscape Architecture," special issue on Time, eds. Sonja Duempelmann and Susan Herrington, *Studies in the History of Gardens & Designed Landscapes: An International Quarterly* 34, no. 1 (2014): 71–84 (78).
16. Ann E. Komara, *Lawrence Halprin's Skyline Park* (New York: Princeton Architectural Press, 2012), 133.
17. Arnold, "Systems Theory: A Mixed Theory," 11.
18. Lyle, *Design for Human Ecosystems: Landscape, Land Use, and Natural Resources*, 5.
19. Michela de Poli and Guido Incerti, "Shanghai Houtan Park," *An Atlas of Recycled Landscapes*, ed. Luca Molinari (Milan: Skira, 2014), 140–143 (140).
20. William S. Saunders, "Landscape as a Living System: Houtan Park Shanghai Expo Park," *Designed Ecologies: The Landscape Architecture of Kongjian Yu*, ed.

William S. Saunders (Basel: Birhäuser, 2013), 164–183.
21. John T. Lyle, "Can Floating Seeds Make Deep Forms?" *Landscape Journal* 10, no. 1 (1991): 37–47.
22. Joan Hirschman Woodward, "Foreword," *Design for Human Ecosystems: Landscape, Land Use, and Natural Resources* (Washington, DC: Island Press, 1999), v.
23. Gina Crandell, *Tree Gardens: Architecture and the Forest* (New York: Princeton Architectural Press, 2013), 88.
24. Alexis C. Madrigal, "The Man Who First Said 'Cyborg,' 50 Years Later," *Atlantic*, 30 September 2010, accessed 22 January 2016, www.theatlantic.com/technology/archive/2010/09/the-man-who-first-said-cyborg-50-years-later/63821/).
25. Donna J. Haraway, *Simians, Cyborgs, and Women: The Reinvention of Nature* (New York: Routledge, 1991).
26. Donna Haraway, "A Cyborg Manifesto: Science, Technology and Socialist Feminism in the Late Twentieth Century," *The Cybercultures Reader*, eds. Barbara M. Kennedy and David Bell (London: Routledge, 2000), 291–324 (291).
27. Ibid., 312.
28. Ariane Lourie Harrison "Introduction: Charting Posthuman Territory," *Architectural Theories of the Environment: Posthuman Territory* (New York: Routledge, 20zz13), 3–36 (8).
29. N. Katherine Hayles quoted in Ariane Lourie Harrison, "Introduction: Charting Posthuman Territory," *Architectural Theories of the Environment: Posthuman Territory*, 7.
30. Elizabeth K. Meyer, "The Expanded Field of Landscape Architecture," *Ecological Design and Planning*, eds. George F. Thompson and Frederick R. Steiner (New York: John Wiley, 1997), 45–79 (53).
31. William Myers, *Bio Design: Nature, Science, Creativity* (New York: Museum of Modern Art, 2012), 218.
32. Bruno Latour, *Reassembling the Social: An Introduction to Actor-Network-Theory* (Oxford: Oxford University Press, 2005), 247.
33. Bruno Latour, "On Actor-Network Theory. A Few Clarifications plus More than a Few Complications," special issue of the Danish philosophy journal, accessed 22 January 2016, www.bruno-latour.fr/sites/default/files/P-67%20ACTOR-NETWORK.pdf, 7.
34. Ibid., 4.
35. Andrew Langford, "In Transition," *Emerging Landscapes: Between Production and Representation*, eds. Davide Deriu, Krystallia Kamvasinou, and Eugénie Shinkle (Farnham: Ashgate, 2014), 75–80 (76).
36. Anne Tietjen, "Translations – Experiments in Landscape Design Education," *Nordic Design Research Conference 2013*, Copenhagen-Malmo, accessed 22 January 2016, www.nordes.org.
37. Jan-Eric Pleijster, "Natural Urban Landscapes," lecture to the Swedish Association of Architects Oyster All-Inclusive conference, Stockholm, 18 September 2015.
38. Marc Treib, "Nature Recalled," *Recovering Landscape: Essays in Contemporary Landscape Architecture* (Sparks, NV: Princeton Architectural Press, 1999), 31.
39. Alison B. Hirsch, "Scoring the Participatory City: Lawrence (& Anna) Halprin's Take Part Process," *Journal of Architectural Education* 64, no. 2 (2011): 127–140 (139).
40. See Sandra Harding, "Modernity's Misleading Dream: Latour," *Sciences from Below: Feminisms, Postcolonialities, and Modernities* (Durham, NC: Duke University Press, 2008), 23–48.
41. Peter Mortenbock and Helge Mooshammer, "Trade Flow: Architecture of

Informal Markets," *Architecture in the Space of Flows* (New York: Routledge, 2012), 117–134 (118).
42. David M. Berry, "The Poverty of Networks," *Theory, Culture & Society* 25 (2008): 364–372 (365).
43. Henry Granick, *Underneath New York* (New York: Robert E. Sullivan, 1947; 1991), 12.
44. Michael G. Lee, "Infrastructure as Landscape Embellishment: Peter Joseph Lenné in Potsdam and Berlin," *Technology and the Garden*, eds. Michael G. Lee and Kenneth I. Helphand (Washington, DC: Dumbarton Oaks, 2014), 169–197 (184).
45. Gary Strang, "Infrastructure as Landscape," *Places* 10, no. 3 (1996): 8–15 (12).
46. Ibid., 11.
47. Pierre Bélanger, "Landscape as Infrastructure," *Landscape Journal* 28 no. 1 (2008): 79–95 (91).
48. Pierre Bélanger, "Landscape Infrastructure, Excerpt from 'Infrastructural Ecologies: Fluid, Biotic, Contingent,'" Landscape Architecture's Core? *Harvard Design Magazine* no. 36 (2013): 154–157 (156).
49. Ian Hamilton Thompson, "Essence-less Landscape," Landscape Architecture's Core? *Harvard Design Magazine* no. 36 (2013): 24–35 (28).
50. Robert Thayer, *Gray World, Green Heart: Technology, Nature, and Sustainable Landscape* (New York: Wiley, 1994), 74.
51. Ibid., 96.
52. Landscape Architecture Foundation, Case Study Briefs, Washington Canal Park, accessed 23 January 2016, http://landscapeperformance.org/case-study-briefs/canal-park.
53. Richard Weller, "An Art of Instrumentality: Thinking Through Landscape Urbanism," *The Landscape Urbanism Reader*, ed. Charles Waldheim (New York: Princeton Architectural Press, 2006), 69–85 (73).
54. Ibid., 77.
55. Christopher Hookway, "Pragmatism," *The Stanford Encyclopedia of Philosophy*, (Spring 2015 Edition), ed. Edward N. Zalta, accessed 23 January 2016, http://plato.stanford.edu/archives/spr2015/entries/pragmatism/.
56. John Dewey, *Art as Experience* (New York: Putnam Capricorn, 1958), 154.
57. Kiona Smith-Strickland, "A Billboard that Condenses Water from Humidity," 25 April 2013, accessed 23 January 2016, www.popularmechanics.com/science/green-tech/a8875/a-billboard-that-condenses-water-from-humidity-15393050/.
58. Anne Whiston Spirn, *The Granite Garden: Urban Nature and Human Design* (New York: Basic Books, 1984), 5.
59. Charles Waldheim, "Landscape as Urbanism," *The Landscape Urbanism Reader*, ed. Charles Waldheim (New York: Princeton Architectural Press, 2006), 35–53 (37). See also Charles Waldheim, "Landscape Urbanism: A Genealogy," *Praxis* 4 (2002): 10–17.
60. James Corner, "Terra Fluxus," *The Landscape Urbanism Reader*, ed. Charles Waldheim (New York: Princeton Architectural Press, 2006), 21–33 (31).
61. Ibid.
62. Waldheim, "Landscape as Urbanism," 38–39.
63. Stoss Landscape Urbanism, "Bass River Park," accessed 24 January 2016, www.stoss.net/projects/9/bass-river-park/.
64. Kristina Hill and Larissa Larsen, "Adaptive Urbanism," *Landscape Urbanism and Its Discontents: Dissimulating the Sustainable City*, eds. Andrés Duany and Emily Talen (Gabriola Island, BC: New Society Publishers, 2013), 215–230 (222–223).

65. Ian Thompson, “Ten Tenets and Six Questions for Landscape Urbanism,” *Landscape Research* 37, no.1 (2012): 7–26 (24).
66. Hill and Larsen, “Adaptive Urbanism,” 219–220.
67. Dolores Hayden, *Building Suburbia: Green Fields and Urban Growth, 1820–2000* (New York: Pantheon Books, 2003).
68. Henri Lefebvre, “The Urban in Question,” *Writings on Cities,* eds. E. Kaufman and E. Lebas (Oxford: Blackwell, 1996), 209.
69. Sigmund Freud, “The Origin and Development of Psychoanalysis,” *American Journal of Psychology* 21, no. 2 (1910): 181–218 (200).
70. Catherine Miller, *Jean Cocteau, Guillaume Apollinaire, Paul Claudel et le groupe des six* (Belgium: Pierre Mardaga Éditeur, 2004), 139.
71. Margaret Cohen, *Profane Illumination: Walter Benjamin and the Paris of Surrealist Revolution* (Berkeley: University of California Press, 1993), 57.
72. André Breton, “What is Surrealism?” *Theories in Modern Art: A Source Book by Artists and Critics*, ed. Herschel B. Chipp (Berkeley: University of California Press, 1968), 410–417 (417–411).
73. Annette Shandler Levitt, *The Genres and Genders of Surrealism* (New York: St Martin’s Press, 1999), 2.
74. Breton, “What is Surrealism?” 417.
75. André Breton, “Surrealism and Painting,” *Art in Theory 1900–1990,* eds. Charles Harrison and Paul Wood (Malden, MA: Blackwell, 2000), 440–446 (442).
76. André Breton, “First Manifesto of Surrealism,” *Art in Theory 1900–1990,* eds. Charles Harrison and Paul Wood (Malden, MA: Blackwell, 2000) 432–440 (434).
77. Quoted in J. H. Matthews, *Introduction to Surrealism* (University Park: Pennsylvania State University Press, 1965), 48.
78. Susan Buck-Morss, *The Dialectics of Seeing: Walter Benjamin and the Arcades Project* (Cambridge, MA: MIT Press, 1989), 256.
79. Walter Benjamin, “Surrealism: The Last Snapshot of the European Intelligentsia,” *Modernism: An Anthology*, ed. Lawrence Rainey (Malden, MA: Blackwell, 2005), 1087–1095 (1091).
80. Tom McDonough, *The Situationists and the City*, ed. Tom McDonough (London: Verso, 2009) 2.
81. Ibid., 6.
82. Ibid., 29.
83. Ibid., 82.
84. Sadie Plant, *The Most Radical Gesture: The Situationist International in a Postmodern Age* (New York; London: Routledge, 1991; 2002), 59.
85. McDonough, *The Situationists and the City*, 78.
86. Fernando Magallanes, “Landscape Surrealism,” *Surrealism and Architecture*, ed. Thomas Mical (New York: Routledge, 2005), 220–233 (221).
87. Ibid., 222.
88. Jean La Marche, “Surrealism’s Unexplored Possibilities in Architecture,” *Surrealism and Architecture*, ed. Thomas Mical (New York: Routledge, 2005), 220–233 (275).
89. Christophe Girot, “Four Trace Concepts in Landscape Architecture,” *Recovering Landscape*, ed. James Corner (New York: Princeton Architectural Press, 1999), 59–67 (61).
90. James Corner, “Representation and Landscape: Drawing and Making in the Landscape Medium,” *Word & Image* 8, no. 3 (1992): 243–275 (268).
91. Max Ernst, *The Hundred Headless Woman: La Femme 100 Têtes*, trans. Dorothea Tanning (New York: George Braziller, 1981).
92. Richard Rainwater, “Max Ernst, Printmaker,” *Max Ernst: Beyond Surrealism: A*

Retrospective of the Artist's Books and Prints, ed. Richard Rainwater (New York: Oxford University Press, 1986), 3–36 (8).
93. Evan M. Mauer, "Images of Dream and Desire: The Prints and Collage Novels of Max Ernst," *Max Ernst: Beyond Surrealism: A Retrospective of the Artist's Books and Prints*, ed. Rainwater, 73.
94. Ibid., 63.
95. Ibid., 68.
96. Ibid., 69.
97. Brett Milligan, "GROSS. MAX and Promiscuous Collage," *Free Association Design*, 2 March 2010, accessed 24 January 2016, https://freeassociationdesign.wordpress.com/author/bmilligan/.
98. Levitt, *The Genres and Genders of Surrealism,* 12.
99. Ibid., 10.
100. Laurie Olin, "Form, Meaning, and Expression in Landscape Architecture," *Meaning in Landscape Architecture and Gardens: Four Essays, Four Commentaries*, ed. Marc Treib (London: Routledge, 2011), 22–70 (30).
101. Greenwood Village History 1850–2000, accessed 25 January 2016, www.greenwoodvillage.com/index.aspx?NID=1463.
102. Ibid.
103. André Breton, "Inaugural Breaks 1947," *What Is Surrealism? Selected Writings, André Breton*, ed. Franklin Rosemont (New York: Monad, 1978), 371.
104. Jacky Bowring and Simon Swaffield, "Shifting Landscapes in-between Times," Landscape Architecture's Core? *Harvard Design Magazine* no. 36 (2013): 96–105 (100).
105. Ibid.
106. Alistair Brotchie, *A Book of Surrealist Games*, ed. Mel Gooding (London: Shambala Redstone, 1995), 107.
107. Nathan Paul Eburne, *Surrealism and the Art of Crime* (Ithaca, NY: Cornell University Press, 2008), 49.
108. George Basalla, "Transformed Utilitarian Objects," *Winterthur Portfolio* 17, no. 4 (1982): 183–201 (183).
109. Breton, "Inaugural Breaks 1947," 341.
110. Guy Debord, "Situationist International, 'Detournement as Negation and Prelude,'" *Art in Theory 1900–1990,* eds. Charles Harrison and Paul Wood (Oxford: Blackwell, 2000), 696–698 (697).
111. Guy Debord and Gil J. Wolman, "A User's Guide to Détournement," *Situationist International Anthology*, revised and expanded edition, 2006, trans. Ken Knabb, accessed 25 January 2016, www.bopsecrets.org/SI/detourn.htm.
112. Debord, "Situationist International, 'Detournement as Negation and Prelude,'" 697.
113. Thilo Folkerts and Rodney LaTourelle, "Jardin de la Connaissance by Rodney LaTourelle and 100 Landschaftsarchitektur – update," *Dezeen magazine*, 15 August 2012, accessed 25 January 2016, www.dezeen.com/2012/08/15/jardin-de-la-connaissance-by-rodney-latourelle-and-100-landschaftsarchitektur-update/.
114. Whitney Chadwick, *Women, Art, and Society*, fifth edition (London: Thames & Hudson, 2012), 309.
115. Xavière Gauthier, *Surréalisme et sexualité* (Paris: Gallimard, 1971).
116. Mary Ann Caws, "Seeing the Surrealist Woman: We Are a Problem," *Dada/Surrealism* 18 (1990): 11–16 (11).
117. Chadwick, *Women, Art, and Society*, 315.
118. Ibid., 311.

119. Olin, "Form, Meaning, and Expression in Landscape Architecture," 33.
120. Magallanes, "Landscape Surrealism," 228.
121. Valerie Fletcher, *Isamu Noguchi: Master Sculptor* (Washington, DC: Hirshhorn Museum and Sculpture Garden, Smithsonian Institution, 2004), 48.
122. Dominic McIver Lopes, *A Philosophy of Computer Art* (London; New York: Routledge, 2010), 3.
123. Antoine Picon, "Substance and Structure II: The Digital Culture of Landscape Architecture," Landscape Architecture's Core? *Harvard Design Magazine* no. 36 (2013): 124–129 (124).
124. Nick Chrisman, "Charting the Unknown: How Computer Mapping at the GSD became GIS," (Redlands, CA: ESRI, 2004), 5, accessed 15 May 2015, www.gsd.harvard.edu/gis/manual/lcgsa/HarvardBLAD_screen.pdf.
125. Paul A. Longley, Mike Goodchild, David J. Maguire, and David W. Rhind, "Geographic Spatial Modelling with GIS," *Information Systems and Science* (Hoboken, NJ: John Wiley, 2011), 403–423 (414).
126. Ibid., 417.
127. Jillian Walliss, Heike Rahmann, Zaneta Hong, and Jorg Sieweke, "Pedagogical Foundations: Deploying Digital Techniques in Design/Research Practice," *Journal of Landscape Architecture* 3 (2014): 72–83 (76).
128. Philip Belesky, "Processes and Processors," accessed 25 January 2016, http://philipbelesky.com/projects/processes-and-processors/.
129. Nadia Amoroso, *Digital Landscape Architecture Now* (London: Thames & Hudson, 2012), 12.
130. Sean Cubitt, "Analogue and Digital," *Theory, Culture & Society* 23 (2006): 250–253 (250).
131. Lopes, *A Philosophy of Computer Art*, 64.
132. Amoroso, *Digital Landscape Architecture Now*, 11.
133. George Hargreaves, "Foreword," *Digital Landscape Architecture Now,* ed. Amoroso, 7.
134. Lopes, *A Philosophy of Computer Art*, 49.
135. Bradley Cantrell and Wes Michaels, *Digital Drawing for Landscape Architecture: Contemporary Techniques and Tools for Digital Representation in Site Design* (Hoboken, NJ: John Wiley & Sons, 2010), 2.
136. David Berry, *Critical Theory and the Digital* (New York: Bloomsbury Academic, 2014), 19.
137. Cantrell and Michaels, *Digital Drawing for Landscape Architecture*, 14.
138. Ibid.
139. Walliss et al., "Pedagogical Foundations: Deploying Digital Techniques in Design/Research Practice," 74.
140. Ibid., 82.
141. Mario Carpo, *Algorithm and the Alphabet* (Cambridge, MA: MIT Press, 2011), 41.
142. Virgilio Verceloni, *European Gardens: An Historical Atlas* (New York: Rizzoli, 1990), 78.
143. Michel Conan, "Introduction," *Bourgeois and Aristocratic Cultural Encounters in Garden Art, 1550–1850*, ed. Michel Conan (Washington, DC: Dumbarton Oaks, 2002), 3.
144. Rafael Hierro Calleja, *Granada and the Alhambra*, trans. Nicola Jane Graham (Granada: Ediciones Miguel Sánchez, 2005), 41.
145. Karen M'Closkey, "Synthetic Patterns: Fabricating Landscapes in the Age of 'Green,'" *Journal of Landscape Architecture* (Spring 2013): 16–27 (26).
146. Berry, *Critical Theory and the Digital,* 126.
147. Amoroso, *Digital Landscape Architecture Now,* 216.
148. Gilles A. Tiberghien, "A Landscape Deferred," *Intermediate Natures: The*

Landscapes of Michel Desvigne, ed. Delphine Costedoat (Basel: Birkhäuser, 2009), 151–179 (173).

149. Ibid., 171.
150. Ibid., 173.
151. Andrea Hansen, "From Hand to Land: Tracing Procedural Artifacts in the Built Landscape," *Scenario 01: Landscape Urbanism*, eds. Sarah Kathleen Peck and Eliza Shaw Valk, Fall 2011.
152. Chrisman, "Charting the Unknown: How Computer Mapping at the GSD became GIS," 7.
153. Hansen, "From Hand to Land: Tracing Procedural Artifacts in the Built Landscape."
154. Christophe Girot, "Topology – A New Measure of Quality in Landscape Architecture," accessed 25 January 2016, http://girot.arch.ethz.ch/research/design-precision-topology/archives-design-precision-topology/topology-a-new-measure-of-quality-in-landscape-architecture.
155. Brett Milligan, "Decade Hillside: The Sigirino Depot," 6 June 2011, accessed 26 January 2016, https://freeassociationdesign.wordpress.com/2011/06/06/decade-hillside-the-sigirino-depot/.
156. David Beer, "Interview with David Berry on Digital Power and Critical Theory," *Theory, Culture, & Society,* 1 May 2014, accessed 26 January 2016, http://theoryculturesociety.org/interview-with-david-berry-on-digital-power-and-critical-theory/.
157. Hansen, "From Hand to Land: Tracing Procedural Artifacts in the Built Landscape."
158. Zafer Bilda and Halime Demirkan, "An Insight on Designers' Sketching Activities in Traditional versus Digital Media," *Design Studies* 24, no. 1 (2003): 27–50.
159. Karl Kullmann, "Hyper-realism and Loose-reality: The Limitations of Digital Realism and Alternative Principles in Landscape Design Visualization," *Journal of Landscape Architecture* 9, no. 3 (2014): 20–31 (22).
160. Noel van Dooren, "Speaking about Drawing," *Topos: The World of Landscape Architecture* 80 (2012): 43–54 (54).
161. Kullmann, "Hyper-realism and Loose-reality," 30.
162. Catherine Dee, "Plus and Minus: Critical Drawing for Landscape Design," *Thinking and Drawing: Confronting an Electronic Age*, ed. Marc Treib (Abingdon: Routledge, 2008), 60–71 (66).
163. Charles William Eliot, *General Principles in Selecting Public Reservations and Determining Their Boundaries, Boston Metropolitan Park System*, 1902.
164. Sun-Joo Shin, Oliver Lemon, and John Mumma, "Diagrams," *The Stanford Encyclopedia of Philosophy* (Winter 2014 Edition), ed. Edward N. Zalta, accessed 25 January 2016, http://plato.stanford.edu/archives/win2014/entries/diagrams/.
165. See Anita Berrizbeitia, "Geology and Temporality in Charles Eliot's Metropolitan Park System, Boston (1892–1893)," Special Issue on Time, *Studies in the History of Gardens and Designed Landscapes Quarterly* 34, no. 1 (2014): 38–51.
166. Bowring and Swaffield, "Shifting Landscapes in-between Times," 143.
167. Ibid., 145.
168. James Corner, "Eidetic Operations and New Landscapes," *Recovering Landscape: Essays in Contemporary Landscape Architecture*, ed. James Corner, (New York: Princeton Architectural Press, 1999), 152–169 (161).
169. Ibid., 164.
170. Timothy S. Murphy, "Gilles Deleuze," *Encyclopedia of Contemporary Literary Theory*, ed. Irena R. Makaryk (Toronto: University of Toronto, 2000), 288–290 (289).

171. Ibid.
172. Gilles Deleuze and Félix Guattari, *A Thousand Plateaus,* trans. Brian Massumi (Minneapolis: University of Minnesota Press, 1987), 5.
173. Ibid., 7.
174. Ibid., 16.
175. Ibid., 12.
176. Michel Foucault, *Discipline and Punish: The Birth of the Prison*, trans. Alan Sheridan (New York: Vintage Books, 1995), 211.
177. Gilles Deleuze, *Foucault* (New York: Continuum, 2006), 30.
178. Jakub Zdebik, *Deleuze and the Diagram: Aesthetic Threads in Visual Organization* (London: Bloomsbury Academic, 2012), 24.
179. Richard T. Forman, *Land Mosaics: The Ecology of Landscapes and Regions* (Cambridge: Cambridge University Press, 1995), 5.
180. Ibid., 245.
181. Van Dooren,"Speaking about Drawing," 53–54.
182. Lauren Manning, "Visualizing Information," *Scenario 01: Landscape Urbanism* (Fall 2011), ed. by Sarah Kathleen Peck and Eliza Shaw Valk, accessed 25 January 2016, http://scenariojournal.com/article/lauren-manning/.
183. Edward R. Tufte, "Explaining Magic," *Visual Explanations* (Cheshire, CT: Graphics Press, 1997), 54–72 (55).
184. Edward R. Tufte, "Layering and Separating," *Envisioning Information* (Cheshire, CT: Graphics Press, 1990), 53–65 (53).
185. Ibid., 63.
186. Edward R. Tufte, "Micro/Macro Readings," *Envisioning Information*, 37–51 (50).
187. Ibid., 151.
188. Edward R. Tufte, "Small Multiples," *Envisioning Information*, 66–79 (67).
189. Ibid., 76.
190. Edward R. Tufte, "Words, Numbers, Images – Together," *Beautiful Evidence* (Cheshire, CT: Graphics Press, 2006), 82–121 (120).
191. Edward R. Tufte, "Links and Causal Arrow," *Beautiful Evidence*, 64–81 (71).
192. Tufte, "Layering and Separating," 65.
193. Jacky Bowring and Simon Swaffield, "Diagrams in Landscape Architecture," *Diagrams of Architecture*, ed. Mark Garcia (Chichester: Wiley, 2010), 141–152 (150).
194. Corner, "Eidetic Operations and New Landscapes," 159.

术语表

加速透视 Accelerated perspective

加速透视技术用于有意夸大透视效果。例如，如果要夸大路径的深度，则可以在路径远离特定视点时缩小其宽度。由于对象在从视线中远去时会变小，因此与将路径宽度设计为保持不变时相比，这会使路径看起来更长。

用于第 2 章 空间实践：错觉空间

美学 Aesthetics

美学是艺术哲学，它考虑了各种艺术形式的形式品质、判断、态度和经验，包括建成环境和景观。美学在 18 世纪成为哲学辩论的话题，当时英国哲学家发展了品位理论。这些理论取代了自文艺复兴以来形成的美和比例的绝对标准。到了 20 世纪，美学研究包括欣赏艺术品时的态度或心态，以及审美体验的本质。今天，美学是一个不断发展的领域，涉及世界各地的众多艺术形式和实践。

用于引言；第 1 章 形式：形式主义；第 4 章 语言：类型学、语义学、符号论、结构主义；以及第 5 章 系统逻辑：系统论和控制论、基础设施、随机系统、图解

类比物 Analogon

类比物是让 - 保罗・萨特（1905—1980 年）的想象力理论中使用的术语。类比物是邀请你将其视为某物、某人或心理图像的表示的物理物质。通过想象过程，类比物占据了物理物质所代表的位置。例如，某人的照片可以临时替代某人，并促使你将对那个人的感受归因于照片。你知道照片不是那个人，但类比物邀请你做出这些联想。如果类比物涉及已故的人，则它们特别强大，这就是为什么经常看到人们将物理物质或类比物（该人的照片或她最喜欢的玩具）带到墓碑等纪念物的原因。

用于第 2 章 空间实践：现象学

影像变形 Anamorphosis

影像变形技术利用控制透视的规则来扭曲图像或景象。只有通过占据特定的有利位置或使用特殊的光学设备才能理解正确或预期的图像或景象。

用于第 2 章 空间实践：错觉空间

先锋派艺术 Avant-garde

从法语术语“前卫”演变而来（法国军队中领先于其他单位的单位），“先锋派”在 19 世纪首次用于描述打破传统艺术惯例以设想社会新未来的创新艺术。到 20 世纪中叶，先

锋派艺术被认为是媚俗艺术的替代品，媚俗艺术是廉价和花哨的艺术的德语名称，并且经常表现出夸张的多愁善感。先锋派艺术中一个持续的主题是它对打破规则、实验和原创性的坚持。

用于第 1 章 形式：干预；第 2 章 空间实践：空间构建；以及第 5 章 系统逻辑：随机系统

动物机器 Bête machine

动物机器是勒内・笛卡尔（Rene Descartes，1596—1650 年）提出的一种学说，他认为机器是解释非人类动物行为的恰当隐喻。笛卡尔相信这一点，因为他认为非人类动物缺乏自我存在的意识。对于笛卡尔来说，人类是唯一有自我意识的动物。

用于第 5 章 系统逻辑：系统论和控制论

二元 Binary

二元结构涉及两个相互对立的术语，例如高与矮。二元对立可以是矛盾的，例如开放与非开放，也可以是相反的，例如开放与封闭。符号学家阿尔吉尔达斯・朱利安・格雷马斯（Algirdas Julien Greimas，1917—1992 年）将矛盾和相反的二元对立发展为他的符号方阵的关键组成部分，他认为符号方阵提供了意义的基本结构。

用于引言；第 4 章 语言：符号论、结构主义、后结构主义；以及第 5 章 系统逻辑：随机系统、数字系统和图解

资产阶级公共领域 Bourgeois public sphere

社会学家、哲学家于尔根・哈贝马斯在他的著作《公共领域的结构转型：对资产阶级社会类别的探究》（*The Structural Transformation of the Public Sphere: An Inquiry into a Category of Bourgeois Society*）中发展了“资产阶级公共领域”一词。哈贝马斯对资产阶级或中产阶级作为公众聚集在一起的空间进行了历史社会学的描述。他观察到这些类型的空间，如沙龙和咖啡馆，在 18、19 世纪的英国、法国和德国的扩散。这些社会空间是政治和艺术辩论的场所，但根据哈贝马斯的说法，它们随着资本主义经济的扩张、财富分配的不均和媒体的兴起而产生变化。西方文化的这些变化，特别是将政治问题的交流转移到大众媒体和广告上，削弱了中产阶级在公共领域的贡献。

用于第 1 章 形式：干预；以及第 5 章 系统逻辑：随机系统

括号 Bracket

当你走在街上时，你会体验到人、动物、实物、其他人、感觉和思想，你可能认为它们只是在那里——存在。你不会质疑它们是否存在或它们到底是什么。换句话说，你把它们当作表面价值。人行道、树木、邮箱和松鼠在你脚边奔跑是与你分开的现象，它们在你走在街上之前就已经存在了。哲学家埃德蒙・胡塞尔（Edmund Husserl，1859—

1938 年）称这是一种自然的理论态度，他在科学探究中批评了这一立场。胡塞尔试图通过采用他的现象学技术（称为打括号）来打破这种态度。对于胡塞尔来说，打括号意味着暂停经验中的判断，以便感知和描述外部现实的对象。就像写作中的括号将一个单词与句子的上下文隔离开来一样，现象学中的括号可以提炼现象的本质或共同结构。

用于第 2 章 空间实践：现象学

拼合 Bricolage

对于克洛德·列维－施特劳斯（Claude Lévi-Strauss，1908—2009 年）来说，拼合是指“修补匠”的思维过程，他使用手头的任何东西来创造一些东西。相比之下，工程师使用精确的材料和计算来构建某些东西。

用于第 3 章 材料：后果主义

资本 Capital

资本指的是货币，但从马克思主义学说理解，资本是产生更多财富的财富。例如，如果一个资本家拥有一个矿场，他不仅拥有矿场产生的钱，还拥有土地、与矿场相关的结构、机器和雇用的矿工——这就是他的资本。在这个马克思主义的定义中，资本是一个不断扩张的系统。通过雇用矿工使用土地的机器和原材料来创造剩余资金，他能够产生更多的资本。文化资本与社会学家和哲学家皮埃尔·布迪厄（Pierre Bourdieu）的工作有关，它指的是促进社会流动性的非货币资产。货币资产是你手头的经济资源，而文化资本需要你获得的知识、技能和教育。例如，你可能会获得大学学位，这可能会为你开辟高中毕业可能无法实现的职业机会。

用于引言

商品化 Commodification

商品化是一个马克思主义术语，指的是将以前未商业化的关系转变为涉及买卖的商业关系。因此，它是将某物转化为商品。体育经常被描述为正在经历商品化的过程。虽然体育运动最初被当作乐趣和锻炼，但在许多情况下，它已经转变为价值数百万美元的商业。

用于第 2 章 空间实践：竞争性空间

批评实践 Critical practices

在风景园林和建筑中，批评实践是将批评作为设计生成过程的一部分的方法。换句话说，设计成为批评的工具。玛莎·施瓦茨在她的百吉饼花园中使用百吉饼作为材料（图 4.24）就是一个例子。她的设计回应是对景观设计师将植物作为所有花园主要材料的批评。批判实践可以追溯到 20 世纪 70 年代建筑师豪尔赫·西尔维蒂（Jorge Silvetti）的“来自内部的批评”概念（见第 4 章 语言：类型学）。这种方法是风景园林和建筑中回归语言和类型学的一部分。三十年后，建筑师斯坦·艾伦（Stan Allen）提出，理论驱动的批判实践应该是面向未来的，因为他批评类型学过于关注过去，不适合解决 21 世纪的城市问题。

用于第 3 章 材料：物质性

辩证法 Dialectic or dialectical

辩证法源自希腊语动词“交谈”，可以追溯到公元前五世纪的哲学家苏格拉底（公元前 470 年—公元前 399 年）。然而，正是乔治·威廉·弗里德里希·黑格尔（Georg Wilhelm Friedrich Hegel，1770—1831 年）将辩证法作为一种统一对立面的思维模式，影响了卡尔·马克思（1818—1883 年）和弗里德里希·恩格斯（1820—1895 年）及其辩证唯物主义理论。与黑格尔同时代的约翰·戈特利布·费希特（Johann Gottlieb Fichte，1762—1814 年）提供了辩证法最著名的解释之一：首先将一个论点与其对立面调和起来，以产生综合。

用于引言；第 3 章 材料：物质性、后果主义；第 4 章 语言：语义学、后结构主义

话语 Discourse

话语是指知识形成和实现的方式。哲学家米歇尔·福柯（Michel Foucault，1926—1984 年）对该术语的使用涉及特定的语言社区，例如监狱系统或医学领域，它们不仅构建了共享的语言和思维方法，而且还定义了知识的界限。这就是为什么福柯将话语视为权力——话语构成了知识的领域以及那些被认为拥有知识的社区。

用于第 4 章 语言：语义学、后结构主义

话语实践 Discursive practices

在米歇尔·福柯对这个词的理解中，话语实践与话语的操作有关。它们是文化上特定的程序、仪式和规则的集合，用于生产和分配不同形式的知识和权力，以及身份的创造。

用于第 3 章 材料：物质性；第 4 章 语言：后结构主义；以及第 5 章 系统逻辑：图解

布扎（高等美术学院）École des Beaux-Arts

虽然该术语起源于巴黎国立美术学院，但它也指主要在 1893 年至 1929 年间（在芝加哥哥伦比亚博览会和大萧条之间）实践和教授的风景园林和建筑学思想流派。反映高等美术学院传统的景观设计复兴了古希腊和罗马、中世纪、文艺复兴时期和巴洛克时代欧洲的旧风格。这些样式也可以在一个设计中混合使用。

用于第 1 章 形式：形式主义

移情 Empathy

移情的含义随着时间的推移而改变。例如，今天，移情通常等同于同情，或者我们认同

他人感受的能力。当它在 20 世纪中叶最初被引入设计行业时，移情激发了景观设计师通过他们的设计表达感受和情感。例如，场地特征的不对称布局被认为可以在眼睛中产生运动以及自由和运动感。

用于第 2 章 空间实践：空间构建

交换价值 Exchange-value

交换是将某些东西换成其他东西的做法，条件是你将获得等价物作为回报。在交换价值社会中，这种交换是由货币居中实现的。

用于第 2 章 空间实践：竞争性空间

存在主义 Existentialism

存在主义不是一个有组织的哲学运动；而是一些哲学家和思想家被确定为存在主义者，包括索伦·克尔凯郭尔（1813—1855 年），让 - 保罗·萨特（1905—1980 年），西蒙娜·德·波伏娃（1908—1986 年）和阿尔伯特·加缪（1913—1960 年）。存在主义者所讨论的主题包括存在的荒谬性的后果以及我们对自由的共同承诺。存在主义者也认为，哲学不应该被视为客观科学或一种遥远的沉思形式，因此许多存在主义者通过文学“活出”了他们的哲学。因此，存在主义既是一种哲学上也是一种文学上的努力。例如，在萨特的小说《恶心》（*Nausea*）中，30 岁的主人公安托万·罗昆廷（Antoine Roquentin）了解到他的存在是多余的。他看着一棵栗子树的根在没有他或没有理由的情况下生长，意识到了这一点。这种经历带来了恶心，因为他意识到他的存在就像树根一样是荒谬的。恶心揭示了这种存在状态，萨特选择了恶心这个词，因为它是一种无法控制的感觉，而不是一种想法。

用于第 4 章 语言：结构主义；第 5 章 系统逻辑：数字系统

美艳僵尸 Exquisite corpse

在超现实主义游戏《美艳僵尸》中，每个玩家在一张纸上绘制或粘贴一个图像，然后将其折叠，不让下一个玩家看见，下一个玩家在将其传递给下一个人之前也做同样的动作。完成后，展开整张纸可以看到共同完成的图像。这款游戏因其强调机会、不可预测性和群体互动而受到超现实主义者的推广。

用于第 5 章 系统逻辑：随机系统

被迷恋的商品 Fetishized commodity

“恋物癖”一词起源于人类学。西方人类学家用“恋物癖”来描述生活在几内亚的非洲人神圣的符咒和其他神奇物品。在马克思主义思想中，“商品”一词是指交换价值社会的资本主义体系中的货物、器具和其他商业产品（尽管现在“商品”是指在市场上交易的食品和资源）。强调交换价值是重要的，因为在交换价值社会中，生产商品所需的劳动不一定是其价值的固有部分。劳动和商品之间经常被剥削的关系是隐藏的。将“迷恋”与“商品”配对，就像符咒拥有其超出物理存在所能检测到的力量一样，被迷恋的商品被视为拥有超越其固有物质的东西。想想 iPhone 拥有的狂热追随者。

用于第 5 章 系统逻辑：随机系统

花园式 Gardenesque

花园式由园丁和作家约翰·克劳迪斯·劳登（John Claudius Loudon，1783—1843 年）创造，指的是一种强调展示异国情调的标本植物的种植设计理论。这些植物被放置在独特的形状排列中，例如圆形种植床，使人们能够最好地观察每种植物。花园式风格在某种程度上是对 19 世纪古文物学家安托万 - 克里索斯托姆·卡特勒梅尔·德·昆西（Quatremère de Quincy，1755—1849 年）的批评的反映，德·昆西指出看起来与自然所能产生的东西没有区别的景观花园不应该被视为艺术。因此，花园式花园中确定的种植床和异国情调标本向观众表明其作为一种艺术形式的地位。

用于第 3 章 材料：后果主义

谱系学 Genealogy

谱系学是米歇尔·福柯（1926—1984 年）对历史的批判方法。他提出谱系学作为对过去的非历史描述（例如通过类型学）或发展轨迹（如大多数历史教科书所见证）的替代方案。福柯认为，这些历史描绘了一种进步的幻觉，认为这是时间和地点的必然结果，最终使历史书写者的观点享有特权。例如，风景园林史通常呈现给北美学生以欧洲为中心的观点，其想法是，随着政治霸权在地中海、欧洲、英国和后来的美国转移，景观和花园也不可避免地如此发展。相比之下，谱系学构建了可用于批判现在的叙事。

用于第 4 章 语言：后结构主义

场所精神 Genius loci

一个拉丁术语，场所精神通常用于描述特定地方的气氛。最初，这个词被刻在罗马祭坛上，致力于一个地区的保护精神。英国哲学家和作家后来在 18 世纪恢复了这个词。例如，第三代沙夫茨伯里伯爵安东尼·阿什利·库珀（Anthony Ashley Cooper，1671—1713 年）在《道德家》（*The Moralist*，1709 年）中使用了“场所精神”一词来描述自然、美、道德真理之间的关系。场所精神也表现在这一时期的景观设计中。例如，前往英格兰北约克郡霍华德城堡的入口车道没有进行平整处理。相反，它随着丘陵地形上下起伏，以便游客可以感受到古老的地貌或场所精神（图 6.1）。

用于第 4 章 语言：类型学

图 6.1
霍华德城堡的入口车道，英格兰北约克郡

哈哈 Haha

哈哈是一个垂直屏障，有助于从房子里不间断地看到风景。它可以使用挡土墙或陡坡形成。安东尼 - 约瑟夫・德扎利埃・德・阿根维尔（Antoine-Joseph Dezallier d'Argenville，1680—1765 年）在他的《造园的理论与实践》（*La Theorie et la Pratique du Jardinage*，1709 年）中首次描述了哈哈。哈哈在英国 18 世纪的景观花园中被广泛使用，你可以从房子向外看，放牧的动物成为风景的一部分，但由于垂直障碍它们无法靠近房子。

用于第 3 章 材料：材料真实性

享乐主义 Hedonism

享乐主义描述了一种与古典功利主义相关的价值观，认为唯一对自己有益的东西就是快乐或幸福。所有的商品都是快乐或最终导致快乐的手段。例如，古典功利主义者杰里米・边沁（Jeremy Bentham，1748—1832 年）认为快乐是善的内在特征，而坏则与痛苦有关。在 20 世纪，哲学家 G. E. 摩尔（G. E. Moore, 1873—1958 年）批评了古典功利主义中提出的享乐主义价值理论。他相信人应向善，但认为除了单纯的快乐之外，善应该是多元的。

用于第 3 章 材料：后果主义

霸权 Hegemony

霸权描述了统治阶级支配从属阶级的社会和政治关系。这种支配是如此彻底，以至于统治阶级的世界观被视为自然和必然的文化规范，而不是文化建构和可争议的。从这个意义上说，霸权的力量来源于它的隐形性，因为当一个阶级成为统治者时，接受这种霸权关系就成为常识。

用于第 1 章 形式：形式生成；第 2 章 空间实践：空间构建；第 4 章 语言：后结构主义；以及第 5 章 系统逻辑：随机系统

解释学 Hermeneutics

参考希腊神赫尔墨斯，他向凡人传递和破译了从神圣到凡人的信息，解释学是一门解释的学问。虽然解释学最初关注的是圣经文本的解释，但到了 19 世纪它涉及对非宗教文本的分析以确定作者的意图。在 20 世纪，马丁・海德格尔（Martin Heidegger，1889—1976 年）、汉斯・格奥尔格・伽达默尔（Hans Georg Gadamer，1900—2002 年）和保罗・里科（Paul Ricoeur，1913—2005 年）等哲学家对解释学提供了不同的见解。例如，海德格尔声称现象学是解释学，这意味着现象学的目的是解释经验，通过高度结构化的解释学方法，海德格尔提出可以揭示最原始的认知类型。或者，里科认为解释会根据读者的文化背景而有所不同。今天，解释学适用于书面文本以外的一系列人工制品，包括景观。詹姆斯・科纳（James Corner）在他的文章《论理论 II：当代理论的三个暴政和解释学的替代方案》（"A Discourse on Theory II：Three Tyrannies of Contemporary Theory and the Alternative of Hermeneutics"）中提出了解释学作为风景园林理论和实践的一种方法。通过探索情境解释和隐喻，科纳认为景观设计师可以克服实证主义、范式的使用和先锋派艺术，他认为这是限制想象力过程的暴政。

用于第 2 章 空间实践：现象学

启发法 Heuristic

启发法是一种经验法则方法或快捷方式。你可能知道你自己步幅的距离，例如一米长。然后可以将这些知识用作启发法，通过步行和计算步数来确定街道的长度。

用于第 2 章 空间实践：空间构建；以及第 5 章 系统逻辑：数字系统、图解

图像学 Iconology

图像学首先由欧文・潘诺夫斯基（Erwin Panofsky）提出，是图像志（iconography）的替代品，后者涉及历史艺术的视觉图像和符号的识别、描述和分类。图像学将这种分析更进一步，将艺术作品置于其文化和历史背景下，并确定作品如何阐述国家、宗教、时期或阶级的基本概念。使用图像学，可以像对待文本等其他历史文献一样对待艺术。文学评论家 W. J. T. 米切尔后来在《图像学：图像、文本、意识形态》（*Iconology: Image,*

Text, Ideology）一书中将图像学作为他对图像的意识形态分析的一部分。

用于第 4 章 语言：语义学

唯心主义 Idealism

在哲学中，唯心主义认为现实从根本上是精神建构的，现实的这种非物质方面优先于现实的物质维度。例如，你正在读这本书时，你会看到书、页面上的文字和图像。你可以触摸书或翻页等。这些感知都发生在你的头脑中，在那里形成了这本书的形象。唯心主义者会断言，除了你的直接感知之外，没有所谓的外部客观世界，因为现实发生在你的头脑中。唯物主义者却不会同意，而是认为在你的头脑之外有一本独立的书的客观现实。

用于第 3 章 材料：物质性

意识形态 Ideology

意识形态包括个人或群体所持有的有意识但往往是无意识的共同信仰和价值观。当评论家使用意识形态一词时，它通常被用来揭示这些信仰是不真实的。与霸权一样，意识形态的力量在于其隐形性。意识形态信仰通常被视为常识，很少受到争议。在 20 世纪的发展过程中，许多人对意识形态进行了理论化，马克思主义哲学家路易斯・阿尔都塞（Louis Althusser，1918—1990 年）认为，没有意识形态就无法生活，它是生活中不可避免的事实。在他的意识形态国家机器理论中，认为意识形态代表了你和你的物质存在之间的想象关系，它是通过某种类型的国家机器，如宗教、学校或媒体来实现的。他还认为，意识形态在日常互动中以更微妙的方式运作。例如，分析语言可能会揭示隐藏的假设。当有人使用“自然”一词时，例如，“因为你是女性，你不擅长竖向和排水是很自然的”，这句话揭示了言说者没有意识到的对性别和技术能力的某些看法，它们通过语言的使用被揭示出来。

用于引言；第 2 章 空间实践：空间构建、竞争性空间；第 3 章 材料：物质性；第 4 章 语言：后结构主义；以及第 5 章 系统逻辑：随机系统、数字系统

现场 In-situ

来自拉丁语，字面意思是“现场”。如果你进行景观现场设计，这意味着你是到现场进行设计工作，而不是回到工作室或办公室进行设计工作。

用于引言；以及第 2 章 空间实践：空间构建

媒介特异性 Medium-specificity

由艺术评论家克莱门特・格林伯格（Clement Greenberg）提出，他强调作品的材料是该作品的决定性因素，媒介特异性扩展了早期对绘画的批评，例如对艺术家笔触的研究。格林伯格的媒介特异性倡导强调平面的绘画，而不是试图创造深度错觉的绘画。强调绘

画画布平整度的绘画专门表达了绘画与雕塑等其他艺术相比的独特性。

用于第 3 章 材料：物质性；第 4 章 语言：结构主义

隐喻 Metaphor

隐喻是一种通过称呼某物为另一物来描述某物的技巧。通常，这两个术语彼此相距甚远，但有一些共同的特征。想象一下你的工作室和猪圈；例如，你可以说，“我应该清理这个猪圈。”你并不是说工作室实际上是一群长着大鼻子的杂食性驯养哺乳动物的家园，而是想说工作室一团糟。隐喻的目标是将一个人、一个地方或表达的特质转移到另一个人、地点或表达中，以增强读者或听众的理解。也可参见“提喻”。

用于第 4 章 语言：语义学、结构主义；以及第 5 章 系统逻辑：系统论和控制论、随机系统、图解

仿效 Mimesis

仿效可以追溯到柏拉图和亚里士多德的作品，它主要关注艺术仿效现实的方式。例如，亚里士多德认为悲剧中的戏剧是对生活的仿效。在 20 世纪，随着不试图表征三维现实的绘画的出现，仿效受到质疑。1964 年，当安迪·沃霍尔（Andy Warhol）创作布里洛盒子 (Brillo boxes) 时，关于仿效的讨论转向雕塑。沃霍尔的艺术作品是一系列由彩绘胶合板制成的盒子，看起来非常像超市里真正的清洁垫盒。事实上，当布里洛盒子被送往加拿大展出时，海关拒绝按照艺术品的特殊税收征税，而是将它们当作商品征税。哲学家亚瑟·丹托（Arthur Danto）称之为“仿效的悖论”，他质疑是什么使某物成为艺术。

用于第 1 章 形式：形式主义；第 3 章 材料：后果主义；第 4 章 语言：语义学；以及第 5 章 系统逻辑：随机系统

记忆术 Mnemonic

源自希腊语 mnemonikos，意思是“记忆或与记忆有关”，记忆术工具可以是有助于记忆的字母、想法、押韵和联想的模式。你可能已经为你的植物识别课程开发了一些助记技术。

用于第 2 章 空间实践：记忆和空间

新康德主义者 Neo-Kantian

被称为新康德主义者的哲学家、理论家和艺术评论家是指那些一定维度上复兴了伊曼纽尔·康德（Immanuel Kant，1724—1804 年）所阐述的哲学的人。康德哲学的复兴可以追溯到 19 世纪的德国，但最近在 20 世纪，艺术评论家克莱门特·格林伯格（Clement Greenberg）将他的现代艺术概念与康德等同起来。

用于第 4 章 语言：语义学

本体论 Ontology

在哲学中，本体论考察了存在的事物以及构成存在的事物的基本特征和关系是什么。该术语的后一种含义，是什么使某物成其所是，这是理论要解决的问题。因此，风景园林的本体论理论可能会思考是什么使某物成为风景园林的作品。

用于第 1 章 形式：形式主义；第 3 章 材料：物质性；第 4 章 语言：语义学、符号论

东方主义 Orientalism

东方主义由爱德华・W. 赛义德（Edward W. Said）提出，关注的是西方对东方的误读，它与“他者”一词密切相关。对于萨义德来说，东方主义强化了一种以欧洲为中心的偏见，把阿拉伯和伊斯兰文化中的不同群体混为一谈，认为是一个没有区别的他者。

用于第 4 章 语言：后结构主义

他者 Other

在后结构理论中，“他者”一词用于描述被排除在主导权力集团之外或边缘化的个人或社区，他们的身份经常被西方复制为独立实体，并通过话语实践，特别是刻板印象来解释。

用于第 2 章 空间实践：空间构建、竞争性空间；第 4 章 语言：结构主义、后结构主义；以及第 5 章 系统逻辑：随机系统

五点梅花形排法 Quincunx

quincunx 源自拉丁语 quinque（五）和 uncia（第十二），最初指的是罗马货币，十二分之五。它也指传统上用于在果园中布置树木的种植模式。该图案类似于骰子上的五个面，四个角由点形成一个正方形，正方形中心有一个点。以这种模式间隔种植可以为树木提供充足的阳光以及收获的通道（图 6.2）。

用于第 2 章 空间实践：空间构建

还原论 Reductionism

科学中的还原论声称，一个科学领域使用的概念、解释和方法可以用来阐明另一个科学领域。使用物理学来描述生物现象就是一个例子。

用于第 5 章 系统逻辑：系统论和控制论

启示性景观 Revelatory landscapes

1998 年，《景观杂志》特刊刊登了“生态启示设计：自然构造 / 自然揭示”展览。由布伦达・布朗（Brenda Brown），特里・哈克尼斯（Terry Harkness）和道格拉斯・约翰斯顿（Douglas Johnston）主持和编辑。展览将设计设想为一种揭示景观中可能不可见或无法识别的自

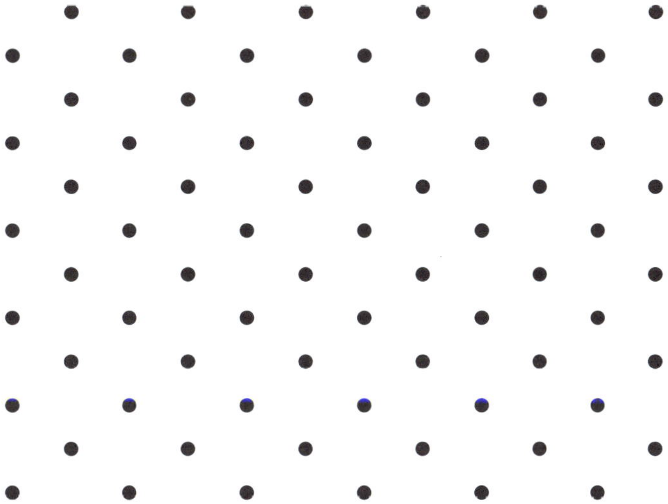

图 6.2
五点梅花形排法，公有领域版权

然系统和文化实践方面的途径。设计的目的是揭示这些系统或实践。启示性景观的一个早期例子是亚历山大·切梅托夫（Alexandre Chemetoff）在维莱特公园的竹园。在这里，切梅托夫揭示了通常隐藏在公园下方的基础设施（图 6.3）。

用于第 1 章 形式：功能

图 6.3
竹园（1987 年），亚历山大·切梅托夫，维莱特公园，法国巴黎

符号方阵 Semiotic square

格雷马斯的符号方阵是意义如何通过二元对立构建的视觉逻辑。相反的前提项 S_1 和 S_2 通常由水平运行的直线表示 (图 6.4) 。

图 6.4
第一步符号方阵

矛盾否定项（用单词 not 表示否定的含义）通常位于正方形的对角线上（图 6.5）。

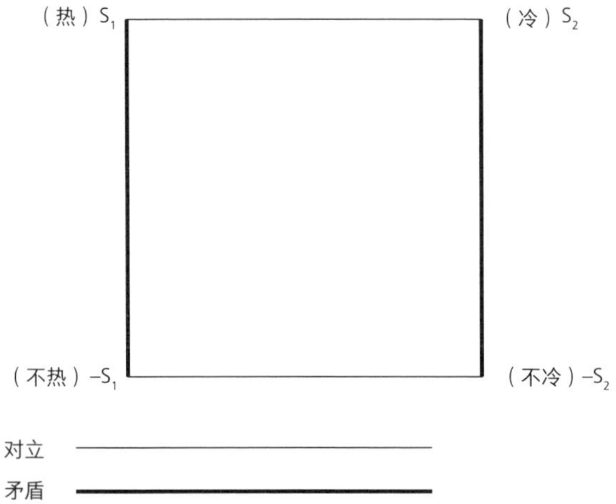

图 6.5
第二步符号方阵

通常垂直方向形成有时被称为互补或暗示的关系，意思是热的东西意味着它不冷，是一种互补关系。同样，冷的东西意味着它不热（图 6.6）。

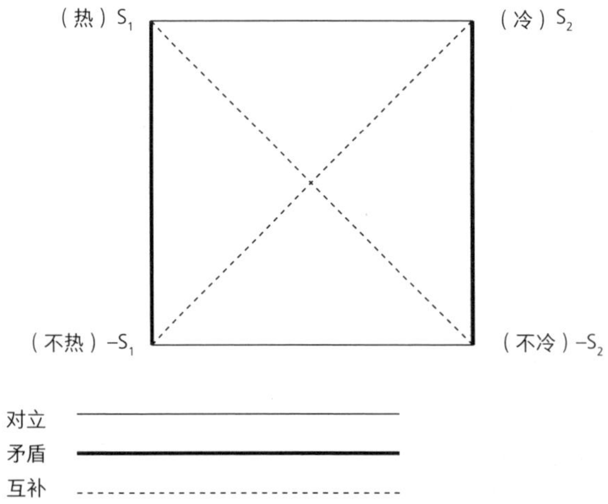

图 6.6
第三步符号方阵

用于第 4 章 语言：结构主义

序列性 Seriality

在极简主义艺术中，序列性涉及等效物体或材料的非层级重复，以形成图案和图案的并置。由彼得 · 沃克（Peter Walker）借鉴到风景园林中，序列性是指物体的类似重复，在视觉上统领环境。

用于第 1 章 形式：形式主义；以及第 5 章 系统逻辑：随机系统

情境主义国际 Situationist International, SI

情境主义国际是 20 世纪 50 年代后期欧洲艺术家和知识分子之间形成的联盟，他们试图打破消费文化的奇观。他们的努力在 1968 年 5 月的起义中达到高潮，当时示威、罢工以及对法国大学和工厂的占领几乎使这个国家陷入了瘫痪。

用于第 5 章 系统逻辑：随机系统

升华 Sublimation

西格蒙德 · 弗洛伊德（Sigmund Freud）的理论，升华意指无意识地将社会上通常被认为是不合适的冲动疏导为社会可接受的实践形式，例如艺术。

用于第 4 章 语言：类型学

提喻 Synecdoche

提喻是一种文学手法，它用事物一部分的名字来指代整个事物。例如，“ 帆 ”一词经常被用来指代整艘船。因此，帆是船的提喻，而从字面上看，船帆只包括船的一个方面。提喻的目的是为常见的物体和环境赋予更深层次的意义。转喻经常与提喻混淆，但转喻被用来表达一个词的众所周知的特征，但不一定是它所指的事物的一部分。例如，好莱坞这个词被用作美国电影业的转喻词。另请参阅“ 隐喻 ”。

用于第 1 章 形式：形式主义

白板 Tabula rasa

该术语从拉丁语翻译为“ 空白石板 ”，指的是古代和中世纪时期用于做笔记的蜡板。白板通常由两块用皮革带连接的木板组成（如书籍装订）。将薄薄的蜡层嵌入每块木板中，为铁笔创建书写表面。通过融化蜡，你可以擦除笔记并在空白石板上重新开始。白板与哲学家约翰 · 洛克（John Locke）在《关于人类理解的论文》（*An Essay Concerning Human Understanding*）中对儿童心灵的概念有关。在 20 世纪，白板被用来描述景观设计师和建筑师将一个地点视为一张白纸，忽略了它的历史或现状条件。

用于第 3 章 材料：重写本

构造学理论 Tectonic theory

构造学最初涉及塑造地球表面结构和特性的过程，以及它如何随时间变化。肯尼斯·弗兰姆普顿在他的著作《建构文化研究：论 19 世纪和 20 世纪建筑中的建造诗学》（*Studies in Tectonic Culture: The Poetics of Construction in Nineteenth and Twentieth Century Architecture*）中借用了这一术语。他认为建筑师使用的材料和他们将这些材料组合在一起的方法可以反映建筑理念。弗兰姆普顿没有将建筑作为一种符号，一种对生活的抽象，而是将建筑作为日常生活中遇到的建筑诗学。

用于第 2 章 空间实践：空间构建；第 3 章 材料：物质性

目的论 Teleology

目的论一词是希腊语 telos(目的) 和 logos(理性) 的组合，是对事物最终目的的解释。关于为什么杯子有把手的目的论解释是：它使你能够在不烫伤手的情况下拿起杯子。手柄的形状和大小适合你的手，作为杯子本身的凸出部分，其表面比装有热咖啡的杯子部分温度更低。因此，这解释了杯子的最终目的——帮助你喝咖啡。

用于第 3 章 材料：物质性

错视画 Trompe l'oeil

在法语中，“trompe l'oeil”一词的意思是欺骗眼睛。它是一种用于制造视错觉的技术，例如使二维作品看起来是三维的。这种类型的视觉错觉在绘画和壁画中很常见，它在花园设计中也有悠久的历史，现存的例子可以追溯到公元 79 年庞贝和赫库兰尼姆的庭院花园。

用于第 2 章 空间实践：错觉空间

比喻 Trope

比喻一词是一种修辞手段，其中单词的使用方式与其标准用法不同。比喻的例子包括讽刺、隐喻、转喻、提喻。后结构主义者将比喻定义为反复出现的、约定俗成的想法或表达想法的方式。伊丽莎白·K. 迈耶 (Elizabeth K. Meyer) 对风景园林实践中反复出现的二元思维的批判运用了比喻的方法。

用于第 4 章 语言：符号论、结构主义

功利主义 Utilitarianism

作为一种后果主义，功利主义是一种伦理理论，它认为道德上正确的行为是产生最大善的行为。功利主义是后果主义的一种形式，因为它将行为的正确性和错误性完全置于选择一种行为而不是另一种行为的结果或后果上。杰里米·边沁（Jeremy Bentham，1748—1832 年）和约翰·斯图尔特·密尔（John Stuart Mill，1806—1873 年）将功利主义（又称为古典功利主义）正式化，作为一种独特的规范伦理，将善与快乐和幸福联系起来。在古典功利主义中，行动、政策或规则的效用应该指向为大多数人创造最大的幸福。

用于第 3 章 材料：后果主义

乡土的 Vernacular

乡土景观通常不是设计师创作的，而是基于习惯、文化传统或个人偏好形成。它们通常是国内的，比如你的叔祖父的菜园，或者它们可以是大规模的和功能要求的产品，比如农业景观。最初用于描述不同国家的普通人所说的方言，约翰·布林克霍夫·杰克逊 (John Brinckerhoff Jackson) 在他的书《发现乡土景观》(*Discovering the Vernacular Landscape*) 中将方言的概念扩展到景观研究中。

用于引言；第 4 章 语言：类型学；第 5 章 系统逻辑：系统论和控制论

参考文献

Abrahamson, Daniel M. "Make history not memory." Special issue on Constructions of Memory, *Harvard Design Magazine* no. 9 (Fall 1999): 78–83.

Adams, Henry. "Is a 'Garden' the world's greatest new artwork? Francois Abelanet's extraordinary turf 'sculpture' on a Paris plaza epitomizes a grand tradition of artful illusion." *The Smithsonian*. Available online at www.smithsonianmag.com/arts-culture/is-a-garden-the-worlds-greatest-new-art-work-949342/?no-ist. Accessed 28 May 2015.

Adamson, Joseph. "Différence." *Encyclopedia of Contemporary Literary Theory*, edited by Irena R. Makaryk. Toronto: University of Toronto, 2000.

Aislabie, John. *Oxford Dictionary of National Biography*. Available online at www.oxforddnb.com/view/printable/252. Accessed 11 July 2014.

Aldred, Oscar. "Time for fluent landscapes." In *Conversations with Landscape*, edited by Karl Benediktsson and Katrin Anna Lund. Farnham: Ashgate, 2010.

Alexander, Larry and Michael Moore. "Deontological ethics." *The Stanford Encyclopedia of Philosophy* (Spring 2015 Edition), edited by Edward N. Zalta. Available on line at http://plato.stanford.edu/archives/spr2015/entries/ethics-deontological/. Accessed 21 January 2016.

Allen, Douglas C. "Tanner Fountain." In *Peter Walker: Experiments in Gesture, Seriality, and Flatness*, edited by Linda L. Jewell. Cambridge, MA: Harvard University Graduate School of Design, 1990.

Allen, Stan. "Introduction: practice vs. project." In *Practice: Architecture, Technique and Representation*. Amsterdam: G+B Arts International, 2000.

——. "Points and lines." *SCI-Arc Media Archive*, 24 February 1999. Available online at http://sma.sciarc.edu/video/stan-allen/. Assessed 21 January 2016.

Amoroso, Nadia. *Digital Landscape Architecture Now*. London: Thames & Hudson, 2012.

Andersson, Thorbjörn. "Erik Glemme and the Stockholm park system." In *Modern Landscape Architecture: A Critical Review*, edited by Marc Treib. Cambridge, MA: MIT Press, 1993.

ArchDaily. "New design for Eduard-Wallnöfer-Platz public square / LAAC Architekten + Stiefel Kramer Architecture," 2 August 2011. Available online at www.archdaily.com/?p=155050. Accessed 7 May 2015.

Arnold, Darrell. "Systems theory: a mixed theory." In *Traditions of Systems Theory: Major Figures and Contemporary Developments*, edited by Darrell Arnold. New York: Routledge, 2014.

Bain, Carl E., Jerome Beaty, and J. Paul Hunter. *The Norton Introduction to Literature*, third edition. London: W.W. Norton, 1981; 1973.

Baker, Kenneth. "Richard Serra and the materiality of sculpture." *SFGATE*, 11 April 2010. Available online at www.sfgate.com/entertainment/article/Richard-Serra-and-the-materiality-of-sculpture-3267846.php. Accessed 3 June 2015.

Ball, David, Tim Gill, and Bernard Spiegal. *Managing Risk in Play Provision: Implementation Guide*. London: Play England, 2012.

Bargmann, Julie. "Dirt Studio's Brooklyn Navy Yard Visitors Center." Available online at www.dirtstudio.com/#bny. Accessed 21 January 2016.

Barnes, Hazel E. "Sartre's ontology: the revealing of making and being." In *The Cambridge Companion to Sartre*, edited by Christina Howells. Cambridge: Cambridge University Press, 1999.

Baross, Zsyzsa. "Poststructuralism." *Encyclopedia of Contemporary Literary Theory:*

Approaches, Scholars, Terms, edited by Irene R. Makaryk. Toronto: University of Toronto Press, 2000.
Barthes, Roland. *Mythologies*, translated by Annette Lavers. New York: Hill and Wang, 2001; 1957.
——. *Elements of Semiology*, translated by Annette Lavers and Colin Smith. New York: Hill and Wang, 1968.
——. *Writing Degree Zero*, translated by Annette Lavers and Colin Smith. New York: Editions du Seuil, 1953; 1968.
Basalla, George. "Transformed utilitarian objects." *Winterthur Portfolio* 17, no. 4 (1982): 183–201.
Bataille, Georges. "Formless," translated by Allan Stoekl with Carl R. Lovitt and Donald M. Leslie Jr. In *Georges Bataille: Vision of Excess. Selected Writings, 1927–1939.* Minneapolis: University of Minnesota Press, 1985.
Beardsley, John. "Hidden in plain view: the land art of Maya Lin." In *Maya Lin: Systematic Landscapes*. Seattle: Henry Art Gallery, University of Washington, 2006.
Beer, David. "Interview with David Berry on digital power and critical theory." *Theory, Culture, & Society*, 1 May 2014. Available online at http://theoryculturesociety.org/interview-with-david-berry-on-digital-power-and-critical-theory/. Accessed 26 January 2016.
Bélanger, Pierre. "Landscape infrastructure, excerpt from 'Infrastructural Ecologies: Fluid, Biotic, Contingent.'" Landscape Architecture's Core? *Harvard Design Magazine* no. 36 (2013): 154–157.
——. "Landscape as infrastructure." *Landscape Journal* 28, no. 1 (2008): 79–95.
Belesky, Philip. "Processes and processors." Available online at http://philipbelesky.com/projects/processes-and-processors/. Accessed 25 January 2016.
Bell, Clive. *Art*. London: Chatto & Windus, 1914.
Bell, Simon. *Landscape: Pattern, Perception, and Process*. New York: E & FN Spon, 1999.
Bellestri, Tani E. "Utilitarianism." *Green Issues and Debates: An A-to-Z Guide*, edited by Howard S. Schiffman and Paul Robbins. Thousand Oaks, CA: Sage, 2011.
Belzec Memorial. Available online at www.deathcamps.org/belzec/memorial.html. Accessed 3 June 2015.
Bender, Brenda. "Contested landscapes: medieval time to present." In *Material Culture: Critical Concepts in the Social Sciences*, edited by Victor Buchli. London: Routledge, 2004.
Benjamin, Walter. "Surrealism: the last snapshot of the European intelligentsia." In *Modernism: An Anthology*, edited by Lawrence Rainey. Malden, MA: Blackwell, 2005.
Bernasconi, Robert. *How to Read Sartre*. New York: W.W. Norton, 2006.
Berrizbeitia, Anita. "Geology and temporality in Charles Eliot's Metropolitan Park System, Boston (1892–1893)." Special issue on Time, *Studies in the History of Gardens and Designed Landscapes Quarterly* 34, no. 1 (2014): 38–51.
—— "Hargreaves Associates: key words and phrases." In *Hargreaves Associates: Landscape Alchemy*. San Francisco: ORO Editions, 2009.
Berry, David M. *Critical Theory and the Digital*. New York: Bloomsbury Academic, 2014.
——. "The Poverty of Networks." *Theory, Culture & Society* 25 (2008): 364–372.
Bérubé, Michael. "Materialism." In *New Keywords: A Revised Vocabulary of Culture and Society*, edited by Tony Bennett, Lawrence Grossberg, and Meaghan Morris. Malden, MA: Blackwell, 2005.
Bethge, Philip. "New branch of architecture: grow your own skyscraper." *Spiegel International*, 22 July 2009. Available online at www.spiegel.de/international/

germany/new-branch-of-architecture-grow-your-own-skyscraper-a-636716.html. Accessed 21 January 2016.

Bhabha, Homi K. "Interview with William J.T. Mitchell." *Artforum* 33, no.7 (1995): 80–84.

——. *The Location of Culture*. New York: Routledge, 1994; 2004.

Bilda, Zafer and Halime Demirkan. "An insight on designers' sketching activities in traditional versus digital media." *Design Studies* 24, no. 1 (2003): 27–50.

Blanchon-Caillot, Bernadette, Kamni Gill, Karsten Jørgensen, Bianca Maria Rinaldi, and Kelly Shannon. "Editorial landscape architecture in an expanded field." *Journal of Landscape Architecture* (2013): 4–5.

Bokern, Anneke. "Water Squares Rotterdam." *Topos 90 Resilient Cities and Landscapes* (2015): 78–83.

Bollen, Christopher. "Guerrilla Girls." *Interview Magazine*. Available online at www.interviewmagazine.com/art/guerrilla-girls#_. Accessed 20 January 2015.

Bostwick, William. "The ripple effect: solar ivy." *Metropolis Magazine* (March 2010): 104.

Bowring, Jacky. "Meaning in landscape architecture and gardens." *Landscape Review* 13, no. 2 (2011): 40–43.

Bowring, Jacky and Simon Swaffield. "Shifting landscapes in-between times." Landscape Architecture's Core? *Harvard Design Magazine,* no. 36 (2013): 96–105.

——. "Diagrams in landscape architecture." In *Diagrams of Architecture*, edited by Mark Garcia. Chichester: Wiley, 2010.

Boyer, Christine. "Cities for sale: merchandising history at South Street Seaport." In *Variations on a Theme Park: The New American City and the End of Public Space*, edited by Michael Sorkin. New York: Hill and Wang, 1992.

Breton, André. "First Manifesto of Surrealism." In *Art in Theory 1900–1990*, edited by Charles Harrison and Paul Wood. Malden, MA: Blackwell, 2000.

——. "Surrealism and painting." In *Art in Theory 1900–1990*, edited by Charles Harrison and Paul Wood. Malden, MA: Blackwell, 2000.

——. "Inaugural breaks 1947." In *What Is Surrealism? Selected Writings, André Breton*, edited by Franklin Rosemont. New York: Monad, 1978.

——. "What Is Surrealism?" In *Theories in Modern Art: A Source Book by Artists and Critics*, edited by Herschel B. Chipp. Berkeley: University of California Press, 1968.

Brotchie, Alistair. *A Book of Surrealist Games*, edited by Mel Gooding. London: Shambala Redstone, 1995.

Brown, Brenda, Terry Harkness, and Douglas Johnston. [Special Issue]. "Eco-Revelatory Design: Nature Constructed/Nature Revealed." *Landscape Journal* 17(2) 1998.

Brussoni, Mariana, Rebecca Gibbons, Casey Gray, Takuro Ishikawa, Ellen Beate Hansen Sandseter, Adam Bienenstock, et al. "What is the relationship between risky outdoor play and health in children? A systematic review." *International Journal of Environmental Research on Public Health* 12 (2015): 6423–6454.

Buck-Morss, Susan. *The Dialectics of Seeing: Walter Benjamin and the Arcades Project*. Cambridge, MA: MIT Press, 1989.

Buczynska-Garewicz, Hanna. "Semiotics and deconstruction." In *Reading Eco: An Anthology*, edited by Rocco Capozzi. Bloomington: Indiana University Press, 1997.

Bustler, "Taylor Cullity Lethlean wins Landscape of the Year Award for the second year in a row." 7 October 2014. Available online at www.bustler.net/index.php/article/taylor_cullity_lethlean_wins_landscape_of_the_year_award_for_the_ second_yea/. Accessed 12 June 2015.

Calder, Martin, editor. *Experiencing the Garden in the Eighteenth Century*. Bern: Peter Lang, 2006.

Calleja, Rafael Hierro. *Granada and the Alhambra*, translated by Nicola Jane Graham. Granada: Ediciones Miguel Sánchez, 2005.

Cantrell, Bradley and Wes Michaels. *Digital Drawing for Landscape Architecture: Contemporary Techniques and Tools for Digital Representation in Site Design*. Hoboken, NJ: John Wiley, 2010.

Cardasis, Dean. "Imaginary gardens with real frogs: space in the work of Martha Schwartz." *GSD News* (Winter–Spring 1996): 1–4.

Carpo, Mario. *Algorithm and the Alphabet*. Cambridge, MA: MIT Press, 2011.

Carrier, David. *Rosalind Krauss and American Philosophical Art Criticism: From Formalism to Beyond Postmodernism*. Westport, CT: Praeger, 2002.

Carroll, Noël. "Formalism." In *The Routledge Companion to Aesthetics*, third edition, edited by Berys Gaut and Dominic McIver Lopes. New York: Routledge, 2013.

Carruthers, Mary. *The Book of Memory: A Study of Memory in Medieval Culture*. Cambridge: Cambridge University Press, 2004.

Cassirer, Ernst. *The Logic of the Cultural Sciences: Five Studies*, translated by Steve G. Lofts. New Haven, CT: Yale University Press, 2000.

——. *The Philosophy of Symbolic Forms: Volume 3 The Phenomenology of Knowledge*. New Haven, CT: Yale University Press, 1957.

Catalano, Joseph S. *A Commentary of Jean-Paul Sartre's Critique of Dialectical Reason*. Chicago, IL: University of Chicago Press, 1986.

Caws, Mary Ann. "Seeing the surrealist woman: we are a problem." *Dada/Surrealism* 18 (1990): 11–16.

Chadwick, Whitney. *Women, Art, and Society*, fifth edition. London: Thames & Hudson, 2012.

Chakravorty Spivak, Gayatri. "Can the Subaltern speak?" In *Marxism and the Interpretation of Culture*, edited by Cary Nelson and Lawrence Grossberg. Urbana: University of Illinois Press, 1988.

Chaplin, Adrienne Dengerink. "Phenomenology: Merleau-Ponty and Sartre: what is phenomenology?" In *The Routledge Companion to Aesthetics*, third edition, edited by Berys Gaut and Dominic McIver Lopes. New York: Routledge, 2013.

Chiu, Chihsin. "Streets versus parks: skateboarding as a spatial practice in New York City." *Urban Environments*, Environmental Design Research Association 38th Annual Conference, 101–107. Available online at www.edra.org/content/streets-versus-parks-skateboarding-spatial-practice-new-york-city. Accessed 29 May 2015.

Chrisman, Nick. "Charting the unknown: how computer mapping at the GSD became GIS." Redlands, CA: ESRI, 2004, 5. Available online at www.gsd.harvard.edu/gis/manual/lcgsa/HarvardBLAD_screen.pdf. Accessed 15 May 2015.

Clément, Gilles and Philippe Rahm. *Environ(ne)ment: manières d'agir pour demain*, edited by Giovanna Borasi. New York: Rizzoli, 2006.

Cohen, Margaret. *Profane Illumination: Walter Benjamin and the Paris of Surrealist Revolution*. Berkeley: University of California Press, 1993.

Collins, Christiane Crasemann and George R. Collins. *Camillo Sitte, the Birth of Modern City Planning*. New York: Rizzoli, 1986.

Colquhoun, Alan. *Modernity and the Classical Tradition: Architectural Essays, 1980–1987*. Cambridge, MA: MIT Press, 1989.

Conan, Michel, editor. *Contemporary Garden Aesthetics, Creations and Interpretations*. Washington, DC: Dumbarton Oaks, 2007.

——. *Crazannes Quarries by Bernard Lassus*. Washington, DC: Dumbarton Oaks, 2004.

——. editor. *Landscape Design and the Experience of Motion*. Washington, DC: Dumbarton Oaks, 2003.

——. "Introduction." In *Bourgeois and Aristocratic Cultural Encounters in Garden Art, 1550–1850*, edited by Michel Conan. Washington, DC: Dumbarton Oaks, 2002.

Cooke, Rachel. "Richard Hamilton: A masterclass from the father of pop art." 14 February 2010. Available online at www.theguardian.com/artanddesign/2010/feb/14/richard-hamilton-interview-serpentine-cooke. Accessed 22 January 2016.

Cornell, Saul. "Splitting the difference: textualism, contextualism, and post-modern history." *American Studies with American Studies International* 36, no. 1 (1995): 57–80.

Corner, James. "Terra fluxus." In *The Landscape Urbanism Reader*, edited by Charles Waldheim. New York: Princeton Architectural Press, 2006.

——. "Eidetic operations and new landscapes." In *Recovering Landscape: Essays in Contemporary Landscape Architecture*, edited by James Corner. New York: Princeton Architectural Press, 1999.

——. "Representation and landscape: drawing and making in the landscape medium." *Word & Image* 8, no. 3 (1992): 243–275.

——. "A discourse on Theory II: Three Tyrannies of Contemporary Theory and the Alternative of Hermeneutics." *Landscape Journal* 10 no. 2 (1991): 115–133.

Crandell, Gina. *Tree Gardens: Architecture and the Forest*. New York: Princeton Architectural Press, 2013.

Crawford, Osbert Guy Stanhope. *Archaeology in the Field*. London: Phoenix House, 1953.

Crimp, Douglas. "Richard Serra: sculpture exceeded." *October*, 18 (Autumn, 1981): 67–78.

Crowe, Sylvia. *Garden Design*. Woodbridge: Garden Art Press, 1994.

Crowe, Sylvia and Mary Mitchell. *The Pattern of Landscape*. Chichester: Packard, 1988.

Cubitt, Sean. "Analogue and digital." *Theory, Culture & Society* 23 (2006): 250–253.

Culler, Jonathan. *The Pursuit of Signs: Semiotics, Literature, Deconstruction*. Ithaca, NY: Cornell University Press, 1981.

Darby, Margaret Flanders. "Joseph Paxton's Water Lily." In *Bourgeois and Aristocratic Cultural Encounters in Garden Art, 1550–1850*, edited by Michel Conan. Washington, DC: Dumbarton Oaks, 2002.

Daylight, Russell. "The difference between semiotics and semiology." *Gramma: Journal of Theory & Criticism* 20 (2012): 37–50.

Debord, Guy. "Situationist International, 'Détournement as negation and prelude.'" In *Art in Theory 1900–1990*, edited by Charles Harrison and Paul Wood. Oxford: Blackwell, 2000.

Debord, Guy and Gil J. Wolman. "A user's guide to Détournement." In *Situationist International Anthology*, revised and expanded edition, 2006, translated by Ken Knabb. Available online at www.bopsecrets.org/SI/detourn.htm. Accessed 25 January 2016.

Dee, Catherine. *To Design Landscape: Art, Nature and Utility*. New York: Routledge, 2012.

——. "Plus and minus: critical drawing for landscape design." In *Thinking and Drawing: Confronting an Electronic Age*, edited by Marc Treib. Abingdon: Routledge, 2008.

Deleuze, Gilles. *Foucault*. New York: Continuum, 2006.

Deleuze, Gilles and Félix Guattari. *A Thousand Plateaus*, translated by Brian Massumi. Minneapolis: University of Minnesota Press, 1987.

——. *Anti-Oedipus: capitalism and schizophrenia*, translated from the French by Robert Hurley, Mark Seem, and Helen R. Lane. Minneapolis: University of Minnesota Press, 1972; 1983.

Derrida, Jacques. “Why Eisenman writes such good books.” In *Rethinking Architecture: A Cultural Reader*, edited by Neil Leach. London: Routledge, 2001.

——. *Of Grammatology,* translated by Gayatri Chakravorty Spivak. Baltimore, MD: Johns Hopkins University Press, 1998.

——. “‘Point de folie – Maintenant’ architecture from Bernard Tschumi, La Case Vide: La Villette 1985.” In *Architecture Theory since 1968*, edited by K. Michael Hays. Cambridge, MA: MIT Press, 1998.

——. “Letter to Peter Eisenman,” translated by Hilary P. Hanel. *Assemblage* 12 (1990): 6–13.

——. *Oppositions*, translated by Alan Bass. Chicago, IL: University of Chicago Press, 1982.

——. *Writing and Difference,* translated by Alan Bass. Chicago, IL: University of Chicago Press, 1978.

——. “Speech and writing according to Hegel.” 1971. Available online at http://hydra.humanities.uci.edu/derrida/hegel.html. Accessed 22 July, 2009.

Derrida, Jacques and Peter Eisenman. *Chora L Works*, edited by Jeffrey Kipnis and Thomas Leeser. New York: Monacelli Press, 1997.

Descombes, Georges. “Displacement: canals, rivers, and flows.” In *Spatial Recall: Memory in Architecture and Landscape*, edited by Marc Treib. New York: Routledge, 2009.

Designboom, “Spirulina Fountain by Bureau A acts as cultivating garden folly in Geneva.” Available online at www.designboom.com/architecture/bureau-a-spirulina-fountain-garden-folly-parc-des-evaux-confignon-geneva-01-16-2015/. Accessed 21 January 2016.

Desimini, Jill. “Wild innovation: Stoss in Detroit.” *Scenario 03: Rethinking Infrastructure* (Spring 2013). Available online at http://scenariojournal.com/article/wild-innovation-stoss-in-detroit/. Accessed 22 April 2015.

Deutsche, Rosalyn. *Evictions: Art and Spatial Politics*. Cambridge, MA: MIT Press, 1996.

Dewey, John. *Art as Experience*. New York: Putnam Capricorn, 1958.

——. *School and Society*. Chicago, IL: University of Chicago Press, 1942.

Drack, Manfred, Wilfried Apfalter, and David Pouvreau. “On the making of a system theory of life: Paul A. Weiss and Ludwig von Bertalanffy’s conceptual connection,” *Quarterly Review of Biology* 82, no. 4 (2007): 349–373.

Dümpelmann, Sonja and John Beardsley. *Women, Modernity, and Landscape Architecture*. Abingdon: Routledge, 2015.

Eagleton, Terry. *Literary Theory: An Introduction*, 2nd revised edition, anniversary edition. New York: Wiley-Blackwell, 2011, 94–95.

Eaton, Marcia Muelder. “Responding to the Call for New Landscape Metaphors.” *Landscape Journal* 9, no. 1 (1990): 22–27.

Eburne, Nathan Paul. *Surrealism and the Art of Crime*. Ithaca, NY: Cornell University Press, 2008.

Eckbo, Garrett. *Landscape for Living*. New York: Architectural Record with Duell, Sloan, & Pearce, 1950.

Eco, Umberto. “Function and sign: the semiotics of architecture.” In *Rethinking Architecture: A Reader in Cultural Theory*, edited by Neil Lech. London: Routledge, 1997.

——. “Lowbrow highbrow, highbrow lowbrow.” In *Pop Art: The Critical Dialogue*, edited by Carol Anne Mahsun. Ann Arbor: University of Michigan Research Press,

1989.
——. *Theory of Semiotics*. Bloomington: Indiana University Press, 1976.
Eisenman, Peter. "Post/El Cards: a reply to Jacques Derrida." *Assemblage* 12 (1990): 14–17.
——. "Post-Functionalism." *Oppositions* 6 (Fall 1976): i–iii.
Eliot, Charles William. "General Principles in Selecting Public Reservations and Determining Their Boundaries, Boston Metropolitan Park System." In *Charles Eliot, Landscape Architect: A Lover of Nature and of His Kind, Who Trained Himself for a Profession, Practiced It Happily and Through It Wrought Much Good*. Cambridge, MA: Harvard University, 1902.
Ericson Jr., Edward. "Judge dismisses landlord's suit against housing." *City Paper* (10 September 2014). Available online at www.citypaper.com/blogs/the-news-hole/bcp-judge-dismisses-landlords-suit-against-housing-blog-ger-20140910,0,1002646.story. Accessed 4 June 2015.
Ernst, Max. *The Hundred Headless Woman (La Femme 100 Têtes)*, translated by Dorothea Tanning. New York: George Braziller, 1981.
Evans, Robin. *Translations from Buildings to Drawings and Other Essays*. Cambridge, MA: MIT Press, 1997.
Fazari, Lori. "Don't tell him it's fake." *Globe and Mail*, 27 April 2007. Available online at www.theglobeandmail.com/life/dont-tell-him-its-fake/article684437/. Accessed 10 June 2015.
Federman, Mark. "What is the meaning of The Medium is the Message?" Available online at http://individual.utoronto.ca/markfederman/article_mediumis-themessage.htm. Accessed 21 January 2016.
Field Guide to the La Garrotxa Volcanic Zone. La Garrotxa Volcanic Zone Natural Park, Catalonia, Spain, 2012.
Fletcher, Valerie. *Isamu Noguchi: Master Sculptor*. Washington, DC: Hirshhorn Museum and Sculpture Garden, Smithsonian Institution, 2004.
Flynn, Thomas. "Jean-Paul Sartre." In *The Stanford Encyclopedia of Philosophy* (Fall 2013 Edition), edited by Edward N. Zalta. Available online at http://plato.stanford.edu/archives/fall2013/entries/sartre/. Accessed 28 May 2015.
Folkerts, Thilo and Rodney LaTourelle. "Jardin de la Connaissance by Rodney LaTourelle and 100 Landschaftsarchitektur – update." *Dezeen magazine*, 15 August 2012. Available online at www.dezeen.com/2012/08/15/jardin-de-la-connaissance-by-rodney-latourelle-and-100-landschaftsarchitektur-update/. Accessed 25 January 2016.
Forman, Richard T. *Land Mosaics: The Ecology of Landscapes and Regions*. Cambridge: Cambridge University Press, 1995.
Forty, Adrian. *Words and Buildings: A Vocabulary of Modern Architecture*. New York: Thames & Hudson, 2000.
Foucault, Michel. "Of other spaces: utopias and heterotopias." In *Rethinking Architecture: A Reader in Cultural Theory*, edited by Neil Leach. London: Routledge, 2004.
——. *Discipline and Punish: The Birth of the Prison*, translated by Alan Sheridan. New York: Vintage Books, 1995.
——. *The History of Sexuality 1: An Introduction*, translated by Robert Hurley. New York: Vintage/Random House, 1990.
Foxley, Alice. *Distance & Engagement: Walking, Thinking and Making Landscape*. Zurich: Lars Müller, 2010.
Frampton, Kenneth. *Studies in Tectonic Culture: The Poetics of Construction in Nineteenth and Twentieth Century Architecture*, edited by John Cava. Cambridge, MA: MIT Press, 1995.

Franck, Karen A. and Lynda H. Schneekloth. "Type: prison or promise." In *Ordering Space: Types in Architecture and Design*, edited by Karen A. Franck and Lynda H. Schneekloth. New York: Van Nostrand Reinhold, 1994.

Frank, Mitchell B. and Daniel Adler, *German Art History and Scientific Thought: Beyond Formalism*. Farnham: Ashgate, 2012.

Freud, Sigmund. "The origin and development of psychoanalysis." *American Journal of Psychology* 21, no. 2 (1910): 181–218.

Fried, Michael. "Art and objecthood." *Artforum* 5 (June 1967): 12–23.

Furedi, Frank. *Culture of Fear: Risk-taking and the Morality of Low Expectation*. London: Continuum, 2002.

Gage, John. *Color and Culture: Practice and Meaning from Antiquity to Abstraction*. Boston, MA: Little, Brown, 1993.

Galison, Peter. "The ontology of the enemy. Norbert Wiener and the cybernetic vision." *Critical Inquiry* 21, no.1 (1994): 254–255.

Gauthier, Xavière. *Surréalisme et sexualité*. Paris: Gallimard, 1971.

Gillette, Jane. "Can gardens mean?" *Landscape Journal* 24, no. 1 (2005): 85–97.

Giovannelli, Alessandro. "Goodman's Aesthetics." In *The Stanford Encyclopedia of Philosophy* (Summer 2010 Edition), edited by Edward N. Zalta. Available online at http://plato.stanford.edu/archives/sum2010/entries/goodman-aesthetics/. Accessed 22 January 2016.

Girling, Cynthia L. and Kenneth I. Helphand. *Yard, Street, Park: The Design of Suburban Open Space*. New York: Wiley, 1994.

Girot, Christophe. "Topology – a new measure of quality in landscape architecture." Available online at http://girot.arch.ethz.ch/research/design-precision-topology/archives-design-precision-topology/topology-a-new-measure-of-quality-in-landscape-architecture. Accessed 25 January 2016.

——. "Four trace concepts in landscape architecture." In *Recovering Landscape*, edited by James Corner. New York: Princeton Architectural Press, 1999.

Goldsmith, Tessa. *Fountains Abbey and Studley Royal Souvenir Guidebook*. The National Trust, 2011.

Gombrich, E. H. *Art and Illusion: A Study in the Psychology of Pictorial Representation*. New York: Pantheon Books, 1960.

Goodman, Nelson. *Grove Art Online*. Oxford: Oxford University Press, 2009. Available online at https://www.moma.org/collection/details.php?theme_id=10946. Accessed 2 June 2015.

——. "How buildings mean." In *Reconceptions in Philosophy and Other Arts and Sciences*, edited by Nelson Goodman and Catherine Z. Elgin. Cambridge, MA: Hackett, 1988.

——. *Languages of Art: An Approach to a Theory of Symbols*. Indianapolis, IN: Bobbs-Merrill, 1968.

Granick, Henry. *Underneath New York*. New York: Robert E. Sullivan, 1947; 1991.

Greenberg, Clement. "Towards a newer Laocoon." *Partisan Review* 7, no. 4 (July–August, 1940): 296–310.

Greenwood Village History 1850–2000. Available online at www.greenwoodvillage.com/index.aspx?NID=1463. Accessed 25 January 2016.

Grimm, Karl and Dagmar Grimm-Pretner. "Urban landscape in motion." Available online at www.playgroundlandscape.com/en/article/view/905.html. Accessed 29 May 2015.

Guerrilla Girls. Available online at www.guerrillagirls.com/posters/venicewallf.shtml. Accessed 31 January 2015.

Gutting, Gary. "Michel Foucault." In *The Stanford Encyclopedia of Philosophy* (Winter 2014 Edition), edited by Edward N. Zalta. Available online at http://plato.stanford.edu/archives/win2014/entries/foucault/. Accessed 30 October 2015.

Habermas, Jürgen. *The Structural Transformation of the Public Sphere: An Inquiry into a Category of Bourgeois Society*, translated by Thomas Burger with Frederick Lawrence. Cambridge, MA: MIT Press, 1962; 1989.

Hafting, Torkel, Marianne Fyhn, S. Molden, May-Brit Moser, and Edvard Moser. "Microstructure of a spatial map in the entorhinal cortex," *Nature* 436 (2005): 801–806.

Hale, Jonathan. "Critical phenomenology: architecture and embodiment." *Architecture & Ideas* 12 (2013): 23.

Halprin, Lawrence. "The rebellious sixties." In *A Life Spent Changing Places: Lawrence Halprin*. Philadelphia: University of Pennsylvania Press, 2011.

Hamilton, Ann. "Teardrop Park," Available online at www.annhamiltonstudio.com/public/teardroppark.html. Accessed 21 January 2016.

Haney, David. "'No house building without garden building!' ('Kein Hausbau ohne Landbau!'): the modern landscapes of Leberecht Migge." *Journal of Architectural Education* 54, no. 3 (2001): 149–157.

Hansen, Andrea. "From hand to land: tracing procedural artifacts in the built landscape." *Scenario 01: Landscape Urbanism*, edited by Sarah Kathleen Peck and Eliza Shaw Valk, Fall 2011.

Hansson, Sven Ove. *The Ethics of Risk: Ethical Analysis in an Uncertain World*. New York: Palgrave Macmillan, 2013.

Haraway, Donna J. "A cyborg manifesto: science, technology and socialist–feminism in the late twentieth century." In *The Cybercultures Reader*, edited by Barbara M. Kennedy and David Bell. London: Routledge, 2000, 291–324.

——. *Simians, Cyborgs, and Women: The Reinvention of Nature*. New York: Routledge, 1991.

Harcourt, Bernard E. "An answer to the question: what is poststructuralism?" The Law School, University of Chicago, March 2007, note 10. Available online at www.law.uchicago.edu/files/files/156.pdf, 15. Accessed 22 January 2016.

Harding, Sandra. "Modernity's misleading dream: Latour." In *Sciences from Below: Feminisms, Postcolonialities, and Modernities*. Durham, NC: Duke University Press, 2008.

Hargreaves, George. "Foreword." In *Digital Landscape Architecture Now*, edited by Nadia Amoroso. London: Thames & Hudson, 2012.

——. "Postmodernism looks beyond itself." *Landscape Architecture* 73, no. 6 (1983): 60–65.

Harms, William and Ida DePencier. *Experiencing Education: 100 Years of Learning at the University of Chicago Laboratory Schools*. Chicago, IL: University of Chicago, 1998.

Harrison, Ariane Lourie. "Introduction: charting posthuman territory." *Architectural Theories of the Environment: Posthuman Territory*. New York: Routledge, 2013.

Hayden, Dolores. *Building Suburbia: Green Fields and Urban Growth, 1820–2000*. New York: Pantheon Books, 2003.

Heidegger, Martin. *Phenomenology of Intuition and Expression: Theory of Philosophical Concept Formation*, translated by Tracy Colony. London: Continuum, 2010.

Henry, Christopher. "Stone River – Jon Piasecki," *ArchDaily* 13 October 2011. Available online at www.archdaily.com/?p=173867. Accessed 6 April 2015.

Herrington, Susan. "Beauty: past and future." *Landscape Research* 41, no. 4 (2016): 441–449.

——. *Cornelia Hahn Oberlander – Making the Modern Landscape*. Charlottesville: University of Virginia Press, 2013.

——. "Designing above the Arctic Circle." *Journal of Landscape Architecture* 8, no. 2 (2013): 44–51.

——. "An ontology of landscape design." In *The Routledge Companion to Landscape Studies,* edited by Peter Howard, Ian Thompson, and Emma Waterton. Abingdon: Routledge, 2013.

——. "Gardens can mean." In *Meaning In Landscape Architecture and Gardens*, edited by Marc Treib. New York: Routledge, 2011.

——. *On Landscapes*. New York: Routledge, 2008.

——. "You are not here: Sartre's phenomenological ontology and the architecture of absence." *Footprint: Delft School of Design Journal* 3 (2008): 51–64.

——. "Gardens can mean." *Landscape Journal,* 26, no. 2 (2007): 302–317.

Hill, Kristina and Larissa Larsen. "Adaptive Urbanism." In *Landscape Urbanism and Its Discontents: Dissimulating the Sustainable City,* edited by Andrés Duany and Emily Talen. Gabriola Island, BC: New Society Publishers, 2013.

Hiller, Avram and Leonard Kahn. "Introduction: consequentialism and environmental ethics." In *Consequentialism and Environmental Ethics*, edited by Avram Hiller, Ramona Ilea, and Leonard Kahn. Abingdon: Routledge, 2014.

Hinchliffe, Steve."'Inhabiting' – landscapes and natures." In *The Handbook of Cultural Geography*, edited by Kay Anderson, Mona Domosh, Steve Pile, and Nigel Thrift. Thousand Oaks, CA: Sage, 2002.

Hines, Susan. "Ulterior exterior MoMA's new roof garden is cloaked with meaning rather than plants." *Landscape Architecture*, November 2005. Available online at https://www.asla.org/lamag/lam05/november/feature3.html. Accessed 10 June 2015.

Hirsch, Alison B. "Scoring the participatory city: Lawrence (& Anna) Halprin's Take Part Process." *Journal of Architectural Education* 64, no. 2 (2011): 127–140.

Hoffman, Barbara. "Law for art's sake in the public realm." In *Art and Public Sphere*, edited by William J. T. Mitchell. Chicago, IL: University of Chicago Press, 1992.

Holbrook, Daniel. "The consequentialistic side of environmental ethics." *Environmental Values* 6, no. 1 (1997): 87–96.

Holly, Michael Ann. *Panofsky and the Foundations of Art History*. Ithaca, NY: Cornell University Press, 1984.

Hooftman, Eelco. "GROSS. MAX." Landscape Architecture's Core? *Harvard Design Magazine* no. 36 (2013): 68–69.

Hookway, Christopher. "Pragmatism." *The Stanford Encyclopedia of Philosophy* (Spring 2015 Edition), edited by Edward N. Zalta. Available online at http://plato.stanford.edu/archives/spr2015/entries/pragmatism/. Accessed 23 January 2016.

Hopkins, John and Peter Neal. "Interview with Sarah Price." In *The Making of the Queen Elizabeth Olympic Park*, edited by John Hopkins and Peter Neal. Chichester: John Wiley, 2013.

Howett, Catherine. "Systems, signs, sensibilities: sources for a new landscape aesthetic." *Landscape Journal* 6, no. 1 (1987): 1–12.

Hubbard, Henry Vincent and Theodora Kimball. *An Introduction to the Study of Landscape Design*. New York: Macmillan, 1917.

Husserl, Edmund. *Ideas Pertaining to a Pure Phenomenology and to a Phenomenological Philosophy – First Book: General Introduction to a Pure Phenomenology*, translated by Fred Kersten. The Hague: Nijhoff, 1913; 1982.

Hutton, Jane. "Substance and structure 1: The material culture of landscape architecture." Landscape Architecture's Core? *Harvard Design Magazine* no. 36 (2013): 116–123.

Huyssen, Andreas. *Present Pasts: Urban Palimpsests and the Politics of Memory*.

Stanford, CA: Stanford University Press, 2003.
Imbert, Dorothée. *The Modernist Garden in France*. New Haven, CT: Yale University Press, 1993.
Information Portal to European Sites of Remembrance, a project of the Foundation Memorial to the Murdered Jews of Europe. Available online at www.memorialmuseums.
org/eng/staettens/view/973/Shoes-on-the-Danube-Promenade. Accessed 2 June 2015.
Interaction Awards 2014, "Avena+ Test Bed – Agricultural Printing and Altered Landscapes, Royal College of Art." Available online at http://awards.ixda.org/entry/2014/avena-test-bed-agricultural-printing-and-altered-landscapes/ Accessed 21 January 2016.
International Association of Hydrogeologists, "About karst hydrogeology." Available online at http://karst.iah.org/karst_hydrogeology.html. Accessed 22 January 2016.
Itten, Johannes. *The Elements of Color: A Treatise on the Color System of Johannes Itten Based on His Book the Art of Color*, translated by Ernst Van Hagen. New York: Van Nostrand Reinhold, 1970.
Jackson, John Brinckerhoff. *Discovering the Vernacular Landscape*. New Haven, CT: Yale University Press, 1984.
Jacobs, Jane. *The Death and Life of Great American Cities*. New York: Random House, 1961.
Jacques, David. "The picturesque debate." In *Georgian Gardens: The Reign of Nature*. London: B.T. Batsford, 1983.
Jacques, David and Jan Woudstra. *Landscape Modernism Renounced: The Career of Christopher Tunnard (1910–1979)*. New York: Routledge, 2009.
Jellicoe, Geoffrey. "Jung and the art of landscape: a personal experience." In *Denatured Visions: Landscape and Culture in the Twentieth Century*, edited by Stuart Wrede and William Howard Adams. New York: Museum of Modern Art, 1991.
Jodidio, Philip. *Landscape Architecture Now! = Landschafts-Architektur heute! = Paysages contemporains!* Cologne: Taschen, 2012.
Jones, Caroline A. "Form and formless." In *A Companion to Contemporary Art since 1945*, edited by Amelia Jones. Malden, MA: Blackwell, 2006.
Jones, Manina. "Textuality." *Encyclopedia of Contemporary Literary Theory: Approaches, Scholars, Terms*, edited by Irene R. Makaryk. Toronto: University of Toronto Press, 2000.
Jorgensen, Karsten. "Semiotics in landscape design." *Landscape Review* 4, no. 1 (1998): 39–47.
Jung, Carl Gustav. *Collected Works of C.G. Jung, Volume 7: Two Essays in Analytical Psychology,* edited and translated by Gerhardt Alder and R.F.C. Hull. New York: Bollingen, 1972; 1953.
Junod, Philip. *Transparence et Opacité. Essai sur les fondements théoriques de l'art modern*. Lausanne: L'Age d'homme, 1976.
Juxtapoz, "Who to believe? By François Abélanet," 10 July 2011. Available online at www.juxtapoz.com/current/who-to-believe-by-francois-abelanet. Accessed 28 May 2015.
Kastner, Jeffrey and Brian Wallis. *Land and Environmental Art*. London: Phaidon Press, 1998.
Keen, Mary. "New landscape at Boughton: Kim Wilkie's gateway to the underworld." *The Telegraph*, 7 August 2009. Available online at www.telegraph.co.uk/gardening/gardenstovisit/5988456/New-landscape-at-Boughton-Kim-Wilkies-

gateway-to-the-underworld.html. Accessed 22 April 2015.
Kent, Cheryl. *Millennium Park Chicago*. Evanston, IL: Northwestern University Press, 2011.
Kienast, Dieter. "Between tradition and innovation." In *Dieter Kienast*. Basel: Birkäuser, 2004.
Kihlstrom, John F. "Joseph Jastrow and his duck – or is it a rabbit?" Available online at http://ist-socrates.berkeley.edu/~kihlstrm/JastrowDuck.htm. Accessed 28 May 2015.
Kipnis, Jeffrey. "Twisting the separatrix." *Assemblage* 14 (1991): 31–61.
Knight, Richard Payne. *The Landscape: A Didactic Poem*. London: W. Bulmer, 1795.
Komara, Ann E. *Lawrence Halprin's Skyline Park*. New York: Princeton Architectural Press, 2012.
——. "Concrete and the engineered picturesque: the Parc des Buttes Chaumont (Paris, 1867)." *Journal of Architectural Education* 58, no. 1 (2004): 5–12.
Kondolf, Mattias. "Liberty and human access for a peri-urban river: restoration of the Aire, Geneva." *The River Chronicle*, 7 October 2014. Available online at http://issuu.com/archizoom/docs/the_river_chronicle1?e=3753097/9671038#search. Accessed 20 January 2016.
——. "River, meanders, and memory." In *Spatial Recall: Memory in Architecture and Landscape*, edited by Marc Treib. New York: Routledge, 2009.
Krauss, Rosalind E. *The Optical Unconscious*. New York: MIT Press, 1993.
——. *The Originality of the Avant-Garde and Other Modernist Myths*. Cambridge, MA: MIT Press, 1987.
——. "Sculpture in the expanded field." *October* 8 (Spring 1979): 30–44.
——. "The double negative: a new syntax for sculpture." In *Passages in Modern Sculpture*. New York: Viking Press, 1977; 1981.
Krinke, Rebecca. "Overview: design practice and manufactured sites." In *Manufactured Landscapes: Rethinking the Post-Industrial Landscape*, edited by Niall Kirkwood. London: Spon Press, 2001.
Kryder-Reid, Elizabeth. "Marking time in San Gabriel Mission Garden." Special issue on Time, *Studies in the History of Gardens & Designed Landscapes: An International Quarterly* 34, no. 1 (2014): 15–27.
Kullmann, Karl. "Hyper-realism and loose-reality: the limitations of digital realism and alternative principles in landscape design visualization." *Journal of Landscape Architecture* 9, no. 3 (2014): 20–31.
La Marche, Jean. "Surrealism's unexplored possibilities in architecture." In *Surrealism and Architecture*, edited by Thomas Mical. New York: Routledge, 2005.
Landezine. "Diana, Princess of Wales Memorial Fountain by Gustafson Porter." Available online at www.landezine.com/index.php/2014/11/diana-princess-of-wales-memorial-fountain-by-gustafson-porter-landscape-architecture/. Accessed 3 June 2015.
Landscape Architecture Foundation, Case Study Briefs, Washington Canal Park. Available online at http://landscapeperformance.org/case-study-briefs/canal-park. Accessed 23 January 2016.
Langford, Andrew. "In transition." In *Emerging Landscapes: Between Production and Representation*, edited by Davide Deriu, Krystallia Kamvasinou, and Eugénie Shinkle. Farnham: Ashgate, 2014.
Lassus, Bernard. *The Landscape Approach*. Philadelphia: University of Pennsylvania Press, 1998.
Latour, Bruno. "Agency at the time of the Anthropocene." *New Literary History* 45, no. 15 (2014): 1–18.
——. "On actor-network theory. A few clarifications plus more than a few compli-

cations," special issue of the Danish philosophy journal. Available online at www.bruno-latour.fr/sites/default/files/P-67%20ACTOR-NETWORK.pdf, 7. Accessed 22 January 2016.
——. "A cautious Prometheus? A few steps toward a philosophy of design (with special attention to Peter Sloterdijk)," keynote lecture for the Networks of Design meeting of the Design History Society, Falmouth, Cornwall, 3 September 2008. www.bruno-latour.fr/sites/default/files/112-DESIGN-CORNWALL-GB.pdf.
——. *Reassembling the Social: An Introduction to Actor-Network-Theory.* Oxford: Oxford University Press, 2005.
Lavin, Sylvia. *Quatremère de Quincy and the Invention of a Modern Language of Architecture*. New York: MIT Press, 1992.
Lawlor, Leonard. "Jacques Derrida." *The Stanford Encyclopedia of Philosophy* (Spring 2014 Edition), edited by Edward N. Zalta. Available online at http://plato.stanford.edu/archives/spr2014/entries/derrida/. Accessed 18 June 2009.
Lay, Charles Downing. "Space composition." *Landscape Architecture* 8 (January 1918): 77–86.
Laylin, Tafline. "Benedikt Groß brings digital printing to precision farming." *Inhabit*, 23 August 2013. Available online at http://inhabitat.com/benedikt-gros-brings-digital-printing-to-precision-farming/avena-test-bed-by-benedikt-gros-6/. Accessed 21 January 2015.
Leatherbarrow, David. "Material matters." In *Architecture Oriented Otherwise*. New York: Princeton Architectural Press, 2009.
Lee, Michael G. "Infrastructure as landscape embellishment: Peter Joseph Lenné in Potsdam and Berlin." In *Technology and the Garden*, edited by Michael G. Lee and Kenneth I. Helphand. Washington, DC: Dumbarton Oaks, 2014.
Lefebvre, Henri. *Révolution urbaine*. English, translated by Robert Bononno Minneapolis: University of Minnesota Press, 1970; 2003.
——. *Henri Lefebvre, Writings on Cities*, edited and translated by Eleonore Kofman and Elizabeth Lebas. Oxford: Blackwell, 1996; 2000.
——. "The production of space." In *Rethinking Architecture*, edited by Neil Leach. London: Routledge, 1997.
——. "The urban in question." In *Writings on Cities*, edited by E. Kaufman and E. Lebas. Oxford: Blackwell, 1996.
Lenzen, Manuela. "Feeling our emotions." *Scientific American*, 2005. Available online at www.scientificamerican.com/article/feeling-our-emotions/. Accessed 2 June 2015.
Lévi-Strauss, Claude. *The Raw and the Cooked.* Chicago, IL: University of Chicago Press, 1969.
——. *The Savage Mind*, translated by George Weidenfeld. London: Weidenfeld and Nicolson, 1962; 1966.
Levitin, Daniel J. *This is Your Brain on Music*. New York: Dutton, 2006.
Levitt, Annette Shandler. *The Genres and Genders of Surrealism*. New York: St Martin's Press, 1999.
Levy, Leah. *Kathryn Gustafson: Sculpting the Land*. Washington, DC: Spacemaker Press, 1998.
Lindström, Kati, Hannes Palang, and Kalevi Kull. "Semiotics of landscape." In *The Routledge Companion to Landscape Studies*, edited by Peter Howard, Ian Thompson, and Emma Waterton. New York: Routledge, 2013.
Longley, Paul A., Mike Goodchild, David J. Maguire, and David W. Rhind. "Geographic spatial modelling with GIS." In *Information Systems and Science*. Hoboken, NJ: John Wiley, 2011.
Lopes, Dominic McIver. "Painting." In *The Routledge Companion to Aesthetics*,

third edition, edited by Berys Gaut and Dominic McIver Lopes. New York: Routledge, 2013.

——. *A Philosophy of Computer Art*. New York: Routledge, 2010.

——. *Sight and Sensibility: Evaluating Pictures*. Oxford: Oxford University Press, 2005.

Lorimer, Hayden. "Caught in the nick of time: archives and fieldwork." In *The Sage Handbook of Qualitative Geography*, edited by Dydia DeLyser, Steve Herbert, Stuart Aitken, Mike Crang, and Linda McDowell. London: Sage, 2010.

Lucas, Gavin. *Understanding the Archaeological Record*. New York: Cambridge University Press, 2012.

Lyle, John T. *Design for Human Ecosystems: Landscape, Land Use, and Natural Resources*. Washington, DC: Island Press, 1999.

——. "Can floating seeds make deep forms?" *Landscape Journal* 10, no. 1 (1991): 37–47.

Lynch, Kevin. *Image of the City*. MA: Technology Press, 1960.

Lyndon, Donlyn. "The place of memory." In *Spatial Recall: Memory in Architecture and Landscape*, edited by Marc Treib. New York: Routledge, 2009.

Lystra, Margot. "McHarg's entropy, Halprin's chance: representations of cybernetic change in1960s landscape architecture." Special issue on Time, *Studies in the History of Gardens & Designed Landscapes: An International Quarterly* 34, no. 1 (2014): 71–84.

McAnulty, Robert. "What's the matter with material?" *Log*, no. 5. Spring/Summer 2005.

McDonough, Tom. *The Situationists and the City*, edited by Tom McDonough. London: Verso, 2009.

M'Closkey, Karen. *Unearthed: The Landscapes of Hargreaves Associates*. Philadelphia: University of Pennsylvania Press, 2013.

——. "Synthetic patterns: fabricating landscapes in the Age of 'Green.'" *Journal of Landscape Architecture* (Spring 2013): 16–27.

McGirr, Patricia L. "Vietnam Veterans Memorial: landscape and gender in the twentieth century." In *Shared Spaces and Divided Places: Material Dimensions of Gender Relations and the American Historical Landscape*, edited by Deborah L. Rotman and Ellen-Rose Savulis. Knoxville: University of Tennessee Press, 2003.

McHarg, Ian. *Design with Nature*. Garden City, NY: Natural History Press, 1969.

——. "The ecology of the city." *AIA Journal* 38, no. 5 (1962): 101–103.

McHugh, Nancy Arden. *Feminist Philosophies A–Z*. Edinburgh: Edinburgh University Press, 2007.

McLuhan, Marshall and Lewis H. Lapham. *Understanding Media: The Extensions of Man*. New York: MIT Press, 1964; 1994.

McMahon, Jennifer A. *Art and Ethics in a Material World. Kant's Pragmatist Legacy*. London: Routledge, 2014.

Madrigal, Alexis C. "The man who first said 'cyborg,' 50 years later." *Atlantic,* 30 September 2010. Available online at www.theatlantic.com/technology/archive/2010/09/the-man-who-first-said-cyborg-50-years-later/63821/. Accessed 22 January 2016.

Magallanes, Fernando. "Landscape surrealism." In *Surrealism and Architecture,* edited by Thomas Mical. New York: Routledge, 2005.

Maillet, Arnault. *The Claude Glass: Use and Meaning of the Black Mirror in Western Art*, translated by Jeff Fort. New York: Zone Books, 2004.

Maitland, Frederic William. *Domesday Book and Beyond: Three Essays in the Early History of England*. Cambridge: Cambridge University Press, 1907.

Mallgrave, Harry Francis and Eleftherios Ikonomou. "Introduction." In *Empathy, Form, and Space: Problems in German Aesthetics, 1873–1893*, edited and translated by Harry Francis Mallgrave and Eleftherios Ikonomou. Santa Monica, CA: Getty Center for the History of Art and the Humanities, 1994.

Manning, Lauren. "Visualizing information." *Scenario 01: Landscape Urbanism* (Fall 2011), edited by Sarah Kathleen Peck and Eliza Shaw Valk. Available online at http://scenariojournal.com/article/lauren-manning/. Accessed 25 January 2016.

Martin, Bronwen and Felizitas Ringham. *Key Terms in Semiotics*. London: Continuum, 2006.

Martin, Geoffrey J. and Preston E. James. *All Possible Worlds: A History of Geographical Ideas*. New York: John Wiley, 1993.

Mathur, Anuradha and Dilip da Cunha. "Waters everywhere." In *Design in the Terrain of Water*, edited by Anuradha Mathur and Dilip da Cunha. Philadelphia: Applied Research + Design Publishing with the University of Pennsylvania School of Design, 2014.

——. *Deccan Traverses: The Making of Bangalore's Terrain*. New Delhi: Rupa, 2006.

Matravers, Derek. "Art, expression and emotion." In *The Routledge Companion to Aesthetics*, third edition, edited by Berys Gaut and Dominic McIver Lopes. Abingdon: Routledge, 2013.

——. *Art and Emotion*. Oxford: Clarendon Press, 1998.

Matthews, J. H. *Introduction to Surrealism*. University Park: Pennsylvania State University Press, 1965.

Mauer, Evan M. "Images of Dream and Desire: The Prints and Collage Novels of Max Ernst." In *Max Ernst: Beyond Surrealism: A Retrospective of the Artist's Books and Prints*, edited by Robert Rainwater. New York: Oxford University Press, 1986.

Merleau-Ponty, Maurice. *Phenomenology of Perception*, translated by Donald A. Landes. New York: Routledge, 2012.

Meyer, Elizabeth K. "Kiley and the spaces of landscape modernism." In *Dan Kiley Landscapes: The Poetry of Space*, edited by Ruben M. Rainey and Marc Treib. Richmond, CA: William Stout Publishers, 2009.

——. "Post-Earth Day conundrum: translating environmental values." In *Environmentalism in Landscape Architecture*, edited by Michel Conan. Washington, DC: Dumbarton Oaks, 2000.

——. "The expanded field of landscape architecture." In *Ecological Design and Planning*, edited by George F. Thompson and Frederick R. Steiner. New York: John Wiley, 1997.

Midgley, Gerald. *Systemic Intervention Philosophy, Methodology, and Practice*. New York: Springer, 2000.

Miles, Malcolm. *Art, Space and the City*. New York: Routledge, 1997.

Miller, Catherine. *Jean Cocteau, Guillaume Apollinaire, Paul Claudel et le groupe des six*. Belgium: Pierre Mardaga Éditeur, 2004.

Milligan, Brett. "Decade hillside: the Sigirino Depot," 6 June 2011. Available online at https://freeassociationdesign.wordpress.com/2011/06/06/decade-hill-side-the-sigirino-depot/. Accessed 26 January 2016.

——. "GROSS. MAX and promiscuous collage." *Free Association Design*, 2 March 2010. Available online at https://freeassociationdesign.wordpress.com/author/bmil-ligan/. Accessed 24 January 2016.

Mitchell, W. J. T. "Representation." In *Critical Terms for Literary Study*, edited by Frank Lentricchia and Thomas McLaughlin. Chicago, IL: University of Chicago Press, 1990.

——. *Iconology: Image, Text, Ideology*. Chicago, IL: University of Chicago Press, 1986.

Mollet, André. *Le Jardin de Plaisir*, 1651. Available online at www.oakspring.org/

landscape7.html. Accessed 28 May 2015.
Moneo, Rafael. “On typology.” *Oppositions* 13 (Summer 1978): 22–45.
Moran, Dermon. “Pure phenomenology, its method, and its field of investigation.” In *The Phenomenology Reader*, edited by Timothy Mooney and Dermont Moran. London: Routledge, 2002.
Morgan, Luke. “The early modern ‘Trompe-L’Oeil’ garden.” *Garden History* 33, no. 2 (2005): 286–293.
Morris, Katherine J. *Sartre*. London: Wiley-Blackwell, 2007.
Mortenbock, Peter and Helge Mooshammer. “Trade flow: architecture of informal markets.” In *Architecture in the Space of Flows*. New York: Routledge, 2012.
Mostafavi, Mohsen and David Leatherbarrow. *On Weathering: The Life of Buildings in Time*. Cambridge, MA: MIT Press, 2005.
“Movie shows concrete bunker cut in half by RAAAF and Atelier de Lyon,” *dezeen magazine*. Available online at www.dezeen.com/2013/12/11/movie-concrete-bunker-cut-in-half-raaaf-atelier-de-lyon/. Accessed 3 June 2015.
Murphy, Timothy S. “Gilles Deleuze.” *Encyclopedia of Contemporary Literary Theory*, edited by Irena R. Makaryk. Toronto: University of Toronto, 2000.
Myers, William. *Bio Design: Nature, Science, Creativity*. New York: Museum of Modern Art, 2012.
Nanay, Bence. “Perception and imagination: a modal perception as mental imagery.” *Philosophical Studies: An International Journal for Philosophy in the Analytic Tradition* 150, no. 2 (2010): 239–254.
Nassauer, Joan Iverson. “Messy ecosystems, orderly frames,” *Landscape Journal*, 14, no. 2 (1997): 161–170.
Newton, Norman T. *An Approach to Design*. Cambridge, MA: Addison-Wesley, 1951.
Nisbet, James. “A brief moment in the history of photo-energy: Walter De Maria’s Lightning Field.” *Grey Room* 50 (Winter 2013): 66–89.
Nomad Studio. “Green Varnish.” *World Landscape Architecture*. Available online at http://anethere.tumblr.com/post/22686092385/baisley-park-jamaica-queens-ny-walter. Accessed 22 January 2016.
Norberg-Schulz, Christian. *Genius Loci, Towards a Phenomenology of Architecture*. New York: Rizzoli, 1980; 1979.
——. *Intentions in Architecture*. Cambridge, MA: MIT Press, 1966; 1965.
Norris, Christopher. *Deconstruction Theory and Practice*. London: Routledge, 1991.
——. “Jacques Derrida in discussion with Christopher Norris.” In *Architectural Design Deconstruction* II. London: Academy Group, 1989.
North, Alissa. *Operative Landscapes: Building Communities through Public Space*. Basel: Birkhäuser, 2013.
Nöth, Winfried. *Handbook of Semiotics*. Bloomington: Indiana University Press, 1995
Novack, George. *Origins of Materialism. The Evolution of the Scientific View of the World*. New York: Merit, 1965.
Odum, Eugene. *Fundamentals of ecology*. Philadelphia, Saunders, 1971.
Olin, Laurie. “What did I mean then and now?” In *Meaning in Landscape Architecture and Gardens*, edited by Marc Treib. New York: Routledge, 2011.
——. “Most important questions.” *Landscape Journal* 11, no. 2 (1992): 171–172.
——. “Form, meaning, and expression in landscape architecture,” *Landscape Journal* 7, no. 2 (1988): 149–168.
Osborne, Harold. “Anamorphosis.” In *The Oxford Companion to Art*. London: Oxford University Press, 1970.
Pallasmaa, Juhani. “Space, place, memory and imagination: the temporal dimension of existential space.” In *Spatial Recall: Memory in Architecture and Landscape*, edited by Marc Treib. New York: Routledge, 2009.

Panofsky, Erwin. *Studies in Iconology: Humanistic Themes in the Art of the Renaissance*. New York: Harper & Row, 1972, 1939.
Parsons, Glenn and Allen Carlson. *Functional Beauty*. Oxford: Clarendon Press, 2008.
Peirce, Charles Sanders. *Charles Sanders Peirce: Collected Writings,* edited by Charles Hartshorne, Paul Weiss, and Arthur W. Burks. Cambridge, MA: Harvard University Press.
Petican, Laura. "The Arte Povera experience: nature re-presented." In *Meaning of Abstract Art between Theory and Nature*, edited by Paul Crowther and Isabel Wunsche. London: Routledge, 2012.
Picon, Antoine. "Substance and structure II: The digital culture of landscape architecture." Landscape Architecture's Core? *Harvard Design Magazine* no. 36 (2013): 124–129.
Pinker, Steven. *The Blank Slate: The Modern Denial of Human Nature*. New York: Viking, 2002.
——. *Words and Rules: The Ingredients of Language*. New York: Basic Books, 1999.
Plant, Sadie. *The Most Radical Gesture: The Situationist International in a Postmodern Age*. New York: Routledge, 1991; 2002.
Pleijster, Jan-Eric. "Natural urban landscapes." Lecture to the Swedish Association of Architects Oyster All-Inclusive conference, Stockholm, 18 September 2015.
Poli, Michela de and Guido Incerti. "Shanghai Houtan Park." In *An Atlas of Recycled Landscapes*, edited by Luca Molinari. Milan: Skira, 2014.
Pollara, Gina. "Kahn's vision realized." In *Four Freedoms Park: A Memorial to Franklin D. Roosevelt*, expanded edition. New York: Four Freedoms Park Conservancy, 2014.
Prang, Christoph. "The creative power of semiotics: Umberto Eco's *The Name of the Rose*." *Comparative Literature* 66, no. 4 (2014): 420–437.
Price, Uvedale. *Essays on the Picturesque: As Compared with the Sublime and the Beautiful*. London: J. Mawman, 1810.
Publically Engaged Architecture. "Baisley Park." *Tumblr*, 8 May 2013. Available online at http://anethere.tumblr.com/post/22686092385/baisley-park-jamaica-queens-ny-walter. Accessed 22 January 2016.
Rainwater, Richard. "Max Ernst: printmaker." In *Max Ernst: Beyond Surrealism: A Retrospective of the Artist's Books and Prints*, edited by Richard Rainwater. New York: Oxford University Press, 1986.
Rajagopal, Avinash. "Behind The Living's 100% Organic Pavilion for MoMA PS1," *Metropolis*, 10 February 2014. Available online at www.metropolismag.com/Point-of-View/February-2014/MoMA-PS1/. Accessed 24 June 2015.
Ran, Faye. *A History of Installation Art and the Development of New Art Forms: Technology and the Hermeneutics of Time and Space in Modern and Postmodern Art from Cubism to Installation*. New York: Peter Lang, 2009.
Rappaport, Nina. "Landscapes as cultural criticism." *Ken Smith Landscape Architect: Urban Projects*, edited by Jane Amidon. New York: Princeton Architectural Press, 2006.
Raxworthy, Julian. "Parc de Pedra Tosca in Les Preses, Spain." *Topos* 55 (2006): 91–94.
Richardson, Tim. *Futurescapes: Designers for Tomorrow's Outdoor Spaces*. New York: Thames & Hudson, 2011.
——. *The Arcadian Friends: Inventing the English Landscape Garden*. London: Bantam, 2008.
——. *The Vanguard Landscapes and Gardens of Martha Schwartz*. London: Thames & Hudson, 2004.
Richmond, Sheldon Saul. *Aesthetic Criteria: Gombrich and the Philosophies of Science of Popper and Polanyi*. Amsterdam: Rodopi, 1994.

Ricoeur, Paul. “The model of the text: meaningful action considered a text.” In *From Text to Action: Essays in Hermeneutics, II*, translated by Kathleen Blamey and John B. Thompson. Evanston, IL: Northwestern University Press, 1991.

Ripple, Richard E. and Verne Norton Rockcastle. *Piaget Rediscovered*. Ithaca, NY: Cornell University, 1964.

Robinson, Jennifer. “Nelson Goodman.” In *The Routledge Companion to Aesthetics*, third edition, edited by Berys Gaut and Dominic Lopes. New York: Routledge, 2013.

Robinson, William. *Wild Garden*. Available online at http://babel.hathitrust.org/cgi/pt?id=hvd.32044103115259;view=1up;seq=7. Accessed 20 January 2015.

——. *The Parks, Promenades and Gardens of Paris, Described and Considered in Relation to the Wants of Our Own Cities*. London: John Murray, 1869.

Rogers, Elizabeth Barlow. “Landscape and cityscape as aesthetic experience: the Arts and Crafts Movement and the revival of the formal garden.” In *Landscape Design: A Cultural and Architectural History*. New York: Harry N. Abrams, 2001.

Rose, James. “Freedom in the garden,” reprinted in *Modern Landscape Architecture: A Critical Review*, edited by Marc Treib. Cambridge, MA: MIT Press, 1993.

Rosemont, Franklin, editor. *What Is Surrealism? Selected Writings*. New York: Monad, 1978.

Ross, Stephanie. *What Gardens Mean*. Chicago, IL: University of Chicago Press, 1998.

Rossi, Aldo. *Architecture of the City*. New York: MIT Press, 1984.

Ruskin, John. *The Seven Lamps of Architecture*. New York: Wiley & Halsted, 1857.

——. *The Seven Lamps of Architecture*. London: Smith, Elder, and Co., 1849.

Saelen, Arne. *Urban Landscapes: Arne Saelen*. Barcelona: Loft, 2012.

Saltzman, Lisa. *Making Memory Matter: Strategies of Remembrance in Contemporary Art*. Chicago, IL: University of Chicago Press, 2006.

Sandseter, Ellen and Leo Kennair. “Children’s risky play from an evolutionary perspective: the anti-phobic effects of thrilling experiences.” *Evolutionary Psychology* 9 (2011): 257–284.

Sartre, Jean-Paul. *Imagination,* translated by Kenneth Williford and David Rudrauf. New York: Routledge, 2012.

——. *The Imaginary: A Phenomenological Psychology of the Imagination*, translated by Jonathan Webber. London: Routledge, 2004.

——. *Critique of Dialectical Reason: Theory of Practical Ensembles,* translated by Alan Sheridan-Smith, edited by Jonathan Rée. Atlantic Highlands, NJ: Humanities Press, 1976.

——. *Being and Nothingness: An Essay on Phenomenological Ontology*, translated by Hazel E. Barnes. New York: Philosophical Library, 1956.

Sasaki, Takuya, Stefan Leutgeb, and Jill K. Leutgeb. “Spatial and memory circuits in the medial entorhinal cortex.” *Current Opinion in Neurobiology* 32C (30 October 2014): 16–23.

Saunders, William S. “Go productive: the Rice Campus of Shenyang Jianzhu University.” In *Designed Ecologies: The Landscape Architecture of Kongjian Yu*, edited by William S. Saunders. Basel: Birkhäuser, 2013.

——. “Landscape as a living system: Houtan Park Shanghai Expo Park.” In *Designed Ecologies: The Landscape Architecture of Kongjian Yu*, edited by William S. Saunders. Basel: Birkhäuser, 2013.

Saussure, Ferdinand de. *Course in General Linguistics*, edited by Charles Bally, Albert Sechehaye with Albert Riedlinger; translated by Wade Baskin. New York: Philosophical Library, 1959.

Scheffler, Samuel, editor. *Consequentialism and Its Critics*. Oxford: Oxford University Press, 1988.

Schellekens, Elisabeth. "Conceptual art." In *The Stanford Encyclopedia of Philosophy*, edited by Edward N. Zalta (2014). Available online at http://plato.stanford.edu/archives/win2014/entries/conceptual-art. Accessed 5 November 2014.

Schenker, Heath. "Women, gardens, and the English middle class in the early nineteenth century." In *Bourgeois and Aristocratic Cultural Encounters in Garden Art, 1550–1850*, edited Michel Conan. Washington, DC: Dumbarton Oaks, 2002.

——. "Feminist interventions in the histories of landscape architecture." *Landscape Journal* 13, no. 2 (1994): 107–112.

Schmarsow, August. "Essence of architectural creation." In *Empathy, Form, and Space: Problems in German Aesthetics, 1873–1893*, edited and translated by Harry Francis Mallgrave and Eleftherios Ikonomou. Santa Monica, CA: Getty Center for the History of Art and the Humanities, 1994.

Schreyach, Michael. "Conference on the Goals and Limits of Formalism," Berlin, 28 November 2014. In *ArtHist*, 3 November 2014. Available online at http://arthist.net/archive/8823. Accessed 18 January 2015.

Schrift, Alan D. "Introduction." In *Poststructuralism and Critical Theory's Second Generation*. New York: Routledge, 2014.

Schropfer, Thomas. "Modulating: transformation by shaping and texturing." In *Material Design: Informing Architecture by Materiality*. Basel: Birkhäuser, 2011.

Schwabsky, Barry. "Semiotics and murder: a review of *The Name of the Rose* by Umberto Eco." *The New Criterion*, September 1983. Available online at www.newcriterion.com/articles.cfm/Semiotics-and-murder-6303. Accessed 22 January 2016.

Seavitt, Catherine. "Yangtze River Delta Project." *Scenario 03: Rethinking Infrastructure*, Spring 2013. Available online at http://scenariojournal.com/article/yangtze-river-delta-project/. Accessed 21 January 2016.

Senie, Harriet F. *The Tilted Arc Controversy: Dangerous Precedents?* Minneapolis: University of Minnesota Press, 2002.

Serra, Richard and Clara Weyergraf-Serra. *Richard Serra, Interviews, Etc., 1970–1980.* Yonkers, NY: The Hudson River Museum, 1980.

Serra, Richard, Carmen Gimenez, and Hal Foster. *Richard Serra: The Matter of Time.* Gottingen: Steidl Verlag, 2006.

Shavelson, Lonny. "Guerrilla grafters bring forbidden fruit back to city trees." *The Salt*, 7 April 2012. Available online at www.npr.org/blogs/thesalt/2012/04/07/150142001/guerrilla-grafters-bring-forbidden-fruit-back-to-city-trees. Accessed 3 June 2015.

Shelly, James. "The aesthetic." In *The Routledge Companion to Aesthetics,* third edition, edited by Berys Gaut and Dominic McIver Lopes. Abingdon: Routledge, 2013.

Shin, Sun-Joo, Oliver Lemon, and John Mumma. "Diagrams." In *The Stanford Encyclopedia of Philosophy* (Winter 2014 Edition), edited by Edward N. Zalta. Available online at http://plato.stanford.edu/archives/win2014/entries/diagrams/. Accessed 25 January 2016.

Sholette, Gregory. "Interventionism and the historical uncanny." In *The Interventionists User's Manual for the Creative Disruption of Everyday Life*, edited by Nato Thompson and Gregory Sholette with Joseph Thompson. North Adams, MA: MASS MoCa Publications, 2004.

Shusterman, Richard. "Pragmatism: Dewey." In *The Routledge Companion to Aesthetics*, edited by Berys Gaut and Dominic McIver Lopes. New York: Routledge, 2005.

Silvetti, Jorge. "The beauty of shadows." *Oppositions* 9 (1977): 43–61.

Skidelsky, Edward. *Ernst Cassirer: The Last Philosopher of Culture*. Princeton, NJ:

Princeton University Press, 2008.

Slaby, Jan. “Emotions and the extended mind.” In *Collective Emotions: Perspectives from Psychology, Philosophy, and Sociology*, edited by Christian von Scheve and Mikko Salmela. Oxford: Oxford University Press, 2014.

Smith, David Woodruff. “Phenomenology.” In *The Stanford Encyclopedia of Philosophy* (Winter 2013 Edition), edited by Edward N. Zalta. Available online at http://plato.stanford.edu/archives/win2013/entries/phenomenology. Accessed 28 May 2015.

Smith, Ken. *Ken Smith: Landscape Architect*. New York: Monacelli Press, 2009.

Smith, Kimberly A. “Introduction.” In *The Expressionist Turn in Art History: A Critical Anthology*. Farnham: Ashgate, 2014.

Smith-Strickland, Kiona. “A billboard that condenses water from humidity.” 25 April 2013. Available online at www.popularmechanics.com/science/green-tech/a0075/a-billboard-that-condenses-water-from-humidity-15303050/. Accessed 23 January 2016.

Smithson, Robert. *Robert Smithson: The Collected Writings*, edited by Jack Flam. Berkeley: University of California Press, 1996.

——. “Frederick Law Olmsted and the dialectical landscape.” *Artforum* (February 1973), 62–68.

——. “Symposium,” *Earth Art*, edited by Nina Jager. Ithaca, NY: Andrew Dickson White, Museum of Art, 1970.

——. “A sedimentation of the mind: Earth projects.” *Artforum* (September 1968): 82–91.

Socialist Worker. “Vladimir Mayakovsky: the poet of the revolution.” Available online at http://socialistworker.co.uk/art/2935/Vladimir+Mayakovsky%3A+the+poet+of+the+revolution. Accessed 20 January 2016.

Soper, Kate. “Nature/‘nature.’” In *Futurenatural: Nature, Science, Culture*, edited by George Robertson, Melinda Mash, Lisa Tickner, Jon Bird, Barry Curtis, and Tim Putnam. London: Routledge, 1996.

Spens, Michael. *The Complete Landscape Designs and Gardens of Geoffrey Jellicoe*. London: Thames & Hudson, 1994.

Spirn, Anne Whiston. *The Language of Landscape*. New Haven, CT: Yale University Press, 1998.

——. *The Granite Garden: Urban Nature and Human Design*. New York: Basic Books, 1984.

Stanek, Lukasz. *Henri Lefebvre on Space: Architecture, Urban Research, and the Production of Theory*. Minneapolis: University of Minnesota Press, 2011.

Steenbergen, Clemens. *Composing Landscapes: Analysis, Typology and Experiments for Design*. Basel: Birkhäuser, 2008.

Stoner, Joyce Hill. “Definitions of material culture.” *Miscellaneous Objects*. 18 July 2008. Available online at http://miscellaneousobjects.blogspot.ca/2008/07/definitions-of-material-culture.html. Accessed 21 January 2016.

Strang, Gary. “Infrastructure as landscape.” *Places* 10, no. 3 (1996): 8–15.

Strinati, Dominic. *An Introduction to Theories of Popular Culture*. London: Routledge, 1995.

Sullivan, Louis H. “The tall office building artistically considered.” *Lippincott’s Magazine*, March 1896.

Thayer, Robert. *Gray World, Green Heart: Technology, Nature, and Sustainable Landscapes*. New York: Wiley, 1994.

Thompson, Ian Hamilton. “Essence-less landscape.” Landscape Architecture’s Core? *Harvard Design Magazine* no. 36 (2013): 24–35.

——. “Ten tenets and six questions for Landscape Urbanism,” *Landscape Research*

37, no.1 (2012): 7–26.
Thompson, Nato and Gregory Sholette with Joseph Thompson, editors. *The Interventionists User's Manual for the Creative Disruption of Everyday Life*. North Adams, MA: MASS MoCa Publications, 2004.
Tiberghien, Gilles A. "A landscape deferred." In *Intermediate Natures: The Landscapes of Michel Desvigne*, edited by Delphine Costedoat. Basel: Birkhäuser, 2009.
——. "Vegetation as setting: living environment in miniature." In *Intermediate Natures: The Landscapes of Michel Desvigne*, edited by Delphine Costedoat. Basel: Birkhäuser, 2009.
Tietjen, Anne. "Translations – experiments in landscape design education." Available online at *Nordic Design Research Conference* 2013, Copenhagen-Malmo. www.nordes.org. Accessed 22 January 2016.
Tolstoy, Leo. *What is Art?* Oxford: Oxford University Press, 1969.
Treib, Marc, editor. *Meaning in Landscape Architecture & Gardens: Four Essays, Four Commentaries*. London: Routledge, 2011.
——, editor. *Spatial Recall: Memory in Architecture and Landscape*, New York: Routledge, 2009.
——. "The nature of space." In *Dan Kiley Landscapes: The Poetry of Space*, edited by Reuben M. Rainey and Marc Treib. Richmond, CA: William Stout Publishers, 2009.
——."Dan Kiley and classical modernism: Mies in leaf." *Landscape Journal* 24, no. 1 (2005): 1–12.
——. *Settings and Stray Paths: Writings on Landscapes and Gardens*. New York: Routledge, 2005.
——. "The content of landscape form [the limits of formalism]." *Landscape Journal* 20, no. 2 (2001): 119–140.
——. "Nature recalled." In *Recovering Landscape: Essays in Contemporary Landscape Architecture*. Sparks, NV: Princeton Architectural Press, 1999.
——. "Must landscapes mean? Approaches to significance in recent landscape architecture." *Landscape Journal* 14, no. 1 (1995): 46–62.
——. "Axioms for a modern landscape architecture." In *Modern Landscape Architecture: A Critical Review*, edited by Marc Treib. New York: MIT Press, 1993.
Treib, Marc and Dorothée Imbert. *Garrett Eckbo: Modern Landscapes for Living*. Berkeley: University of California Press, 2005.
Tschumi, Bernard. "The La Villette Competition." In *Landscape: The Princeton Journal of Thematic Studies in Architecture 2*. Princeton, NJ: Princeton Architectural Press, 1985.
Tufte, Edward R. *Beautiful Evidence*. Cheshire, CT: Graphics Press, 2006.
——."Explaining magic: pictorial instructions and disinformation design." In *Visual Explanations*. Cheshire, CT: Graphics Press, 1997.
——. *Envisioning Information*. Cheshire, CT: Graphics Press, 1990.
Tunnard, Christopher. *Gardens in the Modern Landscape*. London: The Architectural Press, 1938; 1948.
Turner, Tom. *Garden History: Philosophy and Design 2000 BC–2000 AD*. Abingdon: Spon, 2005.
Valentine, Gill. "Women's fear and the design of public space." *Built Environment: Women and the Designed Environment* 16, no. 4 (1990): 288–303.
van den Berk, Tjeu. *Jung on Art: The Autonomy of the Creative Drive*. New York: Routledge, 2012.
van Dooren, Noel. "Speaking about drawing." *Topos: The World of Landscape Architecture* 80 (2012): 43–54.

Venturi, Robert. *Complexity and Contradiction in Architecture*. New York: Museum of Modern Art, 1966.

Verceloni, Virgilio. *European Gardens: An Historical Atlas*. New York: Rizzoli, 1990.

Vickery, Jonathan. "Organizing art: constructing aesthetic value." In *Museums in the Material World*, edited by Simon Knell. New York: Routledge, 2007.

Viray, Erwin. "Why material design?" *In Material Design: Informing Architecture by Materiality*. Basel: Birkhäuser, 2011.

Vogt, Günther. "Shadows of landscape." Landscape Architecture's Core? *Harvard Design Magazine* no. 36 (2013): 130–135.

——. *Miniature and Panorama: Vogt Landscape Architects, Projects 2000–12*. Zurich: Lars Müller, 2012.

von Bertalanffy, Karl Ludwig. *General System Theory: Foundations, Development, Applications*, revised edition. New York: Penguin , 1969.

Waldheim, Charles. "Landscape as urbanism." In *The Landscape Urbanism Reader*, edited by Charles Waldheim. New York: Princeton Architectural Press, 2006.

——. "Landscape urbanism: a genealogy." *Praxis* 4 (2002): 10–17.

——. *Constructed Ground: The Millennium Garden Design Competition*. Urbana: University of Illinois, 2001.

Walker, Peter. "The practice of landscape architecture in postwar United States." In *Modern Landscape Architecture: A Critical Review*, edited by Marc Treib. Cambridge, MA: MIT Press, 1993.

——. *Experiments in Gesture, Seriality, and Flatness*, edited by Linda L. Jewell. Cambridge, MA: Harvard University Graduate School of Design, 1990.

Walker, Victoria. "Feminist criticism, Anglo-American." *Encyclopedia of Contemporary Literary Theory*, edited by Irena R. Makaryk. Toronto: University of Toronto, 2000.

Wall, Alex. "Programming the urban surface." *Recovering Landscape*, edited by James Corner. New York: Princeton Architectural Press, 1999.

Walliss, Jillian, Heike Rahmann, Zaneta Hong, and Jorg Sieweke. "Pedagogical foundations: deploying digital techniques in design/research practice." *Journal of Landscape Architecture* 3 (2014): 72–83.

Walters, David and Linda Brown. "Devices and designs: sources of urbanism." In *Design First*. Oxford: Architectural Press, 2004.

Waterman, John T. "Ferdinand de Saussure – forerunner of modern structuralism." *Modern Language Journal* 40, no. 6 (October 1956), 307–309.

Waugh, Emily. "Interview with Claude Cormier + Associés." Landscape Architecture's Core? *Harvard Design Magazine* no. 36 (2013): 46.

Weilacher, Udo. *Syntax of Landscape: The Landscape Architecture of Peter Latz and Partners*. Basel: Birkhäuser, 2008.

——. "The garden as the last luxury today." In *Contemporary Garden Aesthetics, Creations and Interpretations*, edited by Michel Conan. Washington, DC: Dumbarton Oaks, 2007.

——. *Between Landscape Architecture and Land Art*. Basel: Birkhäuser, 1996.

Weiner, Norbert. *Cybernetics, or, Control and Communication in the Animal and the Machine*. New York: MIT Press, 1948; 1961.

Weller, Richard. "An art of instrumentality: thinking through Landscape Urbanism." In *The Landscape Urbanism Reader*, edited by Charles Waldheim. New York: Princeton Architectural Press, 2006.

——. *Room 4.1.3: Innovations in Landscape Architecture*. Philadelphia: University of Pennsylvania Press, 2005.

Weyergraf, Clara and Martha Buskirk. *Richard Serra's Tilted Arc*. Eindhoven: Van Abbemuseum, 1988.

Whitford, Margaret. “Merleau-Ponty’s critique of Sartre’s philosophy: an interpretative account.” In *The Debate between Sartre and Merleau-Ponty,* edited by Jon Stewart. Evanston, IL: Northwestern University Press, 1998.

Winters, Edward. “Architecture.” In *The Routledge Companion to Aesthetics*, edited by Berys Gaut and Dominic McIver Lopes. London: Routledge, 2001.

Witzgall, Suzanne. “Art as an open system: complexity and interaction in art since 1960.” In *Living Systems*, edited by Christa Sommerer and Laurent Mignonneau. Barcelona: Arts Santa Monica, 2011.

Wölfflin, Heinrich. “Prolegomena to a psychology of architecture.” In *Empathy, Form, and Space: Problems in German Aesthetics, 1873–1893*, edited and translated by Harry Francis Mallgrave and Eleftherios Ikonomou, Santa Monica, CA: Getty Center for the History of Art and the Humanities, 1993.

Woodbridge, Kenneth. “Doctor Carvallo and the absolute.” *Garden History* 6, no. 2 (1978): 46–69.

Woodgate, Agustina. “Temporary contemporary.” Available online at https://www.bassmuseum.org/tc/agustina-woodgate-tc-temporary-contemporary-2/. Accessed 3 June 2015.

Woodward, Joan Hirschman. “Foreword.” In *Design for Human Ecosystems: Landscape, Land Use, and Natural Resources*. Washington, DC: Island Press, 1999.

Woolley, Helen and Alison Lowe. “Exploring the relationship between design approach and play value of outdoor play spaces.” *Landscape Research* 38 (2013): 53–74.

Yu, Kongjian. “The Big Foot Revolution.” In *Designed Ecologies: The Landscape Architecture of Kongjian Yu*, edited by William S. Saunders. Basel: Birkhäuser, 2012.

Zangwill, Nick. *The Metaphysics of Beauty*. Ithaca, NY: Cornell University Press, 2001.

Zdebik, Jakub. *Deleuze and the Diagram: Aesthetic Threads in Visual Organization*. London: Bloomsbury Academic, 2012.